通 信 导 论

魏更宇　孙　岩　张冬梅　编著

北京邮电大学出版社
·北京·

内 容 简 介

本书以通信的基本概念为核心，按照先概念后技术再系统的方法从全程全网的角度介绍了通信的基本理论和各类典型通信系统。

本书作为面向初学者的教材，使用简明的描述与图例相结合，帮助读者理解通信的基本内容。本书可作为高等院校电子、通信和计算机专业低年级本科生的教材，也可作为通信与计算机网络领域初学人员的入门参考书。

图书在版编目(CIP)数据

通信导论 / 魏更宇，孙岩，张冬梅编著 . --北京：北京邮电大学出版社，2004(2023.7 重印)
ISBN 978-7-5635-0869-3

Ⅰ. 通… Ⅱ. ①魏…②孙…③张… Ⅲ. 通信理论 Ⅳ. TN911

中国版本图书馆 CIP 数据核字（2004）第 124737 号

书 名：通信导论
作 者：魏更宇 孙岩 张冬梅
责任编辑：马莹娜
出版发行：北京邮电大学出版社
社 址：北京市海淀区西土城路 10 号(100876)
发 行 部：电话：010-62282185 传真：010-62283578
E-mail：publish@bupt.edu.cn
经 销：各地新华书店
印 刷：北京虎彩文化传播有限公司
开 本：787 mm×1 092 mm 1/16
印 张：17.25
字 数：395 千字
版 次：2005 年 1 月第 1 版 2023 年 7 月第 19 次印刷

ISBN 978-7-5635-0869-3 定 价：39.00 元

前　言

近 20 年来,中国通信事业经历了翻天覆地的变化。以目前人们身边最常接触的通信方式为例,无论是移动电话,还是固定电话,其发展速度都令人瞠目。截至 2004 年 9 月份,中国固定电话用户(含小灵通)已达 30 692.3 万户,移动电话用户达到 32 007.1 万户。中国已然成为世界第一大电信市场。我国通信业的发展势头不减,电信服务水平进一步提高,继续保持对国民经济的快速拉动作用,正在成为引领经济社会可持续发展的重要因素。

反观通信市场蓬勃发展的支持力量,通信领域的技术发展真是日新月异。我们清楚地看到,通信技术和计算机技术的融合已成为通信发展的大势所趋。在通信方式方面,无线通信由于具有灵活性、个人性等优点,渐渐成为目前发展的重点;特别是眼下 3G 还未尘埃落定,各大电信设备制造商正在这个领域内投入巨资以求瓜分市场,获得长期回报。在核心网络方面,IP 已经成为通信技术发展的主流,Everything over IP、IP over Everything 已成为通信业界的共识。在交换技术方面,基于 IP 核心网的以软交换为核心控制设备的下一代网络 NGN 也已成为业界研究的重点,并已有产品、方案推向市场。在干线传输方面,光传输已成为主流,并且容量越来越大,方式也由 PDH、SDH 等进步为 WDM、DWDM 等。

以上只是对目前通信市场和通信技术的一些侧面的简单描述。一叶知秋,作为教授《通信概论》这门课程的教师,我们发现原来的教材已经无法跟上现代通信技术的发展,无法反映最新的前沿通信技术的变化。所以迫切需要编纂一本教材,能够反映通信网络和通信技术的发展变化。

既然是引领初学者入门的"概论",那么编写的指导思想就是:一方面要全,涵盖当今通信技术、通信网络的各个主要方面;另一方面要准,只把那些反映各种通信技术、通信网络的本质的、基本的概念、知识介绍出来。

本书以通信的基本知识为核心,按照先概念后技术再系统的方法从全程全网的角度介绍了通信的基本理论和各类典型的通信系统。全书内容主要分为两部分,第一部分(第 1 章至第 5 章)主要介绍通信的基本概念和原理,第二部分(第 6 章至第 13 章)主要介绍各类基本通信系统。本书可作为高等院校电子、通信和计算机专业低年级本科生的教材，也可作为通信与计算机网络领域初学人员的入门参考书。

本书共分13章，第1、2、3、4、5、12章由孙岩执笔，第6、7、8、9、10、11、13章由张冬梅执笔，全书由魏更宇审阅。在本书的编纂过程中，得到了解鞥、张海旸、陈磊等同志的大力帮助，高卫东、张伯岭和段鹏瑞为本书提供了资料。谨向他们表示衷心的感谢！

本书的编纂经历了2004年夏、秋、冬三个季节。由于时间仓促，并且囿于作者水平有限，书中难免会有一些缺陷和不足之处，敬请各位专家和广大读者不吝斧正。

作者

于北京邮电大学

计算机科学与技术学院

目　　录

通信系统概述

1.1 通信的基本概念

1.1.1 通信

1. 通信的定义

通信按传统理解就是信息的传输与交换,信息可以是语音、文字、符号、音乐、图像等等。任何一个通信系统,都是从一个称为信息源的时空点向另一个称为信宿的目的点传送信息。以各种通信技术,如以长途和本地的有线电话网(包括光缆、同轴电缆网)、无线电话网(包括卫星通信、微波中继通信网)、有线电视网和计算机数据网为基础组成的现代通信网,通过多媒体技术,可为家庭、办公室、医院、学校等提供文化、娱乐、教育、卫生、金融等广泛的信息服务。可见,通信网络已成为支撑现代社会的最重要的基础结构之一。

(1)通信的定义

通信是传递信息的手段,即将信息从发送器传送到接收器。

(2)相关概念

① 信息:可被理解为消息中包含的有意义的内容。

信息一词在概念上与消息的意义相似,但它的含义却更普通化、抽象化。

② 消息:消息是信息的表现形式,消息具有不同的形式,例如符号、文字、话音、音乐、数据、图片、活动图像等。也就是说,一条信息可以用多种形式的消息来表示,不同形式的消息可以包含相同的信息。例如,分别用文字(访问特定网站)和话音(拨打 121 特服号)发送的天气预报,所含信息内容相同。

③ 信号:信号是消息的载体,消息是靠信号来传递的。信号一般为某种形式的电磁能(电信号、无线电、光)。

(3)通信的目的

通信的目的是为了完成信息的传输和交换。

2. 消息、信息与信号

(1)消息、信息与信息量

一般将语言、文字、图像或数据称为消息,将消息给予受信者的新知识称为信息。因此,消息与信息不完全是一回事,有的消息包含较多的信息,有的消息根本不包含任何信息,为了更合理地评价一个通信系统传递信息的能力,需要对信息进行量化——用"信息量"这一概念表示信息的多少。

如何评价一个消息中所含信息量为多少呢？既可以从发送者的角度来考虑，也可以从接收者的角度来考虑。一般从接收者的角度来考虑，当人们得到消息之前，对它的内容有一种"不确定性"或者说是"猜测"。当受信者得到消息后，若事前猜测消息中所描述的事件发生了，就会感觉没多少信息量，即已经被猜中；若事前的猜测没发生，发生了其他的事，受信者会感到很有信息量，事件若越是出乎意料，那么信息量就越大。

事件出现的不确定性，可以用其出现的概率来描述。因此，消息中信息量 I 的大小与消息出现的概率 P 密切相关。如果一个消息所表示的事件是必然事件，即该事件出现的概率为 100%，则该消息所包含的信息量为 0；如果一个消息表示的是不可能事件，即该事件出现的概率为 0，则这一消息的信息量为无穷大。

为了对信息进行度量，科学家哈莱特提出采用消息出现概率倒数的对数作为信息量的度量单位。

定义：若一个消息出现的概率为 P，则这一消息所含的信息量 I 为：

$$I = \log_a 1/P$$

当，$a=2$，信息量单位为比特（bit）；

　　$a=e$，信息量单位为奈特（nit）；

　　$a=10$，信息量单位为哈莱特。

目前应用最广泛的是比特，即 $a=2$。以下举例说明信息量的含义：

不可能事件 $P=0$，$I=\infty$；

小概率事件 $P=0.125$，$I=3$；

大概率事件 $P=0.5$，$I=1$；

必然事件 $P=1$，$I=0$。

可见，信息量 I 是事件发生概率 P 的单调递减函数。

图 1-1 讨论了对于等概率出现的离散消息的度量。

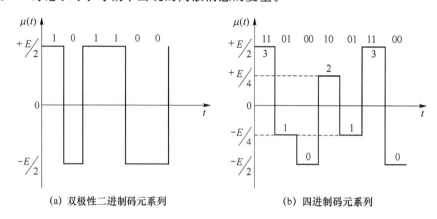

(a) 双极性二进制码元系列　　　　　(b) 四进制码元系列

图 1-1　二进制和四进制码元系列

对于双极性二进制码元系列，只有两个计数符号（0 和 1）的进制码系列，如果 0、1 出

现的概率相等,即 $P(0)＝P(1)＝1/2$,那么任何一个 0 或 1 码元的信息量为:

$$I＝\log_2\frac{1}{P(0)}＝\log_2\frac{1}{P(1)}＝\log_2 2＝1(bit)$$

对于四进制码元系列,共有四种不同状态:0、1、2、3,每种状态必须用两位二进制码元表示,即 00、01、10、11。如果每一种码元出现的概率相等,即 $P(0)＝P(1)＝P(2)＝P(3)＝1/4$,那么任何一种 0、1、2、3 码元的信息量为:

$$I＝\log_2\frac{1}{P(0)}＝\log_2\frac{1}{P(1)}＝\log_2\frac{1}{P(2)}＝\log_2\frac{1}{P(3)}＝\log_2 4＝2(bit)$$

由以上分析可知:多进制码元包含的信息量大,所以采用多进制信息编码时,信息传输效率高。当采用二进制时,噪声电压大于 $E/2$,才会引起误码;而当采用四进制时,只要噪声电压大于 $E/4$,就会引起误码,因此,进制数越大,抗干扰能力也就越差。

(2) 信号的时域分析

时域:信号的表示形式是时间的函数。

$$\mu(t)＝U_m\cos(\omega_0 t＋\varphi)$$

其中,三个重要参数是:幅度(振幅)、频率和相位。

U_m——正弦波的幅度,表示正弦波的最大值;

ω_0——正弦波的角频率,$\omega_0＝2\pi f_0$;

f_0——正弦波的频率,表示正弦波在单位时间内重复变化的次数,单位是 Hz;

φ——正弦波的初相位,$t＝0$ 时,$\mu(0)＝U_m\cos\varphi$,即 φ 值决定 $\mu(0)$ 的大小。

时域信号的波形如图 1-2 所示。

(3) 信号的频域分析

在通信领域中,信号的频域观点比时域观点更为重要。如果不考虑相位,正弦波的时域表达式为:

$$\mu(t)＝U_m\cos(\omega_0 t)＝U_m\cos(2\pi f_0 t)$$

根据傅立叶变换,其频域表达式为:

$$\mu(\omega)＝U_m\pi[\delta(\omega＋\omega_0)＋\delta(\omega－\omega_0)]$$

频域波形如图 1-3 所示。

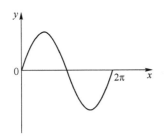

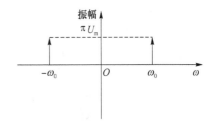

图 1-2　正弦信号时域波形图　　　　　　图 1-3　正弦信号频域波形图

下面以一个例子说明信号的时域分析与频域分析之间的变换关系。一个时域信号由两个正弦波信号叠加构成:其一,幅度为 3 V,频率为 1 Hz;其二,幅度为 1 V,频率为 3 Hz。信号的时域波形如图 1-4 所示。

信号的频谱图如图 1-5 所示。

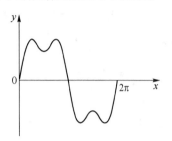

图 1-4　叠加信号的时域波形图　　　　图 1-5　叠加信号的频域波形图

其中,两条谱线的长度分别代表两个正弦波的幅度,谱线在频率轴的位置分别代表两个正弦波的频率。

利用傅里叶变换,任何信号都可以被表示为各种频率的正弦波的组合。信号在时域缩减,叫做频域展宽;信号在时域展宽,叫做频域缩减。也就是说,信号的时间周期越长,则频率越低;反之,信号的时间周期越短,则频率越高。

1.1.2　通信系统

通信系统是以实现通信为目标的硬件、软件以及人的集合。

1. 通信系统的模型

图 1-6 是一个基本的点到点通信系统的一般模型。

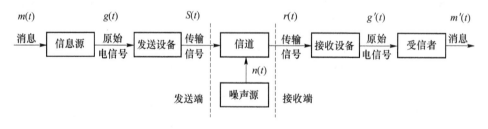

图 1-6　通信系统的一般模型

其中,各部分的功能如下:

- 信息源——把各种可能消息转换成原始电信号;
- 发送设备——为了使原始电信号适合在信道中传输,对原始电信号变换成与传输信道相匹配的传输信号;
- 信道——信号传输的通道;
- 接收设备——从接收信号中恢复出原始电信号;
- 受信者——将复原的原始电信号转换成相应的消息。

要传送的信息(消息)是 $m(t)$,其表达形式可以是语言、文字、图像、数据……,经输入设备处理,将其变换成输入数据 $g(t)$,并传输到发送设备(发送机)。通常 $g(t)$ 并不是适合传输的形式(波形和带宽),在发送机中,它被变换成与传输媒质特性相匹配的传输信号 $S(t)$,经传输媒质一方面为信号传输提供通路,另一方面衰减信号并引入噪声 $n(t)$,形成了 $r(t)$。$r(t)$ 是受到噪声干扰的 $S(t)$,是接收机恢复输入信号的依据。$r(t)$ 的质量决定了通信系统的性能,$r(t)$ 经接收设备转换成适合于输出的形式 $g'(t)$,它是输入数据 $g(t)$ 的近似或估值。最后,输出设备将由 $g'(t)$ 传出的信息 $m'(t)$ 提交给终点的经办者,完成一次通信。事实上,噪声只对输出造成影响,可以将整个系统产生的噪声等同成一个噪声源。

根据所要研究的对象和所关心的问题重点的不同,又可以使用形式不同的具体模型。

2. 模拟通信系统与数字通信系统

通信系统中的消息可以分为:

- 连续消息(模拟消息)——消息状态连续变化,如语音、图像;
- 离散消息(数字消息)——消息状态可数或离散,如符号、文字、数据。

信号是消息的表现形式,消息被承载在电信号的某一参量上,因此信号同样可以分为:

- 模拟信号——电信号的该参量连续取值,如普通电话机收发的语音信号;
- 数字信号——电信号的该参量离散取值,如计算机内 PCI/ISA 总线的信号。

模拟信号和数字信号可以互相转换。因此,任何一个消息既可以用模拟信号表示,也可以用数字信号表示。

相应的,通信系统也可以分为模拟通信系统与数字通信系统两大类。

(1) 模拟通信系统:模拟通信系统在信道中传输的是模拟信号,模型如图 1-7 所示。

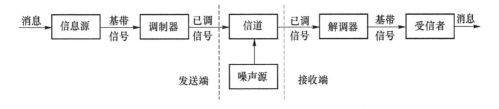

图 1-7 模拟通信系统模型

其中:

- 基带信号——由消息转化而来的原始模拟信号,一般含有直流和低频成分,不宜直接传输;
- 已调信号——由基带信号转化来的、频域特性适合信道传输的信号,又称为频带信号。

对模拟通信系统进行研究的主要内容就是研究不同信道条件下不同的调制解调方法。

(2) 数字通信系统:数字通信系统在信道中传输的是数字信号,模型如图 1-8 所示。

其中:

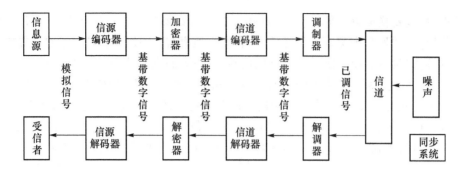

图 1-8　数字通信系统模型

- 信源编/解码器——实现模拟信号与数字信号之间的转换；
- 加/解密器——实现数字信号的保密传输；
- 信道编/解码器——实现差错控制功能，用以对抗由于信道条件造成的误码；
- 调制/解调器——实现数字信号的传输与复用。

以上各个部分的功能可根据具体的通信需要进行设置，对数字通信系统进行研究的主要内容就是研究这些功能的具体实现方法。

数字通信具有以下显著的特点：

- 数字电路易于集成化，因此数字通信设备功耗低、易于小型化；
- 再生中继无噪声累积，抗干扰能力强；
- 信号易于进行加密处理，保密性强；
- 可以通过信道编码和信源编码进行差错控制，改善传输质量；
- 支持各种消息的传递；
- 数字信号占用信道频带较宽，因此频带利用率较低。

3. 通信系统的分类

通信系统有不同的分类方法。

① 按消息分：电报系统、电话系统、数据系统、图像系统；

② 按调制方式分：基带传输、频带传输（调幅、调频、调相、脉幅、脉宽、脉位）；

③ 按媒质上的信号分：模拟系统、数字系统；

④ 按传输媒质（信道）分：有线系统（架空明线、对称电缆、同轴电缆、光纤、波导）、无线系统（长波、中波、短波、微波、卫星）；

⑤ 按复用方式分：频分复用、时分复用、码分复用；

⑥ 按消息传送的方向和时间分：单工、半双工、全双工；

⑦ 按数字信号的排列顺序分：串序、并序；

⑧ 按连接形式分：专线直通（点对点）、交换网络（多点对多点）。

1.1.3　通信网络

众多的用户要想完成互相之间的通信过程，就靠由传输媒质组成的网络来完成信息的传输和交换，这样就构成了通信网络。

1. 通信网络的组成

通信网络从功能上可以划分为接入设备、交换设备、传输设备。

① 接入设备:包括电话机、传真机等各类用户终端,以及集团电话、用户小交换机、集群设备、接入网等;

② 交换设备:包括各类交换机和交叉连接设备;

③ 传输设备:包括用户线路、中继线路和信号转换设备,如双绞线、电缆、光缆、无线基站收发设备、光电转换器、卫星、微波收发设备等。

此外,通信网络正常运作需要相应的支撑网络的存在。支撑网络主要包括数字同步网、信令网、电信管理网三种类型。

① 数字同步网:保证网络中的各节点同步工作;

② 信令网:可以看作是通信网的神经系统,利用各种信令完成保证通信网络正常运作所需的控制功能;

③ 电信管理网:完成电信网和电信业务的性能管理、配置管理、故障管理、计费管理、安全管理等。

2. 通信网络的分类

① 按照信源的内容可以分为:电话网、数据网、电视节目网和综合业务数字网(IS-DN)等。其中,数据网又包括电报网、电传网、计算机网等。

② 按通信网络所覆盖的地域范围可以分为:局域网、城域网、广域网等。

③ 按通信网络所使用的传输信道可以分为:有线(包括光纤)网、短波网、微波网、卫星网等。

1.2 通信的发展历程

1.2.1 通信技术的发展历程

通信技术的发展是伴随着科技的发展和社会的进步而逐步发展起来的。早在古代,人们就寻求各种方法实现信息的传输,我国古代利用烽火传送边疆警报,古希腊人用火炬的位置表示字母符号,这种光信号的传输构成了最原始的光通信系统。利用击鼓鸣金可以报送时刻或传达命令,这是声信号的传输。后来又出现了信鸽、旗语、驿站等传送信息的方法。然而,这些方法无论是在距离、速度和可靠性与有效性方面仍然没有明显的改善。19 世纪,人们开始研究如何用电信号传送信息。1837 年莫尔斯发明了电报,用点、划、空适当组合的代码表示字母和数字,这种代码称为莫尔斯电码。1876 年贝尔发明了电话,直接将声信号转变为电信号沿导线传送。19 世纪末,人们又致力于研究用电磁波传送电信号,赫兹、波波夫、马可尼等人在这方面都作出了贡献。开始时,传输距离仅数百米。1901 年,马可尼成功地实现了横跨大西洋的无线电通信。从此,传输电信号的通信方式得到了广泛应用和迅速发展。

20 世纪 20 年代起,通信建设和应用广泛开展,人们开始利用铜线实现市内和长途有线通信,又利用短波实现远距无线通信和国际通信。

30～40 年代起,利用铜线传输载波电话,使长途通信容量加大,电信号的频分多路技术开始步入实用。

50～60 年代起,半导体晶体管开始在电子电路中替代电子管,其后进入集成电路技术以及超大规模集成电路的时代。开始建设最早的公用电话通信网。

60 年代起,电子计算机应用增多,数据通信开始兴起,电话编码技术得到应用,模拟通信开始向数字通信过渡。

70 年代起,玻璃光纤拉制成功,导致传输网络从电缆通信向光纤通信过渡。地球同步轨道运行的通信卫星罚射成功,卫星通信开始对国际通信和电视转播作出贡献,也经常在特殊地理环境下作为有线接入技术的替代与补充。

80 年代起,各种信息业务应用增多,通信网络开始向数字网发展。电信号的时分多路技术(PDH 和 SDH)走向成熟,公共电话交换网(PSTN)逐渐得到普及,交换方式发展出新的类型(ATM)。蜂窝网等各种无线移动通信业务向公众开放,导致个人通信的迅速发展。第一代模拟移动通信网的代表技术为 AMPS。

90 年代起,国际互联网 Internet 在全世界兴起,在吸引众多计算机用户踊跃上网的同时,也吸引人们更多使用计算机。可以在网上快速实现国内和国际通信并获取各种有用信息,而仅支付低廉的费用。从此,通信网络的数据业务量急剧增长。这使得以互联网协议(IP)为标志的数据通信,在通信网络中逐渐占据更为重要的地位。同时,在光纤通信技术中,波分复用技术(WDM)取得成功,与电信号的时分复用技术(TDM)相结合,线路的传输容量显著加大,足以适应通信业务量急速增长的需要。

90 年代中期起,蜂窝网进入第二代,即数字式无线移动通信,适合时代发展对个人通信的需求。GSM 作为第二代移动通信系统的代表,更是得到了全球性的广泛应用。时分多址(TDMA)和码分多址(CDMA)一同向前发展。除了传送话音信号之外,还开始提供移动数据通信,让无线移动用户能像有线固定用户一样自由访问国际互联网。目前,移动通信技术发展的热点是以 WCDMA/CDMA 2000/ TD-SCDMA 技术为代表的第三代移动通信技术,和以 802.11a/b/g 技术为代表的无线局域网技术,以及不同移动通信技术之间的融合。

1.2.2　通信网络的发展历程

早期通信传输网络的基础是铜线传输技术。在相当长的时期内,通信网络的发展依赖铜线传输。从最早期的单线传输,到二三十年前还广泛使用的频分多路载波技术,在网络传输上可以说基本上没有实质性的变化,其技术发展的顶峰,就是同轴电缆。20 世纪70 年代,960 路、1 800 路的同轴电缆,加上微波传输曾经是我国通信网络传输技术的主体。

在通信网络发展的前期,通信网络建设的基本指导思想是根据传输信号的不同特性和业务需要建设网络。也就是说,特定的网络只适用于传输特定种类的信号,不适宜传输其他种类的信号,即所谓按照所传输信号的功能与需求来设计并建设通信网络。在这种情况下,通信行业中,不仅有电话网,还有电报网,甚至于出现了传真通信网(存储转发)等具有不同数据速率的数据通信网络。总之,每一种通信业务,甚至不同通信速率的通信系统都需要一个各自的网络。

由于通信网的建设投资巨大、周期长、业务量低、效率差,因此进入 20 世纪 70 年代,人们开始考虑能否将语音信号、各种不同速率的数字信号以及图像信号集中在同一个通信网络中传输,以试图只需要建设一个网络就可以传输各种不同性质和不同速率的信号,从而降低网络建设的费用和周期。这就是综合业务数字网(ISDN)的由来。由于各种信号的频率特性相差极大,与不同特性和速率的信号都能适应的网络就比较复杂。所以,ISDN 尽管设计思想比较先进、技术上的考虑比较全面,至今也还只是在很小的范围内应用。

到了当今的 IP 网络时代,简单、低成本的 TCP/IP 协议得到了广泛的应用,提供了强大的开放互联能力,采用不同传输技术的网络均可以在 IP 网络层达到互连互通。各种信号,如话音信号、数据信号、图像信号,在转变成 IP 分组以后,可以统一的在 IP 网络上进行传输,而不必考虑原始信号的性质。网络的基本作用只是为 IP 信号提供具有一定质量保证的通路。

此外,无线传输技术也是一种重要的组网技术。但是,从目前通信网发展的角度来看,除了光纤网络具有的大容量、低成本、高质量、高效率等因素外,加上无线频谱资源的有限性,所以无线网络一般仍只是作为接入网络的组网技术。

目前,通信网络的基本状况是骨干传输网络仍然是以光纤通信为主,而接入网络则可以视网络建设需求的不同,采用移动通信、以太网、xDSL、光纤通信、卫星通信等多种多样的技术构建。

目前的公共电话网络是以程控交换技术为核心构建的。顾名思义,程控交换即是通过编程来控制话音信号的交换过程。程控交换是以计算机作为交换技术的核心,它的发展导致历史上各种交换技术都迅速退出了历史舞台。仅仅历经 20 年左右的时间,程控交换取代了各种交换技术。并且进一步在电路交换、报文交换、分组交换的基础上,产生了以路由技术为基础的第二层、第三层交换,这一技术现在还在继续发展之中。

计算机技术的发展,不仅带动和推动了包括交换技术、传输技术在内的通信信号处理技术的变革和发展,同时更对通信网络的基本体系结构也发生了重大的影响。最初,基于 TCP/IP 技术的 Internet 是被作为一种计算机互联网络设计的。Internet 在发展过程中与通信网络技术产生了不断的融合与相互促进,在提高网络互联能力的同时,也促进了通信网络向着简化层次结构与网络结构,提高传输质量,从而降低传输成本的方向发展。

从目前的发展趋势来看,通信网与计算机网的融合网络——宽带 IP 网络,将作为通信技术的发展重点和发展方向,尤其引人注目,并且可能成为下一代通信网络的主要业务组成和业务方式。IP 网络的发展对于当前的电信运营行业也将产生巨大的影响,例如种类繁多的 VoIP 应用的诞生,除了使普通电话的通信成本大大下降以外,将直接对固定电话公司的业务、经营、效益、利润产生令人难以预料的影响,对于移动通信业务也会产生巨大的影响。目前,基于固定网络的 VoIP 应用在业务质量上已经接近传统的 PSTN 通话,并获得了广泛的应用;而像 VoIP over WLAN 这样的无线 VoIP 应用也同样有着广泛的前景。

1.3 通信的发展趋势

1.3.1 通信技术的发展趋势

1. 宽带化——更强大的信息传输能力

提高信息速率、获得更宽的带宽,可以说是通信技术发展中的永恒主题。通信网络各个环节所应用的技术都在追求更宽的带宽。这与计算机行业中,对于硬件处理能力的追求是非常类似的,CPU 的最高主频,总是在被不断地刷新,无论是用户还是 INTEL 公司的技术人员都在不停地追逐这一数字,尽管很多时候我们并不需要这么强大的计算机能力。

归纳起来,推动传输带宽的增长主要有以下几个动力:

① 更为丰富的通信业务。显然,当运营商开通了新业务肯定会要求更高的带宽。

② 通信业务的更高质量。例如,拨号上网用户对于 56 kbit/s 调制解调器的传输能力感到不满,转而要求使用可达数兆比特每秒带宽的 ADSL 业务。

③ 来自设备制造商的推动。由于技术发展本身的内在推动力,当一种产品问世之后,总是会去研发它的后续产品,例如实用的密集波分复用(DWDM)产品的传输能力迅速从 10 Gbit/s、40 Gbit/s 发展到现在的 80 Gbit/s 和 160 Gbit/s;另一方面,设备制造商也需要不断有新的技术来推动市场的发展以及运营商的设备更新。

以下分别列举了骨干网和接入网的带宽演变。

① 骨干网:在 20 世纪 90 年代前期,我国的全国骨干网络还是以 155 Mbit/s 的同步数字系列(SDH)技术为主,而目前所建的骨干网均是 80 Gbit/s、160 Gbit/s 的 DWDM 设备,甚至很多大中城市的城域网的技术水平也达到了这一级别;

② 接入网:目前,各种宽带接入技术已经非常普及;利用非对称数字用户环线(ADSL)技术和以太网技术组成接入网络,均可以达到数兆比特每秒的带宽水平,而在国内刚引入拨号接入业务时,调制解调器只能够提供 9.6 kbit/s 的带宽。

2. 广泛化——无处不在的通信

前面已经提到,通信已经日益渗透到了我们生活的每一个角落,通信技术将会以很多令人意想不到的方式渗透到各个行业中,它与我们的日常生活也会结合得日趋紧密,将会在潜移默化中改变我们的生活。这必然对通信技术的发展提出了全新的要求:

① 从通信的环境上来说,要实现在任意时间,任意地点,和任何人的通信,也就是尽量为人们的通信行为赋以更大的自由度,使之不受到某一具体通信技术的约束。从固定通信网到移动通信网进而到无处不在的可佩戴式通信设备的发展,即充分体现了任意地点这一要求。再比如说,不同网络间互连互通技术的发展,则是实现了和任何人通信这一要求。这既包括不同运营商之间同一通信技术之间的互通,例如中国移动与中国联通之间 GSM 移动通信网络的互通;也包括不同通信技术之间的融合,例如已经出现的固话短信、无线公话等技术。

② 从通信技术的载体,也就是可以进行通信的设备来看,越来越多的设备具有通信

能力,可以进入通信网络中,这一变革极大地拓展了通信业务可能的应用范围。未来的通信设备,将不只是电话,寻呼机这样传统意义上的通信设备,随着 IPv6 的应用,我们甚至可以为一个烹饪设备加入通信能力并分配 IP 地址,这样就可以在网上"遥控"家中的厨房。此外,很多这样的设备也可以自发组织成一个局部的网络。例如在智能家庭环境中,家中所有的音响设备可以组成一个网络,通过这一网络,不同设备之间可以任意地交换音乐文件,或者为音乐的播放自动选择最为合适的音响设备。总之,更多的设备具有通信能力,也必然要求设计全新的业务模式,这也会推动新的应用的产生。

3. 多样化——多种多样的人机交互方式

对于用户来说,通信的根本目的是获取信息并进行有效的使用,对于这些信息,他们甚至不会关心信息的具体获取方式;而另一方面,通信向其他领域的渗透会产生新的应用。现有的人机交互手段,已经严重限制了这些应用的产生与使用。

例如,手机对于很多人来说,已经不只是一种通信工具,它已经成为一种日用必需品,围绕手机的各种应用具有广阔的发展前景,但手机的输入(多数手机只具有简单的数字小键盘输入)、输出(面积小而且分辨率、色彩质量不高的显示屏)严重限制了这些新应用。很多操作较为复杂的应用,就很难移植到手机平台上来。目前,绝大多数国际领先的通信研究机构、特别是研究用户终端设备的研究机构,先进的人机交互技术无一例外的都是他们的重要研究方向。

未来的人机交互方式会有以下几个发展趋势:

①通过包括视觉,味觉、嗅觉等在内的多种感知方式来完成通信。目前对于通信所获得信息的利用,还只局限于视觉(如上网)和听觉(如电话),更多、更丰富的感知方式,将使得通信设备可以和用户进行更为复杂的信息交互。

②已有的"多媒体"概念将得到进一步发展。综合动画、声音、图像、文本等多种交互手段在内的多媒体业务,显然是一个更为实际的概念,它更接近我们目前的应用水平。目前已经有了不少多媒体业务可供使用,例如:彩铃、彩信、视频电话、视频会议等。

③人机交互方式的发展,目的是提供能够更好为人服务的通信业务。本质上讲,人机交互方式越接近人类熟悉的认知方式,用户从中获得信息就越容易,基于这些人机交互方式构造的业务也就越容易为人接受。在这一点上,通信技术的发展与其他很多技术有着类似的需求。

4. 综合化——多种业务的综合

传统的通信网络基本上是一个单一业务网络,话音、数据、视频等多种业务不仅在传输上是分开的,而且用户也把它们分别作为独立的业务来使用。

多种业务的综合不仅可以向用户提供更有吸引力的应用,也能够为运营商提供更多的收入。但是,多业务并不是原有的单一业务的简单叠加,它在很多方面对原有的通信技术与网络都提出了新的挑战。

① 目前,很多运营商都面临着"带宽过剩"的问题,包括国际线路,国内骨干网,甚至某些城市的城域网,都存在着这一问题,很多运营商也在不断推出各种新业务来"填满"这些带宽。但是,在这些业务中仍然缺乏"杀手级"应用,一个显著的原因就是很多新业务、综合业务的提供,并没有以吸引用户、方便用户为出发点,而是仅仅为了填补过剩的带宽。

提高网络资源利率固然重要,但新业务并不应只是原有业务的简单叠加。

②从传输技术的角度来看,原有以单一业务为主的网络基本上是将不同的业务分别传送,甚至可以对不同的业务使用不同的传输技术,而在综合业务的环境下,就必然面对多种业务数据同时传输的问题。

一方面,不同的通信业务,它们的属性是不相同的,这些属性包括:带宽、时延、时延抖动、误码率、丢包率等。以时延为例:话音业务对于时延的要求显然是最严格的,视频业务其次,而数据业务(例如拨号上网)可以容忍几秒甚至十几秒的时延;另一方面,已有的网络多是针对单一业务的传输而设计的,例如 PSTN、GSM 网络的设计主要针对话音业务,IP 网络的设计主要针对数据业务,在已有的这些网络之上提供多种业务也是对通信技术的一个巨大挑战。

③ 从管理的角度来看,多种业务的运营仍然会要求一个统一的管理与支撑环境。用户会要求得到统一记费话单,运营商也希望能够集中地、统一地管理这些业务。此外,多种业务的运营也会涉及到不同的政策制订者和管理机构。

5. 应用中心化——对各种信息传输技术和处理技术进行整合

无论是通信网提供的多业务传输能力,还是终端提供的多种人机交互方式,其最终目的都是为了能够设计更能吸引用户的应用,从这个意义上说,通信技术的发展只是提供了实现各种应用的平台。

未来通信网络的技术要求:

① 骨干网络——在未来的骨干网络中,高带宽是最基本的要求;其次还要求具有为不同的业务类型提供服务质量保证(QoS)的能力;另外,灵活的、智能化的管理手段也是不可或缺的,这些管理手段包括,统一的运营支撑系统,开放的应用编程接口等,以方便业务的提供。

② 接入网络——首先仍然是带宽的问题,目前实现了宽带接入的用户仍只占很小的比例;其次,用户使用的终端的业务能力会有很大差别,这一点也必须被充分考虑。

③ 新业务的提供—— 一个很好的通信平台也需要好的业务来实现它的价值,从某种意义上说,开发新业务的难度并不亚于通信技术的研发。对于未来通信业务的发展,目前主要有以下两种观点:

- 以网络运营商为主导。由网络运营商来负责设计业务,并组织相关的资源。支持这种观点的人认为,这有助于网络运营商抓住通信业务价值链的核心部分,这样的运营商也被称为"强势"的运营商,典型的代表为日本的 NTT DoCoMo。
- 以内容提供商(ICP)为主导。运营商只提供基本的技术平台,而由内容提供商设计业务,并做为业务运营的主导。目前中国移动、中国联通以短信为平台开展的各项业务均属于这一类型。

1.3.2 通信行业中的标准与法规

任何行业的发展都必须遵循一定的标准、规章、制度等,通信行业也不例外,无论是业务的运营还是技术的研发,包括整个企业的运作,都要受到这些"条条框框"的限制。

这些限制主要包括政策法规和技术标准两个方面。

（1）通信行业中的政策法规：政策法规主要由各国的政府部门制订。这些政策规章对于通信运营最主要的影响就是"准入"。基本上，在任何国家电信业务都是受到管制的，也就是要经过政府部门的批准。以我国为例，骨干网和接入网的运营资格都是被严格控制的。未来的发展趋势是业务的运营、特别是增殖电信业务的运营将逐步放松管制，而以话音业务为代表、包括网络基础设施建设在内的基础电信业务运营仍将在各国受到严格的管制。

（2）通信行业中的技术标准：通信行业中的技术标准主要由各种技术标准化团体、以及相关的行业协会负责制订，典型的标准化组织包括国际电联（ITU）、电气和电子工程师协会（IEEE）、第三代移动通信伙伴项目（3GPP）等，主要由设备制造商与网络运营商组成。下面以 IEEE 802 系列标准的制订过程为例，对通信技术标准的制订过程进行说明：

① 首先，一个新的标准必然会针对某个特定的市场，先行关注这一市场的公司一般也会是技术上的先行者，他们会向 IEEE 申请设立这一标准的研究机构；

② 这些研究机构会定期举行会议，以交流工作进展，参加这些研究机构的资格即通过参加这些会议来取得；

③ 标准的研究机构下设多个工作组与研究组，它们针对不同的技术主题，并接受各种研究提案，会提出很多草稿（draft）以供进一步研究；

④ 完成以上研究之后即会进行表决，包括内部的表决和之后提交给 IEEE 的表决；

⑤ IEEE 表决通过之后，即成为 IEEE 各系列的标准，这些标准又会经常被很多国家的标准化机构所引用，成为该国的国家标准。

1.4　本书概述

1.4.1　传输介质

传输介质分为有线和无线两类。常用的有线介质双绞线、同轴电缆和光纤以及无线信道都在第 2 章中进行了讨论。

1.4.2　信号的传输技术

第 3 章首先讨论了模拟电信号和数字电信号的基带传输和调制传输技术，然后介绍了光信号传输的基本原理和 WDM 技术。

1.4.3　信号的数字化处理技术

第 4 章主要介绍与信号的数字化处理相关的技术，包括模拟信号的数字化技术、多路复用技术、数字复接技术、同步技术和同步数字序列。

1.4.4　信号的交换

交换是通信网的核心技术，第 5 章首先介绍了电话网的电路交换技术，然后讨论了

ATM 交换和以太网交换,最后说明了新型交换技术——光交换——的基本原理和发展趋势。

1.4.5　语音通信

第 6 章首先介绍了公用电话交换网(PSTN)的概念、功能、基本结构和业务,然后说明了 PSTN 的控制部分——信令的基本概念和 No. 7 信令网,最后介绍了附加在 PSTN 网络之上的为用户提供增值业务的智能网。

1.4.6　数据通信概述

第 7 章重点讨论了数据通信的基础知识。首先介绍了数据通信的发展过程、基本概念和模型,然后讨论了数据通信系统中常用的关键技术,最后描述了 OSI 参考模型与协议。本章内容是后续局域网、广域网和互联网的基础。

1.4.7　局域网

第 8 章包括两部分内容,第一部分主要介绍了局域网的概念和组成,决定局域网特性的关键技术,包括拓扑结构、传输介质、介质访问控制和网络互联等内容;第二部分则在局域网基本原理的基础上介绍了两种典型局域网系统,以太网和家庭网。

1.4.8　广域网

第 9 章首先介绍了广域网的基本概念,然后讨论了广域网中的三种关键技术,分组交换、路由选择和拥塞控制,最后按出现的先后顺序介绍了三个典型的广域分组交换数据网——X. 25 网、帧中继网和 ATM 网。

1.4.9　互联网

Internet 是一种典型的互联网。第 10 章首先介绍了互联网的基本工作原理和技术,特别是 IP 数据包的存储转发过程。然后以 Internet 为例,进一步讨论了 Internet 的自适应路由算法、应用服务模式和典型的应用。

1.4.10　综合业务与多媒体

综合业务和多媒体是网络发展的必然趋势。第 11 章首先介绍了 ISDN 发展、组成和应用,以及发展方向 B-ISDN。然后讨论了多媒体通信的相关内容。在讨论多媒体通信时,重点介绍了多媒体通信的编码和同步技术。

1.4.11　卫星与移动蜂窝通信

卫星和移动蜂窝通信系统是两个典型的无线通信系统。第 12 章首先介绍了卫星通信的基本原理和典型系统;然后重点描述了移动蜂窝通信系统的概念、技术和三种典型网络,GSM、IS-95 和 3G。

1.4.12　无线通信

目前,各类网络中最具增长潜力的是无线网络,无线通信让人们摆脱了物理连接上的限制,使设备互联了起来。第 13 章重点介绍城域范围、局域范围和更短范围的无线通信技术和系统。首先描述了无绳通信和无线本地环,然后讨论了无线局域网技术和无线个人区域网中的三种主要技术——蓝牙,IrDA 和 HomeRF,最后介绍了无线自组织网络 Ad hoc 和 UWB 技术。

传 输 介 质　第2章

2.1　传输介质的基本概念

2.1.1　传输介质

传输介质是连接通信设备,为通信设备之间提供信息传输的物理通道;是信息传输的实际载体。从本质上讲,有线通信与无线通信中的信号传输,实际上都是电磁波在不同介质中的传播过程,在这一过程中对电磁波频谱的使用从根本上决定了通信过程的信息传输能力。理论上,任何频率的信号都可以用作通信,但实际上,我们仍然是根据业务要求、传播特性等因素来有选择地使用电磁波的频段。本章将介绍双绞线、同轴电缆、无线信道、微波信道、光纤等常见的传输介质。

2.1.2　传输介质的分类

很多介质都可以作为通信中使用的传输介质,但这些介质本身有着不同的属性,适用于不同的环境条件,同时通信业务本身也会对传输介质的使用提出不同的要求。因此,在实际的应用中存在着多种多样的传输介质,以下是三类常见的传输介质:

(1) 有线电缆:通信中常见的有线电缆包括非屏蔽双绞线、屏蔽双绞线和同轴电缆等。有线电缆的特点是成本低,安装简单;缺点是频谱有限,而且安装之后不便移动。电缆是有线通信中,特别是接入网络中最常见的传输介质。

(2) 无线介质:无线介质在使用中可以划分为可见光、微波、紫外、红外等频段。使用无线介质的显著优点是建网快捷且移动性支持好,其缺点是频谱宽度还要低于电缆,此外,使用无线介质的成本有时要远高于使用有线介质。虽然存在着部分不经授权就可以使用的频段,如 340/433 MHz、2.4 GHz 等,但大多数无线频段是需要经过授权甚至是购买之后才可以使用的。例如,在目前的第三代移动通信网络建设中,很多网络运营商花费了数百亿美元来购买运营牌照,即是购买相应频段的使用权,而最终这些成本都要由用户来承担。

(3) 光纤:光纤也是一种有线介质,它可以提供高达太赫兹级别的带宽,而且误码率非常低,但缺点是安装复杂,需要专业的人员和专业的设备。目前,光纤还是主要应用于骨干网络中。

表 2-1 给出了不同通信技术对电磁波频谱的使用,以及不同电磁波频谱所对应的传

输介质和典型应用。

表 2-1　各种通信技术对电磁波频谱的使用

频率范围	波长	表示符号	传输介质	典型应用
3 Hz～30 kHz	$10^4\sim10^8$ m	VLF	普通有线电缆、长波无线电	长波电台
30～300 kHz	$10^3\sim10^4$ m	LF	普通有线电缆、长波无线电	电话通信网中的用户线路、长波电台
300 kHz～3 MHz	$10^2\sim10^3$ m	MF	同轴电缆、中波无线电	调幅广播电台
3～30 MHz	$10\sim10^2$ m	HF	同轴电缆、短波无线电	有线电视网中的用户线路
30～300 MHz	1～10 m	VHF	同轴电缆、米波无线电	调频广播电台
300 MHz～3 GHz	10～100 cm	UHF	分米波无线电	公共移动通信 AMPS、GSM、CDMA
3～30 GHz	1～10 cm	SHF	厘米波无线电	无线局域网 802.11a/g、微波中继通信、卫星通信
30～300 GHz	1～10 mm	EHF	毫米波无线电	卫星通信、超宽带(UWB)通信
105～107 GHz	$3\times10^{-6}\sim3\times10^{-4}$ m	—	光纤、可见光、红外光	光纤通信、短距红外通信

2.1.3　传输介质与传输技术的设计

传输介质只有被相应的传输技术所使用,才能够体现为可供上层业务使用的信道,由于传输介质是与传输技术紧密结合的,因此,设计传输技术就必须考虑并充分利用传输介质本身固有的特点,以下分别说明传输介质的各种特征对设计传输技术的影响。

(1)带宽:也就是可供使用的频谱宽度。高带宽的传输介质就可以承载较高的比特率,例如光纤;如果传输介质的带宽会受到其他因素的影响而改变,那么还必须针对这些情况,设计不同的传输技术。

(2)误码率:高误码率的传输环境下,肯定会要求使用更为复杂、更为有效的检纠错技术。

(3)信号的传输距离:不同的传输介质对信号传输具有不同的衰减,当有用信号的强度衰减至一定水平之下时,就必须以某种形式进行信号的再生与放大,以保证接收端的正常工作。光纤通信中的光中继器,微波通信中的中继站,都是为了完成这一目的而设立的。

(4)安全:不同的传输介质有不同的安全等级,通信中的加密和认证都是必不可少的,但不同复杂度的加密与认证技术在传输代价,时间代价等方面有很大差异,因此必须为各种传输介质选用最为合适的安全保证技术。

需要说明的是,以上几方面的影响不是独立存在的,它们经常互相作用。例如:更可靠的检纠错技术会占用更多的比特位,因此也就会减少可供有用信号使用的带宽。因此,在设计传输技术时必须综合考虑各种因素的影响,实用的传输技术常常是考虑各种因素影响的折衷体现。

2.2 双绞线

2.2.1 双绞线的概述

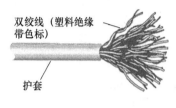

双绞线（塑料绝缘带色标）

护套

图 2-1 双绞线的结构

1. 双绞线的定义

双绞线是由一对带有绝缘层的铜线，以螺旋的方式缠绕在一起所构成的。通常的双绞线电缆是由一对或多对这样的双绞线对所组成的，如图 2-1 所示。绝缘材料使两根线中的金属导体不会因为互碰而导致电路短路。双绞线通常用于传输平衡信号，也就是说，在两条导线上同时传输信号，但它们分别携带的信号的相位相差 180°。外界的电磁干扰给两条导线带来的影响将相互抵消，从而使信号不至于迅速衰减。螺旋状的结构也有助于抵消电流流经导线过程中有可能增大的电容，而如果是两根平行的导线就会形成一幅天线，不存在这种抵消效应。多对双绞线通常被捆扎起来，并外敷保护层。这样，成捆的电缆就可以被掩埋起来。与其他传输介质相比，双绞线在传输距离、信道宽度和数据传输速度等方面均受到一定限制，但价格较为低廉。很长一段时间以来，双绞线一直被广泛用于电话通信以及局域网建设中，是综合布线工程中最常用的一种传输介质。

虽然双绞线主要是用来传输模拟声音信息的，但同样适用于数字信号的传输，特别适用于较短距离的信息传输。但是在传输期间，信号的衰减比较大，并且产生波形畸变。采用双绞线的局域网的带宽取决于所用导线的质量及传输技术。

2. 双绞线的特征

区分和评价各种类型双绞线的特征主要包括：导线直径、含铜量、导线单位长度绕数、屏蔽措施等，这些因素的综合作用决定了双绞线的传输速率和传输距离。

（1）导线直径：即是铜导线的直径，一般直径越大，传输能力越强。

（2）含铜量：直观的表现就是导线的柔软程度，越柔软的导线含铜量越高，传输能力越强。

（3）导线单位长度绕数：表示了导线螺旋缠绕的紧密程度，单位长度内的绕数越多，对干扰的抵消作用就越强。

（4）屏蔽措施：屏蔽措施越好，抗干扰的能力就越强。根据双绞线缆是否带有金属封装的屏蔽层可以把双绞线分为非屏蔽双绞线（UTP）和屏蔽双绞线（STP），如图 2-2 所示。理论上，屏蔽双绞线的传输性能更好，但在实际的使用中，屏蔽双绞线对于工程安装的要求较高，而且如果金属屏蔽层的接地不好，有些条件下其性能甚至还不如非屏蔽双绞线。因此，被广泛使用的实际上是非屏蔽双绞线。

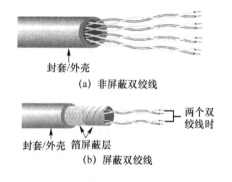

封套/外壳

（a）非屏蔽双绞线

封套/外壳　箔屏蔽层

两个双绞线时

（b）屏蔽双绞线

图 2-2 非屏蔽双绞线和屏蔽双绞线

3. 双绞线的分类

双绞线传输模拟信号的带宽可以达到 250 kHz,而传输数字信号的数据速率随距离的变化而不同。EIA/TIA 为双绞线电缆定义了不同的规格型号,根据双绞线所支持的传输速率,主要可以分为以下几类:

(1) 一类线:由两对双绞线组成的非屏蔽双绞线。频谱范围窄,主要用于传输语音,而较少用于数据传输,最高只能支持 20 kbit/s 的数据速率。

(2) 二类线:由四对双绞线组成的非屏蔽双绞线。主要用于语音传输和最高可达 4 Mbit/s 的数据传输。

(3) 三类线:由四对双绞线组成的非屏蔽双绞线。主要用于语音传输和最高可达 10 Mbit/s 的数据传输。10 base-T 的以太网,即是采用三类线。

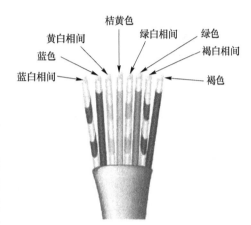

图 2-3　双绞线对的组合

(4) 四类线:由四对双绞线组成的非屏蔽双绞线。用于语音传输和最高可达 16 Mbit/s 的数据传输。

(5) 五类线:由四对双绞线组成的非屏蔽双绞线。用于语音传输和高于 100 Mbit/s 的数据传输,主要用于百兆以太网,如用在 100 base-T 的以太网中。由图 2-3 中可见,通过颜色的组合来区分互相缠绕的双绞线对。

线对的组合如表 2-2 所示:

表 2-2　双绞线对的组合

线对	色彩组合	
1	蓝白相间	蓝
2	黄(橙)白相间	黄(橙)
3	绿白相间	绿
4	褐(棕)白相间	褐(棕)

(6) 超五类线:由 4 对双绞线组成的非屏蔽双绞线。与五类线相比,超五类线所使用的铜导线质量更高、单位长度绕数也更多,因而衰减更小、信号串扰更小、具有更小的时延误差,在使用 4 对双绞线同时用于传输的情况下,可以用于 1 000 base-T 的千兆以太网。

(7) 六类线、七类线:作为传输能力更强的双绞线,它们的标准还处于进一步的发展之中。

以最常见的三类线和五类线为例,它们之所以具有不同的传输能力,差别主要在于导线单位长度绕数和屏蔽材料。与三类线相比,五类线的单位长度绕数更多,同时也采用了更好的屏蔽材料。

2.2.2 双绞线的特点

双绞线具有以下的优点：

(1) 低成本，易于安装：相对于各种同轴电缆，双绞线是比较容易制作的，它的材料成本与安装成本也都比较低，这使得双绞线得到了广泛的应用；

(2) 应用广泛：目前在世界范围内已经安装了大量的双绞线，绝大多数以太网线和用户电话线都是双绞线，这对于接入网的建设产生了巨大的影响，因为短时间内全部替换这些双绞线的可能性几乎是不存在的。

同时双绞线还具有很多的缺点：

(1) 带宽有限：由于材料与本身结构的特点，双绞线的频带宽度是有限的。像在千兆以太网中就不得不使用 4 对导线同时进行传输，此时单对导线已无法满足要求。

(2) 信号传输距离短：双绞线的传输距离只能达到 1 000 m 左右，这对于很多应用场合的布线存在着比较大的限制，而且传输距离的增长还会伴随着传输性能的下降。

(3) 抗干扰能力不强：双绞线对于外部干扰很敏感，特别是外来的电磁干扰，而且湿气、腐蚀以及相邻的其他电缆等这些环境因素都会对双绞线产生干扰。在实际的布线中双绞线一般不应与电源线平行布置，否则就会引入干扰；而且对于需要埋入建筑物的双绞线，还应套入其他防腐防潮的管材中，以消除湿气的影响。

2.2.3 双绞线的应用

(1) ISDN：窄带 ISDN 中的基本速率接口(BRI)和基群速率接口(PRI)常使用双绞线作为传输介质。

BRI：提供 2B+D(2×64 kbit/s+16 kbit/s)共 144 kbit/s 的接入速率；

PRI：提供 30B+D(30×64 kbit/s+64 kbit/s)的接入速率。

ISDN 用于接入网时常采用 BRI 接口，此时就可以直接利用原先的电话线路作为接入线路。

(2) xDSL：基于数字用户线路技术(DSL)存在着多种接入网络蹬解决方案，如 ADSL、SDSL、VDSL 等，它们共同的特点是通过使用调制和编码技术在双绞线上实现了数字传输，达到了较高的接入速率。但这些 DSL 技术又在通信距离、是否对称传输、最高速率、使用双绞线对数等很多方面存在着不同。根据本地网络状况、带宽需求、用户使用习惯等不同，它们有着不同的应用场合。目前在我国，非对称数字用户线路(ADSL)技术被大规模地用于接入网络建设中。在我国的电话网络中，特别是公共电话网络用户线路的布线中还存在着大量的平行线，在电话通信中使用平行线代替双绞线的影响不大，但当利用这样的接入线路作 ADSL 接入时，就会产生较大的影响。ADSL 下行的最大速率可以达到 8 Mbit/s，而采用平行线替代了双绞线一般只能达到数百千比特每秒的下行速率。

(3) 以太网：目前十兆/百兆/千兆以太网的主要传输介质都是双绞线，这其中，十兆或百兆以太网使用了 2 对双绞线，千兆以太网使用了 4 对双绞线，一般的以太网线都包含4 对双绞线。部分以太网线也采用平行线或同轴电缆作为传输介质。

2.3　同轴电缆

2.3.1　同轴电缆的概述

同轴电缆由中心的铜质或铝质的导体、中间的绝缘塑料层、金属屏蔽层以及主要起保护作用的外套层组成。这其中,同轴电缆的铜导体要比双绞线中的铜导体更粗,而接地的金属屏蔽层则可以有效地提高抗干扰性能。因此,同轴电缆具有比双绞线更高的传输带宽。同轴电缆的结构如图 2-4 所示。

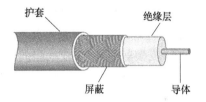

图 2-4　同轴电缆的结构

同轴电缆中的屏蔽层既可以是铜质网状的、也可以是铝质薄膜状的,它的另外一个作用是防止寻找食物的饥饿啮齿类动物破坏裸线。绝缘塑料层和外套层均可以有不同的形状、结构和强度,这一般取决于电缆使用时的安装条件和使用环境等因素。例如,应用于室外环境的架空电缆由于会工作于强风以及雨雪等恶劣环境,因此需要强度较高的外套层。

同轴电缆的传输特性优于双绞线,这主要是缘于同轴电缆使用更粗的铜导体和更好的屏蔽层。更粗的铜导体可以提供更宽的频谱,一般可达数百兆赫兹。另外信号传输时的衰减更小,也可以提供更长的传输距离。普通的非屏蔽双绞线是没有接地屏蔽的,因此同轴电缆的误码率大大优于双绞线,可以达到 10^{-9} 的水平。同轴电缆的这种结构,使它具有高带宽和极好的噪声抑制特性。实际应用中,同轴电缆的可用带宽取决于电缆长度。1 km 的电缆最高可以达到 $1 \sim 2$ Gbit/s 的数据传输速率。也可以使用更长的电缆,但是传输速率就要降低或需要使用信号放大器。

常见的同轴电缆有两种:一种是 50 Ω 阻抗的同轴电缆,用于数字传输,由于多用于基带传输,也叫基带同轴电缆;另一种是 75 Ω 姆阻抗的同轴电缆,用于模拟传输,也被称为宽带同轴电缆。宽带同轴电缆在使用中其带宽可以被划分为几个范围。通常每一个频率范围都携带着各自的编码信息,这样就可以在一根电缆上同时复用地传输多个数据流。同轴电缆的常见规格如表 2-3 所示。

表 2-3　同轴电缆的常见规格

规格	类型	阻抗/Ω	描述
RG-58U	细缆	50	固体实心铜导线
RG-58A/U	细缆	50	绞合线
RG-58C/U	细缆	50	RG-58A/U 的军用版本
RG-59	CATV	75	宽带同轴电缆,用于有线电视中
RG-8	粗缆	50	固体实心线,直径约为 0.4 英寸
RG-11	粗缆	50	标准实心线,直径约为 0.4 英寸

2.3.2 同轴电缆的特点

(1) 可用频带宽:同轴电缆可供传输的频谱宽度最高可达吉赫兹,比双绞线更适于提供视频或是宽带接入业务,也可以采用调制和复用技术来支持多信道传输;

(2) 抗干扰能力强,误码率低,但这会受到屏蔽层接地质量的影响;

(3) 性能价格比高:虽然同轴电缆的成本要高于双绞线,但是它也有着明显优于双绞线的传输性能,而且绝对成本并不很高,因此其性能价格比还是比较合适的;

(4) 安装较复杂:双绞线和同轴电缆一样,线缆都是制作好的,我们使用时需要的是截取相应的长度并与相应的连接件相连。在这一环节中,由于同轴电缆的铜导体较粗,因此一般需要通过焊接与连接件相连。其安装比双绞线更为复杂。

2.3.3 同轴电缆的应用

同轴电缆以其良好的性能在很多方面得到了应用:

(1) 局域网:目前仍有相当数量的以太网采用同轴电缆作为传输介质,当用于 10 Mbit/s以太网时,传输距离可以达到 1 000 m。很多生产年份较早的网卡均同时提供连接同轴电缆和双绞线的两种接口。

(2) 局间中继线路:同轴电缆也被广泛地用于电话通信网中局端设备之间的连接,特别是作为 PCM E1 链路的传输介质。

(3) 有线电视(CATV)系统的信号线:直接与用户电视机相连的电视电缆多是采用同轴电缆。这一电缆一般既可以用于模拟传输,也可以用于数字传输。在传输电视信号时一般是利用调制和频分复用技术将声音和视频信号在不同的信道上分别传送。

(4) 射频信号线:同轴电缆也经常在通信设备中被用作射频信号线,例如基站设备中功率放大器与天线之间的连接线。相对于用做基带信号传输的同轴电缆(如以太网线),用于射频信号传输的同轴电缆对于屏蔽层接地的要求更为严格。

2.4 无线信道

2.4.1 无线信道的基本概念

无线通信的传输媒质,即是无线信道,更确切地说,无线信道是基站天线与用户天线之间的传播路径。天线感应电流而产生电磁振荡并辐射出电磁波,这些电磁波在自由空间或空中传播,最后被接收天线所感应并产生感应电流。电磁波的传播路径可能包括直射传播和非直射传播,多种传播路径的存在造成了无线信号特征的变化。了解无线信道的特点对于理解无线通信是非常必要的。

与其他通信信道相比,无线信道是最为复杂的一种。例如,模拟有线信道中典型的信噪比约为 46 dB,也就是说,信号电平要比噪声电平高 40 000 倍。而且对有线信道来说,其传输质量是可以控制的,通过选择合适的材料与精心加工,可以确保在有线传输系统中有一个相对稳定的电气环境。有线传输介质中,信噪比的波动通常不超过 1~2 dB。与此相对照,陆地移动无线信道中信号强度的骤然降低即所谓衰落是经常发生的,衰落深度可达 30 dB。而且在城市环境中,一辆快速行驶车辆上的移动台的接收信号在一秒钟之内的显著衰落可达数十次。这种衰落现象严重恶化了接收信号的质量,影响通信的可靠性。在蜂窝移动环境中,同频干扰也是一个必须考虑的问题。当发生衰落时,要接收的信号也许比同频小区基站来的干扰信号还要弱,接收机就会锁定在错误信号上。模拟移动通信多采用调频方式,调频方式的捕获效应对同频干扰有一定的抑制作用。而衰落现象会显著改变调频信号特性,削弱其捕获效应。对于数字传输来说,衰落将使比特误码率(BER)大大增加。此外,在有线信道中能够很好工作的语音编码器、调制解调器和同步装置在移动环境中的工作性能将会大大恶化。

无线信道的衰落特性取决于无线电波传播环境。不同的环境,其传播特性也不尽相同。例如,一个有许多高层建筑的大城市与平坦开阔的农村相比,其传播环境有很大不同,两者的无线信道特性也大有差异。而传播环境本身是相当复杂和多变的,这就使得无线信道特性也十分复杂。复杂、恶劣的传播条件是无线信道的特征,这是由在运动中进行无线通信这一方式本身所决定的。

2.4.2　电磁波在无线信道中的传播

电磁波传播的特性是研究任何无线通信系统首先要遇到的问题。传播特性直接关系到通信设备的能力、天线高度的确定、通信距离的计算以及为实现优质可靠的通信所必须采用的技术措施等一系列系统设计问题。不仅如此,对于移动通信系统的无线信道环境而言,其信道环境比固定无线通信的信道环境更复杂,因而不能简单地用固定无线通信的电波传播模式来分析,必须根据移动通信的特点按照不同的传播环境和地理特征进行分析。

对于不同频段的无线电波,其传播方式和特点是不相同的。在陆地移动系统中,移动台处于城市建筑群之中或处于地形复杂的区域,其天线将接收从多条路径传来的信号,再加上移动台本身的运动,使得移动台和基站之间的无线信道越发多变而且难以控制。

1. 基本传播机制

无线信号最基本的 4 种传播机制为直射、反射、绕射和散射。

(1)直射:即无线信号在自由空间中的传播。

(2)反射:当电磁波遇到比波长大得多的物体时,发生反射。反射一般在地球表面、建筑物、墙壁表面发生。

(3)绕射:当接收机和发射机之间的无线路径被尖锐的物体边缘阻挡时发生绕射。

(4)散射:当无线路径中存在小于波长的物体并且单位体积内这种障碍物体的数量较多的时候发生散射。散射发生在粗糙表面、小物体或其他不规则物体上,一般树叶、灯柱等会引起散射。

2. 无线信道的指标

(1)传播损耗

多种传播机制的存在使得任何一点接收到的无线信号都极少是经过直线传播的原有

信号。一般认为无线信号的损耗主要由以下三种构成：

　　① 路径损耗：由于电波的弥散特性造成的，反映了在公里量级的空间距离内，接收信号电平的衰减，也称大尺度衰落；

　　② 阴影衰落：即慢衰落，是接收信号的场强在长时间内的缓慢变化，一般是由于电波在传播路径上遇到由于障碍物的电磁场阴影区所引起的；

　　③ 多径衰落：即快衰落，是接收信号场强在整个波长内迅速的随机变化，一般主要由多径效应引起。

　　（2）传播时延：包括传播时延的平均值、传播时延的最大值和传播时延的统计特性等。

　　（3）时延扩展：信号通过不同的路径沿不同的方向到达接收端会引起时延扩展，时延扩展是对信道色散效应的描述。

　　（4）多普勒扩展：是一种由于多普勒频移现象引起的衰落过程的频率扩散，又称时间选择性衰落，是对信道时变效应的描述。

　　（5）干扰：包括干扰的性质以及干扰的强度。

2.4.3　无线信道的传播模型

1. 为什么构建无线信道模型

　　移动无线传播面临的是随时变化的、复杂的环境。首先，传播环境十分复杂，传播机理多种多样。几乎包括了电波传播的所有过程，如：直射、绕射、反射、散射。其次，由于用户台的移动性，传播参数随时变化，引起接收场强、时延等参数的快速波动。因此在设计无线通信技术或进行移动通信网络建设之前，必须对信号的传播特征、通信环境中可能受到的系统干扰等进行估计，这时的主要依据就是各种不同条件下的无线信道模型。举例来说，在移动网络规划中，如果话务量分布相同，但是建筑物、植被等情况不同，那么就必须应用不同的传播模型。

2. 无线信道模型的分类

　　无线信道模型一般可分为室内传播模型和室外传播模型，后者又可以分为宏蜂窝模型和微蜂窝模型。

　　（1）室内传播模型：室内传播模型的主要特点是覆盖范围小、环境变动较大、不受气候影响，但受建筑材料影响大。典型模型包括，对数距离路径损耗模型、Ericsson 多重断点模型等。

　　（2）室外宏蜂窝模型：当基站天线架设较高、覆盖范围较大时所使用的一类模型。实际使用中一般是几种宏蜂窝模型结合使用来完成网络规划。

　　（3）室外微蜂窝模型：当基站天线的架设高度在 3～6 m 时，多使用室外微蜂窝模型；其描述的损耗可分为视距损耗与非视距损耗。

　　在网络规划中常用的传播模型，一般都被网络规划辅助软件所集成。这些模型经常与实测结果相结合来完成网络规划。

　　表 2-4 给出了常见的信道传播模型。

表 2-4 常见的信道传播模型

类型	名称	特征	备注
室外宏蜂窝模型	自由空间传播模型	在理想的、均匀的、各向同性的介质中传播,不发生发射、折射、绕射、散射现象	经验模型
	平面大地传播模型	同时考虑了发射机与接收机之间的直接路径和地面发射路径	经验模型
	杂乱因子模型(Clutter Factor Model)	利用频率、地形、高度、方位等修正因子对平面大地传播模型进行修正而得	经验模型
	奥村模型(Okumura-Hata Model)	主要针对城区传播环境,具体又将城区环境分为开阔地、郊区、城区三种,适用于地形复杂区域	经验模型
	COST 231-Hata 模型	主要针对中小城市环境	经验模型
	Lee 模型	特点是通过计算有效的基站天线高度,来描述地形的变化	经验模型
	Ibrahim and Parsons 模型	基于伦敦附近的一系列测试结果而获得,并不针对通用预测模型	经验模型
	Allsebrook and Parsons 模型	以对三个英国大城市的测量为基础而建立的理论模型	理论模型
	Ikegami 模型	通过使用描述建筑物高度、形状、特征的详细地图,在发射机与接收机之间利用射线跟踪法确定特定点的场强	理论模型
	Walfisch-Bertoni 模型	考虑了屋顶和建筑物的影响,使用绕射来预测街道的平均信号场强	理论模型
	COST 231/Walfisch-Ikegami 模型	主要用于欧美都市环境下非视距传播的预测	理论模型
室外微蜂窝模型	双斜率模型(Dual-Slope Empirical Model)	具有两个不同的路径损耗指数	经验模型
	双线模型	适用于理想化的、即相当开阔而不杂乱的微蜂窝环境,如公路	理论模型
	递归模型(Recursive Model)	对于街道交叉口处可能发生的绕射或反射做了特殊处理	理论模型
	特定地区射线模型(Site-specific Ray Model)	利用计算机处理特定地区的地理信息库以及三维建筑物数据库	仿真模型
室内传播模型	对数距离路径损耗模型	室内路径损耗符合对数分布	理论模型
	Ericsson 多重断点模型	主要针对多层办公室建筑	经验模型
	衰减因子模型	主要考虑了建筑物类型的影响和阻挡物的影响	经验模型

需要指出的是,由于移动环境的复杂性,不可能建立单一的模型。不同的模型是从不同传播环境的实测数据中归纳而得出的,都有一定的适用范围。进行系统工程设计时,模型的选择是很重要的,有时不同的模型会给出不同的结果。因此,传播环境对无线信道的特性起着关键作用。

3. 如何构建传播模型

信道模型建立的准确与否关系到无线通信技术的设计是否合理,移动网络的规划是否符合实际情况,但由于不同地点的传播环境千差万别,所以很难得到准确而通用的模型。对无线信道进行研究的基本方法有以下三种:

(1)理论分析:即用电磁场理论或统计理论分析电波在移动环境中的传播特性,并用各种数学模型来描述无线信道。构建理论信道模型首先需要将无线传播环境进行大致分类(如大城市、中小城市、效外),然后提出一些假设条件使信道数学模型简化,进行理论分析和推导,得出理论模型。因此,数学模型对信道的描述都是近似的。即便如此,信道的理论模型对人们认识和研究无线信道仍可起指导作用。

(2)现场实测:建立在大量实测数据和经验公式的基础之上,选取典型环境,进行电波传播实测试验。测试参数包括接收信号的幅度、延时以及其他反映信道特征的参数。对实测数据进行统计分析,可以得出一些有用的结果,建立经验模型。由于移动环境的多样性,现场实测一直被作为研究无线信道的重要方法。

(3)计算机模拟:是近年来随着计算机技术的发展新出现的研究方法。如前所述,任何理论分析,都要假设一些简化条件,而实际移动传播环境是千变万化的,这就限制了理论结果的应用范围。现场实测,较为费时、费力,并且也是针对某个特定环境进行的。而计算机在硬件支持下,具有很强的计算能力,能灵活快速地模拟各种移动环境。因而,计算机模拟越来越成为研究无线信道的重要方法。

在实际的应用中经常将以上几种方法结合使用,例如使用第二种方法得到的模型对理论推导获得的模型进行修正。

4. 传播模型的输入参数

传播模型的数学描述都比较复杂,一般给出的是损耗或场强的分布函数,模型的输入参数主要有:自然地形特征、植被特征、天气状况、电磁噪声状况、天线高度(包括接收机和发射机的天线高度)、建筑物的分布、建筑物的平均高度、载波频率、波长、收发天线之间的距离等。

2.4.4 无线信道的特点

(1)频谱资源有限:虽然可供通信用的无线频谱从数十兆赫兹到数十吉赫兹,但由于无线频谱在各个国家都是一种被严格管制使用的资源,因此对于某个特定的通信系统来说,频谱资源是非常有限的,而且目前移动用户处于快速增长之中,因此必须精心设计移动通信技术,以使用有限的频谱资源。

(2)传播环境复杂:前面已经说明了电磁波在无线信道中传播会存在多种传播机制,这会使得接收端的信号处于极不稳定的状态,接收信号的幅度、频率、相位等均可能处于不断变化之中。

(3)存在多种干扰:电磁波在空气中的传播处于一个开放环境之中,而很多的工业设备或民用设备都会产生电磁波,这就对相同频率的有用信号的传播形成了干扰。此外,由于射频器件的非线性还会引入互调干扰,同一通信系统内不同信道间的隔离度不够还会引入邻道干扰。

(4)网络拓扑处于不断的变化之中:无线通信产生的一个重要原因是可以使用户自由地移动。同一系统中处于不同位置的用户,以及同一用户的移动行为,都会使得在同一移动通信系统中存在着不同的传播路径,并进一步会产生信号在不同传播路径之间的干扰。此外,近年来兴起的自组织(Ad-hoc)网络,更是具有接收机和发射机同时移动的特点,也会对无线信道的研究产生新的影响。

2.5 无线信道的微波频段

2.5.1 微波频段的定义

微波频段被定义为 $1\sim100$ GHz 的范围,也有定义认为微波频段的上限为 1 000 GHz。但实用的微波通信系统工作上限一般为 50 GHz。由于最常见的微波接力中继通信系统与一般的移动通信系统有很多不同之处,因此,虽然两者都属于无线通信的范畴,但在此仅对微波频段的使用做单独介绍。

2.5.2 微波频段的特点

微波通信同样是利用电磁波来承载信息,但它具有以下显著特点:

(1)工作频率高,可用带宽大。微波通信系统一般工作在数吉赫兹或数十吉赫兹的频率上,被分配的带宽在数十兆赫兹左右,这在无线通信中已是非常可观;一个第三代移动通信的运营商在单方向也仅被分配 5 MHz 的带宽。

(2)波长短,易于设计高增益的天线。天线可以设计得比较复杂,增益可以达到数十分贝。

(3)受天电干扰小。天电干扰、工业干扰和太阳黑子活动基本不影响微波频段。

(4)视距传播。在微波通信系统中必须保证电磁波传输路径的可视性,它无法像某些低频波那样沿着地球的曲面传播,也无法穿过建筑物,甚至树叶这样的物体也会显著地影响通信系统;在微波中继通信中还必须注意天线的指向性。

(5)容易受天气影响。雷雨、空气凝结物等都会引起反射,影响通信效果。

2.5.3 地面视距信道

微波传输的信道也被称为地面视距信道,视距传播模型主要考虑的因素包括大气效应和地面效应。其中,大气效应主要包括吸收衰减、雨雾衰减和大气折射;地面效应主要包括费涅尔效应和地面反射。

(1)吸收衰减:主要发生在微波的高频段,不同的大气成分如水蒸汽、氧气具有不同的吸收衰减,对 12 GHz 以下的低频段影响较小。

(2)雨雾衰减:在 10 GHz 以下频段,雨雾衰减并不严重,一般只有几分贝;在 10 GHz 以上频段,雨雾衰减则会大大增加。下雨衰减是限制高频段微波传播距离的主要因素,在暴雨天气下出现的电视转播中断常是由此原因造成的。

(3)大气折射:是由于空气密度存在梯度而造成的微波传播方向的改变。

（4）费涅尔效应：描述了微波传播在遇到障碍物时产生的附加损耗。

（5）地面反射：是传播过程中产生电平衰落的主要原因。

（6）频率选择性衰落。

2.5.4 微波通信的主要应用

微波通信兴起于20世纪50年代。由于其通信的容量大而投资费用省(约占电缆投资的1/5)，建设速度快，抗灾能力强等优点而取得迅速的发展。20世纪40年代到50年代产生的传输频带较宽、性能较稳定的微波通信，成为长距离、大容量地面干线无线传输的主要手段，它也可以用于传输高质量的彩色电视信号，而后逐步进入中容量乃至大容量数字微波传输时代。20世纪80年代中期以来，随着频率选择性色散衰落对数字微波传输中断的影响的发现以及一系列自适应衰落对抗技术与高阶调制与检测技术的发展，使数字微波传输产生了一个革命性的变化。

一些发达国家的微波中继通信在长途通信网中所占的比例高达50%以上。我国对于微波通信的应用也已经取得了很大的成就，在1976年的唐山大地震中，在京津之间的同轴电缆全部断裂的情况下，六个微波通道全部安然无恙。20世纪90年代的长江中下游的特大洪灾中，微波通信又一次显示了它的巨大威力。在当今世界的通信技术中，微波通信仍然具有独特而重要的地位。以下是微波通信的几种典型应用。

（1）微波中继通信系统：微波中继通信系统一般包含终端站和中继站两大类设备。它要求站与站之间具有视距传播条件，通过高度指向性天线来完成相互通信。中继站上的天线依次将信号传递给相邻的站点，这种传递不断持续下去就可以实现视线被地表切断的两个站点间的传输，如图2-5所示。由于这些站都是固定设置的，因此上述这些条件可以最大限度地保证通信的有限距离和信号质量，微波中继通信系统常用于电话通信网的补充，也用于在较长的距离上以中继接力的方式传输电视信号，主要是作为有线通信线路的补充，在难于铺设有线电缆或一些临时性应用的场合替代有线通信。

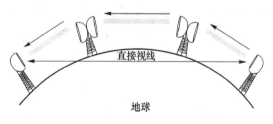

两个地面站之间的直接视线传输

图 2-5 微波中继通信系统

（2）多点分配业务（MDS）：这实际上是一种固定无线接入技术，它包括由运营商设置的主站和位于用户处的子站，可以提供数十兆赫兹甚至数吉赫兹的带宽，这些带宽由所有的用户共享。MDS系统主要为个人用户、宽带小区和写字楼等设施提供无线宽带接入，它的特点是建网迅速，但资源分配不够灵活。MDS包括覆盖范围较大的多信道多点分配业务（MMDS）和覆盖范围较小、但提供带宽更为充足的本地多点分配业务（LMDS）。图

2-6 是多点分配业务系统的示意图。MMDS 和 LMDS 的系统构成相似,一般包括基站、远端站和网管系统,其中基站和远端站又分为室内单元(IDU)和室外单元(ODU)部分。IDU 是与提供业务相关的部分,如业务的适配和汇聚、分发;ODU 提供基站和远端站之间的射频传输功能。MMDS 和 LMDS 的实现技术也非常相似,都是通过无线调制与复用技术实现宽带业务的点对多点接入。二者的主要区别在于工作的频段不同以及由此带来的可承载带宽和无线传输特性的不同。

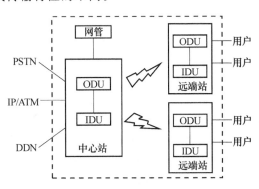

图 2-6　多点分配业务系统

MMDS/ LMDS 不同于传统的点到点微波传输和 GSM 移动通信系统,它采用蜂窝的形式,通过多扇区覆盖向所需地区提供业务服务。一个中心站可以根据系统容量和具体业务需求下带多个远端站,中心站与远端站之间的通信,下行大多使用 TDM 方式,上行采用 FDMA 或 TDMA 方式,一个扇区可以提供多个载频,目前大多数产品可提供 4 个 90°扇区的覆盖,部分产品甚至可提供 24 个 15°扇区覆盖。同时,因其远端站是固定的,MMDS/ LMDS 系统无需跨区切换和位置更新,这明显不同于 GSM 系统。以下分别说明 MMDS/ LMDS 的技术特点。

① 工作频段:MMDS 的频率集中在 2～5 GHz。它的优点是,雨雾衰减可以忽略不计,器件成熟,设备成本低。LMDS 工作在毫米波波段的 20～40 GHz 频段上,在这个范围的频段上,被许可的频率包括 24 GHz、28 GHz、31 GHz、38 GHz 等,其中以 28 GHz 获得的许可较多,该频段具有较宽松的频谱范围,最有潜力提供多种业务。LMDS 的信号传输距离很短,仅 5～6 km,因此不得不采用多个小蜂窝结构来覆盖一个城市,造成多蜂窝系统复杂度较高,设备成本高,雨衰太大、降雨时很难工作。

② 多址方式:MMDS/ LMDS 下行主要采用 FDMA 方式将信号向相应扇区广播。从中心站到终端站的下行信号采用点到多点的方式,每个用户终端在特定的频段内接收属于自己的信号。上行多址方式为 TDMA 或 FDMA。如果采用 TDMA 方式,则若干远端站可在相同频段的不同时隙向基站发射信号。这种方式对支持突发型的数据业务(如 Internet 接入应用)优势较明显。如果采用 FDMA 方式,在相同扇区中,不同的远端在不同频段上向基站发射信号,彼此互不干扰。由于这种方式远端需长期占用频率资源,所以适合租用线业务。

③ 调制方式:MMDS/ LMDS 的调制方式主要采用 QPSK、4QAM、16QAM 和

64QAM 等几种调制解调技术。调制阶数越高,频率利用率就越高,系统的容量也相应提高;但调制技术越复杂,则相同条件下的覆盖范围越小,且抗干扰的能力也随之下降。

④ 传输带宽:传输容量是衡量无线宽带接入设备的重要指标,主要包含中心站的单扇区容量和远端站的最大容量两部分。MMDS 系统的带宽较为有限,总容量仅为 200 MHz;而 LMDS 的传输带宽甚至可以与光纤相比拟,实现无线"光纤"到楼,可用频率至少为 1 GHz,与其他接入技术相比,LMDS 是最后一公里光纤的灵活替代技术,单一用户传输速率最高可达 155 Mbit/s。

⑤ 业务承载:MMDS/ LMDS 可以承载的业务包括话音业务,如 POTS、ISDN 或 E1;专线业务,如 E1、$N \times 64$ kbit/s、30B+D、V. 35、X. 21 等;高速数据业务。

(3) 无线局域网:目前基于 802.11 系统标准的无线局域网也工作于微波频段,其中 802.11b 工作于 2.4 GHz;802.11a/g 工作于 5.8 GHz。

(4) 第四代移动通信系统:未来的移动通信系统要求达到数百兆赫兹的带宽,这在频谱资源十分紧张的 800 MHz、900 MHz、2 GHz 等频段是难以想象的。因此一个可行的解决方案就是使用目前频谱资源相对宽松的微波频段,特别是频率较高的微波频段。但由于微波频段的衰减较大,而且在非视距传播时的性能较差,因此这还是一个有待于进一步研究的难点。

(5) 卫星通信:在卫星通信中使用的频谱资源主要有以下几个波段。

① C 波段:上行链路工作于 6 GHz,下行链路工作于 4 GHz,C 波段对于天气的适应性较好,但 C 波段的工作频率被地面微波系统所共享;

② Ku 波段:上行链路工作于 14 GHz,下行链路工作于 11 GHz,它的频段并没有被其他系统所使用,能够提供一定的终端移动性支持,但更容易受到天气因素的干扰;

③ Ka 波段:上行链路工作于 30 GHz,下行链路工作于 20 GHz,可以提供更宽的频谱供使用,Ka 波段最容易受到天气因素(如雨雾衰减)的影响;

④ L 波段:工作于 390~1 550 MHz,受天气影响最小,但可提供的频带宽度不足。

2.6　光　纤

2.6.1　光纤通信的概念与基本原理

多种多样的通信业务迫切需要建立高速率的信息传输网。在传输网,特别是骨干网中,高速数字通信的速率已迈向吉比特每秒(10^9)级,并正在向太比特每秒(10^{12})级迈进。要实现这样高速的数字通信,依靠无线媒质或是以传统电缆为代表的有线媒质均是不可想象的。这一难题直到光纤作为一种传输媒质被人们发现之后才得以破解。光纤的潜在容量可达数百太比特,要比传统电缆的容量至少高出 5 个数量级。

纵观通信发展史,不难发现,人们一直在不断开拓电磁波的各个频段,把如何利用电磁波作为通信技术的重要研究方向。在大学物理课程中我们已经学到,光可以看作是可见光波段的电磁波。因此,开发光波作为通信的载体与介质是很自然的。在光通信的发展历史中,两大主要的技术难点是光源和传输介质。在 20 世纪 60 年代,美国开发了第一台激光器,相对于其他普通光源,激光器具有亮度高、谱线窄、方向性好的特点,可以产生理想的光载波。另一方面,激光如果在大气中传播,将会受到变幻无常的天气条件的影响。因此人们设想利用可以导光的玻璃纤维——光纤进行长距离的光波传输。1970 年,美国康宁公司首次研制成功损耗为 20 dB/km 的石英玻璃光纤,并达到了实用水平。目前实用的光纤直径很小,既柔软又具有相当的强度,是一种理想的传输媒质。目前,在朗迅(Lucent)、北电(Nortel)、阿尔卡特(Alcatel)、西门子(Siemens)等公司的实验室中,光纤传输技术已经达到数千公里无中继的先进水平。

光纤通信的定义:光纤通信是以光波为载频,光导纤维为传输媒介的一种通信方式。光纤通信一般在发送方对信息的数字编码进行强度调制,在接收端以直接检波的方式来完成光/电变换。

2.6.2 光纤的工作窗口

1. 工作窗口的定义

光波可以看作是电磁波,不同的光波就会有不同的波长与频率。我们知道,透明的彩色玻璃之所以有颜色,是因为它只允许一种颜色的光波通过,而其他颜色的光波通过较少。石英光纤也具有类似的选择特性,对特定波长的光波的传输损耗要明显小于对其他波长的光波,这些特定的波长就是光纤的工作窗口。工作窗口是随着原材料工艺的不断发展和对光纤传输特性研究的不断深入而一个接一个被打开的。

2. 三个工作窗口

(1) $0.8 \sim 0.9 \, \mu m$,最低损耗 2.5 dB/km,采用石英多模光纤,主要应用于近距通信,目前在传输网中已很少使用;

(2) $1.31 \, \mu m$,最低损耗 0.27 dB/km,采用石英单模光纤,目前已获得大规模应用;

(3) $1.55 \, \mu m$,最低损耗 0.16 dB/km,采用石英单模适当色散光纤,目前主要用于长距离传输系统,如跨海光缆等。

2.6.3 光纤的相关概念

1. 光在光纤中的传播

在物理课中学过,光在空气中是沿直线传播的,光射向镜面时会发生反射,而从一种介质进入另一种介质时,会发生折射。当光从折射率大的介质进入折射率小的介质时,如果入射角大于临界值就会发生全反射。不难看出如果在玻璃纤维外包裹一定的材料,就可以由全反射来保证光波只在玻璃纤维中传播,这即是光导纤维的工作原理。

2. 光纤的结构

实用的光纤是比人的头发丝稍粗的玻璃丝,通信用光纤的外径一般为 $125 \sim 140 \, \mu m$。通常所说的光纤是由纤芯和包层组成,纤芯完成信号的传输,包层与纤芯的折射率不同,将光信号封闭在纤芯中传输并起到保护纤芯的作用。工程中一般将多条光纤固定在一起构成光缆。图 2-7、图 2-8 给出了光纤和光缆的一般结构。

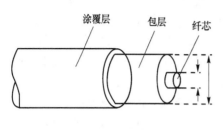

图 2-7　光纤的结构

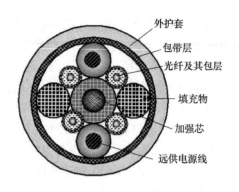

外护套
包带层
光纤及其包层
填充物
加强芯
远供电源线

图 2-8　四芯光缆剖面示意图

3. 光纤的分类

（1）根据光纤横截面上折射率的不同，可以分为阶跃型光纤和渐变型光纤。阶跃型光纤的纤芯和包层间的折射率分别是一个常数，在纤芯和包层的交界面，折射率呈阶梯型突变。渐变式光纤纤芯的折射率随着半径的增加按一定规律减小，在纤芯与包层交界处减小为包层的折射率。纤芯的折射率的变化近似于抛物线。

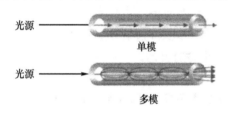

光源

单模

光源

多模

图 2-9　单模光纤与多模光纤

（2）按传输模式分：分为单模光纤（Single Mode Fiber）和多模光纤（Multi Mode Fiber）。光以一特定的入射角度射入光纤，在光纤和包层间发生全发射，从而可以在光纤中传播，即称为一个模式。当光纤直径较大时，可以允许光以多个入射角射入并传播，此时就称为多模光纤；当光纤直径较小时，只允许一个方向的光通过，就称为单模光纤。由于多模光纤会产生干扰、干涉等复杂问题，因此在带宽、容量上均不如单模光纤。实际通信中应用的光纤绝大多数是单模光纤。二者的区别如图 2-9 所示。

其中，单模光纤又可以按照最佳传输频率窗口分为：常规型单模光纤和色散位移型单模光纤。常规型单模光纤是将光纤传输频率最佳化在单一波长的光上，如 $1.31\ \mu m$，相关国际标准为 ITU-T G.652。色散位移型单模光纤是将光纤传输频率最佳化在两个波长的光上，如：$1.31\ \mu m$ 和 $1.55\ \mu m$，相关国际标准为 ITU-T G.653。

设计色散位移型单模光纤的目的是使光纤较好地工作在 $1.55\ \mu m$ 处，这种光纤可以对色散进行补偿，使光纤的零色散点从 $1.31\ \mu m$ 处移到 $1.55\ \mu m$ 附近。这种光纤也称为 $1.55\ \mu m$ 零色散单模光纤，是单信道、超高速传输的极好的传输媒介。现在这种光纤已用于通信干线网，特别是用于海缆通信类的超高速率、长中继距离的光纤通信系统中。色散位移光纤虽然用于单信道、超高速传输是很理想的传输媒介，但当它用于波分复用多信道传输时，又会由于光纤的非线性效应而对传输的信号产生干扰。特别是在色散为零的波长附近，干扰尤为严重。因此，又出现了一种非零色散位移光纤，这种光纤将零色散点移到 $1.55\ \mu m$ 工作区以外的 $1.60\ \mu m$ 以后或在 $1.53\ \mu m$ 以前，但在 $1.55\ \mu m$ 波长区内仍保持很低的色散，相关国际标准为 ITU-T G.655。这种非零色散位移光纤不仅可用于现在的单信道、超高速传输,而且还可适应于将来用波分复用来扩容,是一种既满足当前需要,又兼顾将来发展的理想传输媒介。

(3) 按照制造光纤所用的材料分:可以分为石英系光纤、多组分玻璃光纤、塑料包层石英芯光纤、全塑料光纤和氟化物光纤。其中,塑料光纤是用高度透明的聚苯乙烯或聚甲基丙烯酸甲酯(有机玻璃)制成的。它的特点是制造成本低廉,相对来说芯径较大,与光源的耦合效率高,耦合进光纤的光功率大,使用方便。但由于损耗较大,带宽较小,这种光纤只适用于短距离低速率通信,如短距离计算机局域网链路、船舶内通信等。目前通信中普遍使用的是石英系光纤。

4. 光纤的损耗

(1) 损耗:当光波通过光纤后,光的强度会被衰减,这说明光纤中存在某种物质或是由于某种原因阻挡光波信号通过,这就形成了光纤的传输损耗。损耗是影响光纤通信传输距离的重要因素。选择"工作窗口"即是选择损耗小的工作波长。

(2) 固有损耗和附加损耗:根据引起损耗的原因,可以把损耗分为固有损耗和附加损耗。固有损耗是光纤本身具有的损耗,由光纤本身的特点决定,一般又可以分为散射损耗、吸收损耗和由于波导结构不完善引起的损耗。附加损耗是指由于使用条件引起的损耗。需要特别说明的是,在不同的工作波长下,光纤的固有损耗是不同的。

(3) 吸收损耗:制造光纤的材料会在一定程度上吸收光能,材料中的粒子吸收光能后,会产生振动发热等现象而将能量散失掉,这就产生了吸收损耗。根据常用光纤的工作波长,这种粒子吸收能量主要以紫外吸收和红外吸收的形式存在。

(4) 散射损耗:如果光纤材料粒子的固有振动频率与入射光波的频率相同,就会产生共振,该粒子就会把入射光向各个方向散射,从而衰减了入射光的能量。另外,光纤中的杂质,如气泡,以及粗细不均匀等现象也会引起散射。

(5) 使用损耗:光纤的附加损耗主要是由使用损耗构成的。在光纤的连接处,微小弯曲、挤压、拉伸受力均会引起使用损耗。使用损耗的机理是:光纤在这些情况下,传输模式发生了变化。施工工艺的提高可以最大限度地减小使用损耗。

5. 光纤的带宽与色散

(1) 色散

光信号经光纤传输,到达输出端时会发生时间上的展宽,这种现象称为色散。色散产生的原因是因为光信号的不同频率分量和不同传播模式造成的传输速度的差异,使信号到达终点所用时间不同,即由于群时延而引入了色散。色散会导致信号波形产生畸变,从而导致误码,这对于高速数字通信的影响尤为明显。

(2) 带宽与色散的关系

色散现象限制了光纤对高速数字信号的传输,从而也就限制了光纤的带宽;从另一方面理解,线路的带宽越宽,脉冲波形的展宽就越小,可传送的信号频率就越高。实际上这两个定义从不同角度描述了光纤的同一种特性。

(3) 色散的分类

① 模式色散:多模光纤中,不同的传输模式其传输路径不同,到达终点的时间也不同,从而引起光脉冲被展宽,由此产生的色散称为模式色散;

②材料色散:严格来讲,石英玻璃对不同波长的光波的折射率是不同的,而光源所发出的光也并不是理想的单一波长,因此它们的传输速度不同,由此而引起的色散称为材料色散;

③波导色散:在纤芯与包层交界处发生全发射时,部分光波会进入包层传输,其中又有光波会传回纤芯,由于这部分的光波与原有光信号的传输路径不同也会引起色散,称为波导色散。

(4)色散问题的解决

一般来说,模式色散＞材料色散＞波导色散,在限制带宽方面起主要作用的是模式色散。因此应用单模光纤和窄谱线的激光器就可以有效地减小色散。实用的 $1.31\,\mu m$ 单模光纤,总色散接近零。而如果将总色散的零点移至 $1.55\,\mu m$ 处,则将同时具有最小色散和最小损耗。

(5)光纤的传输带宽

带宽主要受限于色散,一般光纤出厂时会标明其传输带宽。通常单模光纤的传输带宽在 $10\,GHz$ 以上。

2.6.4 光纤作为传输介质的主要特点

(1)传输频带宽

更宽的带宽就意味着更大的通信容量和更强的业务能力,一根光纤的潜在带宽可达太比特级(10^{12})。目前,$160\,Tbit/s$ 的密集波分复用(DWDM)设备在部分制造商的实验室已经试制成功。可以看出,通信媒质的通信容量大小不是由导线(媒质)本身的体积大小决定的,而是由它传输电磁波的频率高低来决定的,频率越高,带宽就越宽。

(2)传输距离长

在一定线路上传输信号时,由于线路本身的原因,信号的强度会随距离的增长而减弱,为了在接收端正确接收信号,就必须每隔一定距离加入中继器,进行信号的放大和再生。常用的同轴电缆的中继距离只有数公里,而光纤的传输损耗可低于 $0.2\,dB/km$,理论上光纤的损耗极限可达 $0.15\,dB/km$,目前已试制成功数千公里无需中继的光纤。

(3)抗电磁干扰能力强

一是由于光纤是绝缘体,不存在普通金属导线的电磁感应、耦合等现象;二是光纤中传输的信号频率非常高,一般干扰源的频率远低于这个值,因此光纤抗电磁干扰的能力非常强。此外,光纤对于湿气等环境因素也具有很强的抵抗能力。这一特性使它非常适用于沿海区域和越洋通信。

(4)保密性好

由于金属导线存在电磁感应现象,同时屏蔽不好导线本身就可以看作是一段天线,因此其保密性较差。而光纤本身的工作原理使得光波只在光纤内传播(即使在拐角很大处,也只有少量泄漏),如果再在表面涂吸光剂,基本上就不会发生信号泄漏。这一特性使光纤被大规模地应用于军事通信,美英等先进国家的军事通信网基本上是全光通信网。

(5)节省大量有色金属

光纤制造的主要原料是二氧化硅、即砂子,这是取之不尽的,而传统电缆需要使用大量的铜、铝等有色金属。

（6）体积小，重量轻

这个特点对于一些特殊应用领域具有重要的意义。例如在航空航天应用中，标准的18 管同轴电缆重 11 kg，而同等容量的光纤重 90 g。如果能够在人造卫星上节省几十千克的重量，就有可能降低上百万，甚至上千万美元的成本。

（7）需要经过额外的光/电转换过程

目前在通信网络中仍然是以电信号的形式对信息进行处理，要使用光纤进行信息传输，就必须先把电信号转换为光信号，接收时把光信号转换为电信号。这一处理过程增加了额外的复杂程度。另外，光纤比铜线更难分接和接合。把铜线分接开来后加入一个组件相对来说比较容易，但要把玻璃光纤分接开来就必须使用特殊的工程设备。

信号的传输技术

3.1 传输技术概述

3.1.1 传输技术的发展

根据国际电信联盟(ITU)的定义,传输是指通过物理介质传播含有信息的信号的过程。从功能上看,这是一个在通信网中的各节点之间转移信息的过程。传输网即是在各网络节点之间运送信息的网络功能资源。

为实现远距离的通信,在 19 世纪末即发明了用电信号来模拟语音信号并进行远距离传输,于是出现了电话以及话音传输技术。时至今日,电话通信仍然是电信网络中的重要业务之一,而传输技术则已经经历了几次重大的变革。

从电话通信发明到 20 世纪 60 年代,电信传输均是采用模拟话音传输技术,起初是采用一对线路传输一路模拟话音信号;随后为提高传输效率,开始采用频分复用(FDM)技术进行多路载波传输,传输介质也从双绞线向同轴电缆过渡。

上世纪 60 年代末到 80 年代后期,通信网络处于数字化的发展时期。随着话音信号的脉冲编码调制(PCM)技术的发展,数字传输技术以其安全、可靠、通信质量高、通信成本低、有利于通信设备小型化/集成化等优点迅速替代了模拟传输技术。另一方面,无线通信与移动通信的广泛应用、以及利用模拟线路传输数字信号的需求,也暴露出了模拟信号频带传输技术的频谱利用率不高、抗噪声与抗干扰能力较差、不利于设备集成化等缺点。数字调制技术便迅速取代了模拟调制技术在频带信号传输中的位置。

近年来,光传输技术得到了迅速发展,光纤通信技术以其带宽充足、不受电磁干扰、原材料丰富等优点获得了广泛应用,在骨干传输网、城域传输网中已占据了主导地位。以电流调制为特征的光传输技术也属于数字传输技术的范畴。

3.1.2 调制技术的概念

由消息变换过来的原始信号具有频率较低的频谱分量,这种信号大多不适宜直接传输,必须先经过在发送端调制才便于在信道中传输,而在接收端进行相应的解调操作。所谓调制,就是按原始信号的变化规律去改变载波信号的某些参数的过程。调制过程的目的是把输入信号变换为适合于通过信道传输的波形。

从功能上看,调制技术主要实现了以下三个功能:

(1) 频率变换。例如为了利用无线传输方式,将(0.3～3.4 kHz)有效带宽内的语音信号调制到高频段上去。

（2）实现信道复用。通过调制可以将多路信号互不干扰地安排在同一物理信道中传输。

（3）提高抗干扰性。利用信号带宽和信噪比的互换性，提高通信系统的抗干扰性。

调制系统的模型如图 3-1 所示。

其中：

$m(t)$：源信号，通常用于调制载波 $C(t)$ 的幅度、频率、相位等；

$C(t)$：载波信号；

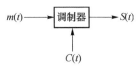

图 3-1　调制系统模型

$S(t)$：已调信号，可能是调幅信号，也可能是调频或调相信号等。

3.1.3　调制技术的分类

从不同的角度，调制技术可以按以下几个角度进行分类。

（1）按源信号 $m(t)$ 的不同，可以分为：

① 模拟调制——$m(t)$ 是连续信号；

② 数字调制——$m(t)$ 是离散信号。

（2）按载波信号 $C(t)$ 不同，可以分为：

① 连续波调制——$C(t)$ 是连续信号，如 $C(t) = \cos\omega_c t$；

② 脉冲调制——$C(t)$ 是脉冲信号，如周期矩形脉冲序列。

（3）按调制器的功能，可以分为：

① 幅度调制——用 $m(t)$ 改变 $C(t)$ 的幅度，如 AM、DSB、SSB、VSB、ASK；

② 频率调制——用 $m(t)$ 改变 $C(t)$ 的频率，如 FM、FSK；

③ 相位调制——用 $m(t)$ 改变 $C(t)$ 的相位，如 PM、PSK，频率调制与相位调制均属于角度调制技术。

（4）按调制器传输函数的性质，可以分为：

① 线性调制——调制前、后的频谱呈线性搬移关系；

② 非线性调制——无上述关系，且调制后的频谱产生许多新成分。

3.2　模拟信号的调制传输

3.2.1　基本概念

当源信号是模拟信号且被改变的载波信号的参数也是连续变量时，即称为模拟调制。常见的模拟调制技术包括幅度调制（AM）、频率调制（FM）、相位调制（PM），以及将以上述调制方法结合的复合调制技术和多级调制技术。

3.2.2　幅度调制

1. 幅度调制原理

（1）幅度调制信号的时域特征

幅度调制是正弦载波信号的幅度随调制信号做线性变化的过程。设正弦载波信号为：

$$S(t)=A\cos(\omega_c t+\varphi_0)$$

其中：ω_c 为载波的角频率、φ_0 为载波的初始相位、A 为载波的幅度。

幅度调制信号一般可以表示为：

$$S_m(t)=Am(t)\cos(\omega_c t+\varphi_0)$$

其中 $m(t)$ 为基带信号。可见,幅度调制信号的波形随基带信号的变化而成正比的变化。这一过程的信号波形变化如图 3-2 所示。

(2) 幅度调制信号的频域特征

设基带信号 $m(t)$ 的频谱为 $M(\omega)$,则可以得到已调信号 $S_m(t)$ 的频谱 $S_m(\omega)$ 为：

$$S_m(\omega)=\mathscr{F}[S_m(t)]=\frac{A}{2}[M(\omega-\omega_c)+M(\omega+\omega_c)]$$

可见,幅度调制信号的频谱是基带信号频谱在频域内的简单搬移。这一过程的频谱变化如图 3-3 所示。

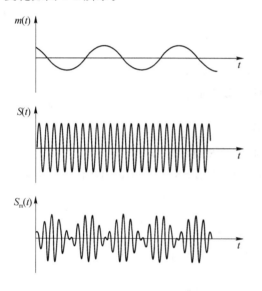

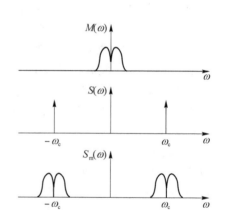

图 3-2　幅度调制过程中的时域波形变化　　　图 3-3　幅度调制过程中的频域波形变化

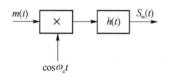

图 3-4　幅度调制器模型

(3) 幅度调制的一般模型

幅度调制器的一般模型如图 3-4 所示。

它由一个相乘器和一个冲激响应为 $h(t)$ 的带通滤波器组成。此时输出信号的频域表达式为：

$$S_m(\omega)=\frac{1}{2}[M(\omega-\omega_c)+M(\omega+\omega_c)]H(\omega)$$

可见,通过适当的选取冲激响应 $h(t)$,便可以为输出信号选择保留不同的边带信号,即得到各种幅度调制信号。例如：双边带信号、单边带信号、残留边带信号等。

2. 双边带信号

如果输入的基带信号没有直流分量,且 $h(t)$ 是理想带通滤波器,则得到的输出信号就是无载波分量的双边带幅度调制信号。

3. 调幅信号

如果输入信号带有直流分量,即 $m(t)$ 可以表示为

$$m(t)=m_0+m'(t)$$

其中,m_0 是直流分量,$m'(t)$ 是交流分量,则得到的输出信号即是带有载波分量的双边带信号。如果满足 $m_0 > |m'(t)|_{\max}$,则称该信号为调幅信号,其时域和频域表达式分别为:

$$S_m(t)=[m_0+m'(t)]\cos\omega_c t=m_0\cos\omega_c t+m'(t)\cos\omega_c t$$

$$S_m(\omega)=\pi m_0[\delta(\omega-\omega_c)+\delta(\omega+\omega_c)]+\frac{\pi}{2}[M'(\omega-\omega_c)+M'(\omega+\omega_c)]$$

其频谱波形如图 3-5 所示。

4. 单边带信号

双边带信号包含两个完全相同的边带,即上、下边带,由于这两个边带信号包含完全相同的信息,因此为节省传输带宽,完全可以只传输一个边

图 3-5　调幅信号频谱波形

带信号,这就是单边带调制信号。单边带信号可以由双边带信号通过理想带通滤波器而获得,包括上边带信号和下边带信号两种类型。图 3-6 说明了单边带信号的产生过程中的频谱波形变化。

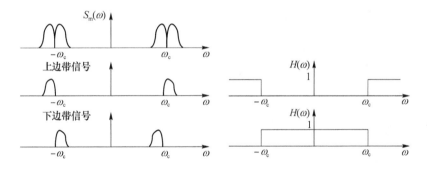

图 3-6　单边带信号的调制过程

5. 残留边带信号

残留边带调制是介于双边带与单边带信号之间的一种线性调制,它即克服了双边带信号占用频带过宽的缺点,也解决了难以获得理想带通滤波器造成的单边带信号实现上的困难。在残留边带调制中,一个边带的信号大部分被抑制、保留了一小部分;而另一个边带的信号仅被抑制一小部分、大部分被保留,通过滤波器的特性保证两个边带信号的保留部分能够合并为一个完整的边带,以保证信号的完整性。显然,产生残留边带信号不需要十分陡峭的滤波器特性,因此比单边带信号更易于实现。

6. 幅度调制信号的解调

(1)包络检波解调

包络检波器的组成如图 3-7 所示,其基本原理是用电容器的充放电过程来跟踪输入的已调信号包络的变化。当输入信号的正向周期时,二极管导通,电容 C 充电;当输入信号的负向周期时,二极管截止,电容 C 放电;当下一个正向周期到来时,电容 C 再次被充电。经过包络检波器后的输出中包含直流分量,隔掉直流后,即可恢复出基带信号。包络检波器的设计需要注意合理选择 RC 时间常数,防止拖尾现象;也可以再加一级低通滤波器,将包络锯齿滤去。图 3-7 所示为调幅信号的包络检波解调器示意图。

(2) 相干解调

调幅信号的相干解调,就是在接收端用一个与发送载波同频同相的本地载波与接收到的已调信号相乘。相干解调器的结构如图 3-8 所示。

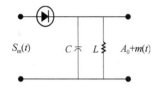

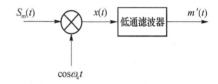

图 3-7 调幅信号的包络检波解调器   图 3-8 调幅信号的相干解调器

以双边带信号为例,与同频同相相干载波相乘后,时域表达式为:

$$x(t) = S_m(t)\cos\omega_c t = m(t)\cos^2\omega_c t = \frac{1}{2}m(t) + \frac{1}{2}m(t)\cos 2\omega_c t$$

经过低通滤波器,滤掉高频成分,$m'(t)$ 为

$$m'(t) = \frac{1}{2}m(t)$$

上述过程的频域波形如图 3-9 所示。

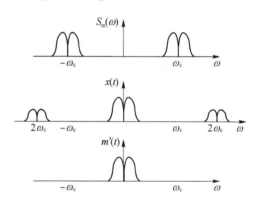

3.2.3 频率调制

1. 调制原理

频率调制是已调信号的瞬时角频率受基带信号的控制而改变的调制过程,调频信号的瞬时频率与基带信号呈线性关系。

图 3-9 调幅信号相干解调的频域波形变化

2. 频率调制信号的时域特征

调频信号的瞬时角频率可以表示为:

$$\omega_{FM}(t) = \omega_c + K_f m(t)$$

其中,K_f 为频偏常数(调制常数),表示调频器的调制灵敏度,单位为 rad/(V·s)。此时:

$$\theta_{FM}(t) = \int \omega_{FM}(t)\mathrm{d}t = \omega_c t + K_f \int m(t)\mathrm{d}t$$

调频信号的时域表达式为:

$$S_{FM}(t) = A\cos\left[\omega_c t + K_f \int m(t)\mathrm{d}t\right]$$

设 $m(t)=A_m\cos\omega_m t$，则：

$$S_{FM}(t)=A\cos\left[\omega_c t+\frac{K_f A_m}{\omega_m}\sin\omega_m t\right]$$

$S_{FM}(t)$ 的时域波形如图 3-10 所示：

3.2.4　相位调制

1. 调制原理

相位调制是已调信号的瞬时相位受基带信号的控制而改变的调制过程，调相信号的幅度和角频率相对于载波保持不变，而瞬时相位偏移是基带信号的线性函数。

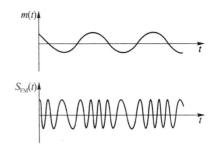

图 3-10　调频信号的时域波形

2. 相位调制信号的时域特征

调相信号的瞬时相位偏移可表示为：

$$\varphi(t)=K_p m(t)$$

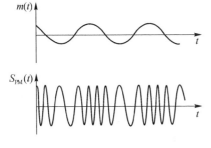

图 3-11　调相信号的时域波形

其中，K_p 称为相移常数（调制常数），表示调相器的灵敏度，单位为 rad/V。此时，调相信号的时域表达式为：

$$S_{PM}(t)=A\cos\left[\omega_c t+K_p m(t)\right]$$

调相信号的瞬时相位为：

$$\theta_{PM}(t)=\omega_c t+K_p m(t)$$

设 $m(t)=A_m\cos\omega_m t$，则 $S_{PM}(t)$ 的时域波形如图 3-11 所示。

3.3　数字信号的基带传输

3.3.1　数字基带传输概述

1. 数字基带传输系统

来自数据终端的原始数据信号，如计算机输出的二进制序列，电传机输出的代码，或者是来自模拟信号经数字化处理后的 PCM 码组等都是数字信号。这些信号往往包含丰富的低频分量，甚至直流分量，因而称之为数字基带信号。在某些具有低通特性的有线信道中，特别是传输距离不太远的情况下，数字基带信号可以直接传输，我们称之为数字基带传输。

目前，虽然在实际应用场合，数字基带传输不如频带传输的应用那样广泛，但对于基带传输系统的研究仍是十分有意义的。一是因为在利用对称电缆构成的近距离数据通信系统广泛采用了这种传输方式，例如以太网；二是因为数字基带传输中包含频带传输的许多基本问题，也就是说，基带传输系统的许多问题也是频带传输系统必须考虑的问题，例如传输过程中的码型设计与波形设计；三是因为任何一个采用线性调制的频带传输系统均可以等效为基带传输系统来研究。

2. 数字基带传输系统的基本组成

数字基带传输系统的基本结构如图 3-12 所示。它主要由编码器、信道发送滤波器、信道、接收滤波器、抽样判决器和解码器组成。此外为了保证系统可靠有序地工作，还应有同步系统。

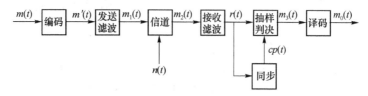

图 3-12　数字基带传输系统

其中，各部分的功能为：

（1）编码器——将信源或信源编码输出的码型（通常为单极性不归零码 NRZ）变为适合于信道传输的码型。

（2）信道发送滤波器——将编码之后的基带信号变换成适合于信道传输的基带信号，这种变换主要是通过波形变换来实现的，其目的是使信号波形与信道匹配，便于传输，减小码间串扰，利于同步提取和抽样判决。

（3）信道——它是允许基带信号通过的媒质，通常为有线信道，如市话电缆、架空明线等。信道的传输特性通常不满足无失真传输条件，甚至是随机变化的。另外信道还会额外引入噪声。

（4）接收滤波器——它的主要作用是滤除带外噪声，对信道特性均衡，使输出的基带波形无码间串扰，有利于抽样判决。

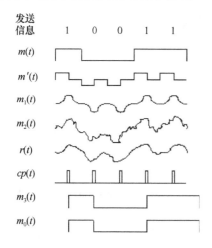

图 3-13　数字基带传输过程的波形变化过程

（5）抽样判决器——它是在传输特性不理想及噪声背景下，在规定的时刻（由位定时脉冲控制）对接收滤波器的输出波形进行抽样判决，以恢复或再生基带信号。

（6）解码器——对抽样判决器输出的信号进行译码，使输出码型符合接收终端的要求。

（7）同步器——提取位同步信号，一般要求同步脉冲的频率等于码速率。

各阶段的码型与波形变化如图 3-13 所示。

其中，$m(t)$ 是输入的基带信号，这里是最常见的单极性非归零信号；$m'(t)$ 是进行码型变换后的波形；$m_1(t)$ 是进行发送滤波成型之后的波形，$m_2(t)$ 是一种适合在信道中传输的波形；是信道输出信号，显然由于信道频率特性不理想，波形发生失真并叠加了噪声；$r(t)$ 为接收滤波器输出波形，与 $m_2(t)$ 相比，失真和噪声得到减弱；$cp(t)$ 是位定时同步脉冲；$m_3(t)$ 为抽样判决之后恢复的信息；$m_0(t)$ 是译码之后获得的接收信息，由于本例中的编码较简单，因此与 $m_3(t)$ 相同。

由以上过程可以看出，接收端能否正确恢复出信息，主要在于能否有效地抑制噪声和减小码间串扰。

3. 数字基带传输的基本波形

数字基带信号的类型有很多，常见的有矩形脉冲、三角波、高斯脉冲和升余弦脉冲等。其中最常用的是矩形脉冲，因为矩形脉冲易于形成和变换，下面就以矩形脉冲为例介绍几种最常见的基带信号波形。

（1）单极性不归零波形：这是一种最简单、最常用的基带信号形式。这种信号脉冲的零电平和正电平分别对应着二进制代码 0 和 1，或者说，它在一个码元时间内用脉冲的有或无来对应表示 0 或 1 码。其特点是极性单一、有直流分量、脉冲之间无间隔。另外位同步信息包含在电平的转换之中，而当出现连 0 序列时没有位同步信息。如图 3-14 中的 (a) 所示。

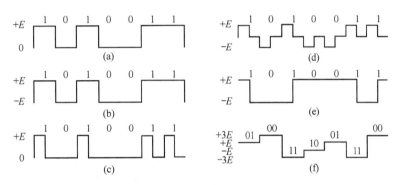

图 3-14　常见的基带信号波形

（2）双极性不归零波形：在双极性不归零波形中，脉冲的正、负电平分别对应于二进制代码 1、0，由于它是幅度相等极性相反的双极性波形，故当 0、1 符号等概率出现时无直流分量。这样，恢复信号的判决电平为 0，因而不受信道特性变化的影响，抗干扰能力也较强，故双极性波形有利于在信道中传输。如图 3-14 中的 (b) 所示。

（3）单极性归零波形：单极性归零波形与单极性不归零波形的区别是有电脉冲宽度小于码元宽度，每个有电脉冲在小于码元长度内总要回到零电平，所以称为归零波形。单极性归零波形可以直接提取定时信息，而其他波形提取位定时信号时需要采用一种过渡波形。如图 3-14 中的 (c) 所示。

（4）双极性归零波形：它是双极性波形的归零形式。由图 3-14(d) 可见，每个码元内的脉冲都回到零电平，即相邻脉冲之间必定留有零电位的间隔。它除了具有双极性不归零波形的特点外，还有利于同步脉冲的提取。

（5）差分波形：这种波形不是用码元本身的电平表示消息代码，而是用相邻码元的电平的跳变和不变来表示消息代码。图中，以电平跳变表示 1，以电平不变表示 0，当然上述规定也可以反过来。由于差分波形是以相邻脉冲电平的相对变化来表示代码，因此称它为相对码波形，而相应地称前面的单极性或双极性波形为绝对码波形。用差分波形传送代码可以消除设备初始状态的影响,特别是在相位调制系统中用于解决载波相位模糊问题。如图 3-14 中的(e)所示。

(6) 多电平波形:上述各种信号都是一个二进制符号对应一个脉冲。实际上还存在多于一个二进制符号对应一个脉冲的情形,这种波形统称为多电平波形或多值波形。如图 3-14 中的(f)所示。

(7) 数字基带信号的一般表达式:消息代码的电信号波形并非一定是矩形的,还可以是其他形式。但无论采用什么形式的波形,数字基带信号都可用数学表达式表示出来。假设数字基带信号中各码元的波形相同而取值不同,则数字基带信号的时域波形可以表示为:

$$s(t) = \sum_{n=-\infty}^{+\infty} a_n g(t - nT_S)$$

其中,a_n 是第 n 个信息符号所对应的电平值(0、1 或 -1、+1 等),由信息码和编码规律决定;T_S 为码元间隔;$g(t)$ 为某种标准脉冲波形,对于二进制代码序列,若 $g_1(t)$ 令代表 "0",$g_2(t)$ 代表 "1",则:

$$a_n g(t - nT_S) = \begin{cases} g_1(t - nT_S) & \text{表示符号"0"} \\ g_2(t - nT_S) & \text{表示符号"1"} \end{cases}$$

由于 a_n 是一个随机变量。因此,通常在实际中遇到的基带信号 $s(t)$ 都是一个随机的脉冲序列。

3.3.2 数字基带传输的码型设计

1. 码型设计的要求

在实际的基带传输系统中,并不是所有信息码的电信号波形都能在信道中传输。例如,前面介绍的含有直流分量和较丰富低频分量的单极性基带波形就不适宜在低频传输特性差的信道中传输,因为它有可能造成信号严重畸变。又如,当消息代码中包含长串的连续"1"或"0"符号时,非归零波形呈现出连续的固定电平,因而无法获取定时信息。单极性归零码在传送连"0"时,存在同样的问题。因此,信息码在进行传输之前,必须经过码型变换,变换为适合于信道传输的码型。传输码型(或称线路码)的结构将取决于实际信道特性和系统工作的条件。通常,传输码型的设计应具有下列主要特性:

(1) 相应的基带信号无直流分量,且低频分量少;

(2) 便于从信号中提取定时信息。为此,要求传输码型应含有(或者经变换后含有)时钟频率分量,且不能出现过多的连"0"码,否则提取的时钟信号就会很不稳定,引起同步偏移;

(3) 信号中高频分量尽量少,以节省传输频带并减少码间串扰;

(4) 不受信息源统计特性的影响,即能适应信息源的变化;

(5) 具有内在的检错能力,传输码型应具有一定规律性,以便利用这一规律性进行宏观监测;

(6) 编译码设备要尽可能地简单。

2. 常见的传输码型

(1) 传号反转交替码(AMI码):AMI码的编码规则是将二进制消息代码"1"交替地

变换为传输码的"+1"和"-1",而"0"保持不变。AMI 码对应的基带信号是正负极性交替的脉冲序列,而 0 电位保持不变的规律。AMI 码的优点是:由于+1 与-1 交替,AMI 码的功率谱中不含直流成分,高、低频分量少。位定时频率分量虽然为 0,但只要将基带信号经全波整流变为单极性归零波形,便可提取位定时信号。此外,AMI 码的编译码电路简单,便于利用传号极性交替规律观察误码情况。鉴于这些优点,AMI 码是 CCITT 建议采用的传输码型之一。AMI 码的不足是,当原信码出现连"0"串时,信号的电平长时间不跳变,造成提取定时信号的困难,解决连"0"码问题的有效方法之一是采用 HDB₃ 码。AMI 码的码型如图 3-15 中的(b)所示。

(2) 三阶高密度双极性码(HDB₃ 码):HDB₃ 码是 AMI 码的一种改进码型,其目的是为了保持 AMI 码的优点而克服其缺点,使连"0"个数不超过 3 个。

HDB₃ 码的编码规则如下:

① 当信码的连"0"个数不超过 3 个时,仍按 AMI 码的规则,即传号极性交替;

② 当连"0"个数超过 3 个时,则将第 4 个"0"改为非"0"脉冲,记为+V 或-V,称之为破坏脉冲,相邻 V 码的极性必须交替出现,以确保编好的码中无直流分量;

③ 为了便于识别,V 码的极性应与其前一个非"0"脉冲的极性相同,否则,将 4 个连"0"脉冲的第一个"0"更改为与该破坏脉冲相同极性的脉冲,并记为+B 或-B;

④ 破坏脉冲之后的传号码极性也要交替。

虽然 HDB₃ 码的编码规则比较复杂,但译码却比较简单。从上述原理看出,每一个破坏符号 V 总是与前一非"0"符号同极性(包括 B 在内)。这就是说,从收到的符号序列中可以容易地找到破坏点 V,于是也就断定 V 符号及其前面的 3 个符号必是连"0"符号,从而恢复 4 个连 0 码,再将所有-1 变成+1 后便得到原消息代码。

HDB₃ 码保持了 AMI 码的优点外,同时还将连"0"码限制在 3 个以内,故有利于位定时信号的提取。HDB₃ 码是应用最为广泛的码型,A 律 PCM 四次群以下的接口码型均为HDB₃ 码。HDB₃ 码的码型如图 3-15 中的(c)所示。

(3) 传号反转码(CMI 码):CMI 码的编码规则是:"1"码交替用"11"和"00"两位码表示;"0"码固定地用"01"表示。CMI 码有较多的电平跃变,因此含有丰富的定时信息。此外,由于 10 为禁用码组,不会出现 3 个以上的连码,这个规律可用来进行检错。由于 CMI 码易于实现,且具有上述特点,因此是 CCITT 推荐的 PCM 高次群采用的接口码型,在速率低于 8.448 Mbit/s 的光纤传输系统中有时也用作线路传输码型。CMI 码的码型如图 3-15 中的(d)所示。

(4) 数字双相码(曼彻斯特码):曼彻斯特码与 CMI 码类似,它也是一种双极性二电平码。曼彻斯特码用一个周期的正负对称方波表示"0",而用其反相波形表示"1"。编码规则之一是:"0"码用"01"两位码表示,"1"码用"10"两位码表示。曼彻斯特码只有极性相反的两个电平,而不像前面的三种码具有三个电平。因为双相码在每个码元周期的中心点都存在电平跳变,所以富含位定时信息。又因为这种码的正、负电平各半,所以无直流分量,编码过程也很简单,但占用带宽是原信码的 2 倍。曼彻斯特码的码型如图 3-15 中的(e)所示。

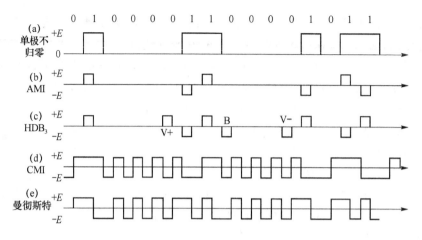

图 3-15　常见的基带传输码型

可以看出,这些码型均不含有直流分量,且高频分量较小。有些码型虽然没有时钟分量,但含有 1/2 时钟频率的分量,也可以通过一定的处理从而获得定时信息。另外,所有码型均具有一定的规律性,接收端可以据此进行误码检测。

3.3.3　数字基带传输的波形设计

数字信号基带传输的要求与模拟信号传输的要求不同。模拟信号由于待传信息包含在信号的波形之中,因此要求接收端无波形失真;而数字信号的待传信息包含在码元的组合之中,因此要求接收端无差错地恢复出发送的码元流,可以允许一定的波形失真,只要失真程度不影响码元的恢复即可。

二进制数字基带波形都是矩形波,在画频谱时通常只画出了其中能量最集中的频率范围,但这些基带信号在频域内实际上是无穷延伸的。如果直接采用矩形脉冲的基带信号作为传输码型,由于实际信道的频带都是有限的,则传输系统接收端所得的信号频谱必定与发送端不同,这就会使接收端数字基带信号的波形失真。大多数有线传输的情况下,信号频带不是陡然截止的,而且基带频谱也是逐渐衰减的,采用一些相对来说比较简单的补偿措施(如简单的频域或时域均衡)可以将失真控制在比较小的范围内。较小的波形失真对于二进制基带信号影响不大,只是使其抗噪声性能稍有下降,但对于多进制信号,则可能造成严重的传输错误。当信道频带严格受限时(如数字基带信号经调制通过频分多路通信信道传输),波形失真问题就变得比较严重,尤其在传输多进制信号时更为突出。图 3-16 反映了在带宽受限的信道中信号波形的变化。

图 3-16　带宽受限的信道中信号波形的变化

基带脉冲序列通过系统时,系统的滤波作用使传输波形中出现的波形失真、拖尾等现象,接收端在按约定的时隙对各点进行抽样,并以抽样时刻测定的信号幅度为依据进行判决,来导出原脉冲的消息。若重叠到邻接时隙内的信号太强,就可能发生错误判决。若相邻脉冲的拖尾相加超过判决门限,则会使发送的"0"判为"1"。实际中可能出现好几个邻近脉冲的拖尾叠加,这种脉冲重叠,并在接收端造成判决困难的现象叫做码间干扰。

因此可以看出,传输基带信号受到约束的主要因素是系统的频率特性。当然可以有意地加宽传输频带使这种干扰减小到任意程度。然而这会导致不必要地浪费带宽。如果信道带宽展宽得太多还会将过大的噪声引入系统。因此应该探索另外的代替途径,即通过设计信号波形,或采用合适的传输滤波器,设法使拖尾值在判决时刻为"0",以便在最小传输带宽的条件下大大减小或消除这种干扰。

奈奎斯特第一准则解决了消除这种码间干扰的问题,并指出当传输信道具有理想低通滤波器的幅频特性时,信道带宽与码速率的基本关系,即:

$$R_b = \frac{1}{T_b} = 2f_N$$

式中 R_b 为传码率,单位为比特/秒(bit/s)。 f_N 为理想信道的低通截止频率。上式说明了理想信道的频带利用率为:

$$R_b / f_N = 2$$

图 3-17 给出了无码间干扰的基带信号波形。

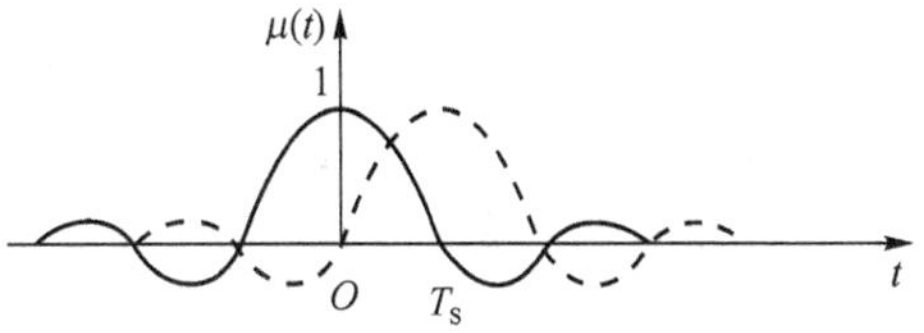

图 3-17　无码间干扰的基带信号波形

3.4　数字信号的调制传输

3.4.1　基本概念

通信的最终目的是远距离传递信息。虽然基带数字信号可以在传输距离不远的情况下直接传送,但如果要进行远距离传输时,特别是在无线信道上传输时,则必须经过调制将信号频谱搬移到高频处才能在信道中传输。为了使数字信号在有限带宽的高频信道中传输,必须对数字信号进行载波调制。同模拟信号的频带传输时一样,传输数字信号时也有三种基本的调制方式:振幅键控(ASK)、频移键控(FSK)和相移键控(PSK)。它们分别对应于利用载波(正弦波)的幅度、频率和相位来承载数字基带信号,可以看作是模拟线性调制和角度调制的特殊情况。

理论上数字调制与模拟调制在本质上没有什么不同,它们都属于正弦波调制。但是,数字调制是源信号为离散型的正弦波调制,而模拟调制则是源信号为连续型的正弦波调制,因而,数字调制具有由数字信号带来的一些特点。这些特点主要包括两个方面:第一,数字调制信号的产生,除把数字的调制信号当作模拟信号的特例而直接采用模拟调制方式产生数字调制信号外,还可以采用键控载波的方法;第二,对于数字调制信号的解调,为提高系统的抗噪声性能,通常采用与模拟调制系统中不同的解调方式。

3.4.2　振幅键控

1. 2ASK 信号的调制原理

振幅键控是正弦载波的幅度随数字基带信号的变化而变化的数字调制,即源信号为

"1"时,发送载波,源信号为"0"时,发送 0 电平。所以也称这种调制为通、断键控(OOK)。当数字基带信号为二进制时,也称为二进制振幅键控(2ASK)。2ASK 信号的调制方法有模拟幅度调制法和键控法两种,如图 3-18 所示。

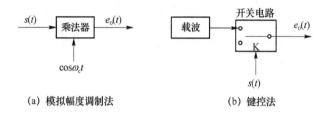

(a) 模拟幅度调制法　　　　　　　　(b) 键控法

图 3-18　2ASK 信号的调制方法

2ASK 信号是数字调制方式中最早出现的,也是最简单的,但其抗噪声性能较差,因此实际应用并不广泛,但经常作为研究其他数字调制方式的基础。

2. 2ASK 信号的时域特征

2ASK 信号的时域表示式为:

$$e_0(t) = s(t)\cos\omega_c t = \left[\sum_n a_n g(t - nT_S)\right]\cos\omega_c t$$

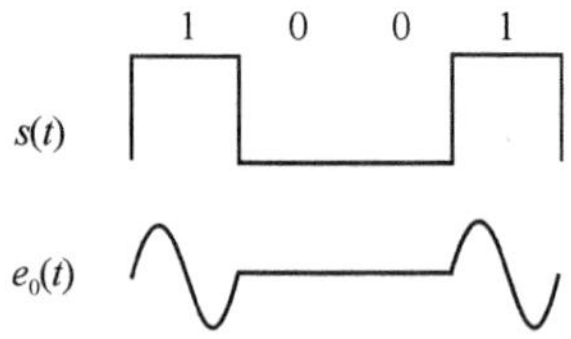

其中,$s(t)$ 为随机的单极性矩形脉冲序列,a_n 是经过基带成型处理之后的脉冲序列。

2ASK 信号的时域波形如图 3-19 所示。

图 3-19　2ASK 信号的时域波形

3. 2ASK 信号的解调

与调幅信号相似,2ASK 信号也有两种基本的解调方式:非相干解调(包络检波法)和相干解调(同步检测法)。2ASK 系统组成如图 3-20 所示。

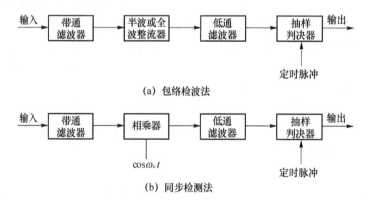

(a) 包络检波法

(b) 同步检测法

图 3-20　2ASK 信号的解调方法

3.4.3　频移键控

1. 2FSK 信号的调制原理

在二进制数字调制中,若正弦载波的频率随二进制基带信号在 f_1 和 f_2 两个频率点间变化,则产生二进制频移键控信号(2FSK 信号)。2FSK 信号的产生,可以采用模拟调频电路来实现,即利用一个矩形脉冲对载波进行调制;也可以采用数字键控的方法来实现,即利用受控的矩形脉冲序列控制的开关电路对两个独立的频率源进行选通。如图3-21所示。

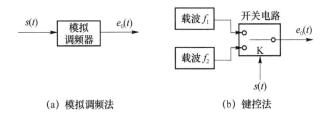

(a) 模拟调频法　　　　　　　(b) 键控法

图 3-21　2FSK 信号的调制方法

2FSK 方式在数字通信中的应用较为广泛。在话音频带内进行数据传输时,CCITT建议在低于 1 200 bit/s 时使用。在微波通信系统中也用于传输监控信息。

2. 2FSK 信号的时域特征

2FSK 信号的时域表达式为:

$$s(t)=\left[\sum_n a_n g(t-nT_s)\right]\cos(\omega_1 t+\varphi_n)+\left[\sum_n \bar{a}_n g(t-nT_s)\right]\cos(\omega_2 t+\theta_n)$$

其中,$\bar{a}_n$ 是 a_n 的反码,φ_n 和 θ_n 是第 n 个码元的初始相位。可见,2FSK 信号是由两个 2ASK 信号相加构成的。

2FSK 信号的时域波形如图 3-22 所示。

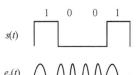

3. 2FSK 信号的解调

二进制频移键控信号的解调方法很多,有模拟鉴频法和过零检测法,有非相干解调方法也有相干解调方法。采用非 **图 3-22　2FSK 信号的时域波形**
相干解调和相干解调两种方法的原理如图 3-23 所示。其解调原理是将二进制频移键控信号分解为上下两路二进制振幅键控信号,分别进行解调,通过对上下两路的抽样值进行比较最终判决输出信号。这里的抽样判决器是判断哪一个输入样值大,因此可以不设置门限值。

3.4.4　相移键控

1. 2PSK 信号的调制原理

在二进制数字调制中,当正弦载波的相位随二进制数字基带信号离散变化时,则产生二进制移相键控(2PSK)信号。通常使用信号载波的 0° 和 180° 相位分别表示二进制数字基带信号的"1"和"0"。2PSK 信号的产生也有模拟调相法和键控法两种,如图 3-24 所示。

相移键控在数据传输中,尤其是在中速和中高速(2 400~4 800 bit/s)的数据传输中得到了广泛的应用。相移键控有很好的抗干扰性,在有衰落的信道中也能获得很好的效果。本节主要介绍二相相移键控,在实际应用中还有四相、八相及十六相相移键控。

2. 2PSK 信号的时域特征

2PSK 信号的时域表达式为:

$$e_0(t)=\left[\sum_n a_n g(t-nT_S)\right]\cos\omega_c t$$

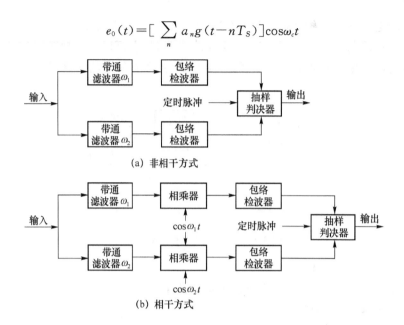

(a) 非相干方式

(b) 相干方式

图 3-23　2FSK 信号的解调方法

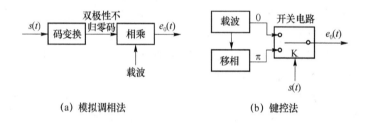

(a) 模拟调相法　　　　　　(b) 键控法

图 3-24　2PSK 信号的调制方法

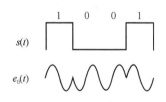

图 3-25　2PSK 信号的时域波形

在一个码元持续周期 T_S 内观察时，

$$e_0(t)=\begin{cases}+\cos\omega_c t & \text{当 } a_n=+1 \\ -\cos\omega_c t & \text{当 } a_n=-1\end{cases}$$

2PSK 信号的时域波形如图 3-25 所示。

3. 2PSK 信号的解调

2PSK 信号的解调通常都是采用相干解调法与极性比较法，解调器原理图如图 3-26 所示。在解调过程中需要用到与接收的 2PSK 信号同频同相的相干载波。

4. 差分相移键控(2DPSK)信号

绝对相移键控信号只能采用相干解调法接收，而在相干接收过程中由于本地载波的载波相位很可能是不准确的，因此解调后所得的数字信号的符号也容易发生颠倒，这种现象称为相位模糊。这是采用绝对相移键控的主要缺点，因此绝对相移键控在实际中已很少采用。解决的方法即是使用相对(差分)相移键控(DPSK)调制。

二进制差分相位键控(2DPSK)采用前后相邻码元的载波相对相位变化来表示数字

信息。假设前后相邻码元的载波相位差为，可定义数字信息与 $\Delta\varphi$ 之间的关系为：

$\Delta\varphi=0$，表示数字信息"0"；

$\Delta\varphi=\pi$，表示数字信息"1"。

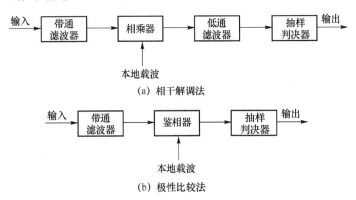

(a) 相干解调法

(b) 极性比较法

图 3-26　2PSK 信号的解调方法

则数字码元序列与 2DPSK 信号的码元相位关系如表 3-1 所示。

表 3-1　数字码元序列与 2DPSK 信号的码元相位关系

数字码元	—	0	0	1	1	1	0	0	1
2DPSK 信号相位	0	0	0	π	0	π	π	π	0

其信号波形如图 3-27 所示。

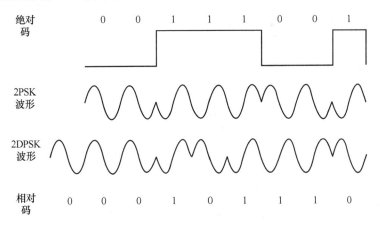

图 3-27　2DPSK 信号的波形

2DPSK 信号的实现方法可以采用：首先对二进制数字基带信号进行差分编码，将绝对码表示二进制信息变换为用相对码表示二进制信息，然后再进行绝对调相，从而产生二进制差分相位键控信号。

2DPSK 信号可以采用相干解调方式。其解调原理是：对 2DPSK 信号进行相干解调，恢复出相对码，再通过码反变换器变换为绝对码，从而恢复出发送的二进制数字信息。在解调过程中,若相干载波产生 180°的相位模糊,解调出的相对码将产生倒置现象,但是经过码反变换器后,输出的绝对码不会发生任何倒置现象,从而解决了载波相位模糊的问题。

3.5 光信号的传输

3.5.1 光信号传输的基本原理

1. 光信号的发送——强度调制

与应用于双绞线、同轴电缆等媒质的电压调制(即以信号电压的高低来控制线路上数字信号的产生)方式不同,光纤通信中采用强度调制的方式控制信号的产生。强度即指光

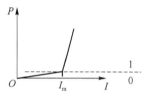

图 3-28 发光器的功率-电流特性曲线

强,是指单位面积上的光功率。其原理是以电信号来控制发光器的工作电流,从而控制发光器的输出功率,使之随信号电流成线性变化,在线路上通过光信号的有无来表示数字信号的 1、0。图 3-28 为发光器的功率-电流特性曲线。

可见,当输入电流超过 I_m 时,输出功率迅速上升,发光器产生输出,表示信号 1。这个上升的过程越迅速、输入电流小于 I_m 时的输出功率越小,则发光器的性能越好。

2. 光信号的接收——直接检波

直接检波完成与强度调制相反的动作,即利用光电检测器直接对已调光信号在光频上进行检测,根据光功率的强弱来判断光信号的有无,进而转化为数字信号。

3. 光纤通信中的线路编码

一般数字系统的传输码型(如 HDB$_3$、CMI 码)均不完全适合在光纤信道上传输,因此必须进行重新编码,以满足光纤信道的要求。

(1)对光纤通信中线路码型的要求

① 双极性码变为单极性码,发光器只能识别电流的有无,不能产生负脉冲;

② 可以从接收码元序列中提取时钟;

③ 加扰,有规律地破坏信息码流中的连"0"或连"1",以便于提取时钟信号;

④ 可进行不中断业务传输的误码监测,例如:CMI 码出现"10"即是误码,要求光纤信道编码具有类似功能;

⑤ 减少信号中直流电平的起伏:在接收侧,直流电平即是进行接收判决的门限电平,如果直流电平变化较大,即会出现误判,从而产生误码,而信号中"0"和"1"尽量均匀即可使直流电平的起伏较小;

⑥ 能提供一定数量的辅助信号和区间通信信道:辅助信号主要是用于维护功能中的监控和倒换等信号;区间信道则是用于中继站间或中继站与终端站之间、附加于系统主信道之上的通信信道。

(2)常用的信道编码

① 扰码:扰码是将原有的二进制序列以一定规律重新排列,从而改善码流的一些特

性。如改变原有的"0"、"1"分布等。扰码的优点是不增加线路速率、适于高速系统,缺点是可减少但不能完全抑制较长的连"0"或"1"序列,可能会丢失定时信息。一般扰码与其他编码方式结合使用。

② mBnB 码:是分组码的一种,它将原始码流以 m 个比特为一组,根据一定规则变为 n 个比特为一组的码组输出,$n>m$。优点是加入冗余信息,可用于误码监测,定时信息丰富,而且频率特性好。缺点是不利于插入辅助通信信息。常用的有 5B6B,7B8B 码等。

③ 插入比特码:插入比特码是将原码流的 m 比特为一组,在其后插入 1 个比特,构成新的码流。优点是插入的比特可以用作误码检测,辅助信道,改善"0"、"1"分布等多种用途。根据插入码的功能不同,常用的有 mB1P、mB1C、mB1H 等几种。

实际的光纤设备中,常把扰码与 mBnB 码或插入比特码结合使用,组成线路编码。扰码+5B6B、扰码+4B1H,即是两种常用的线路码型。

3.5.2　光纤通信系统的基本组成

一个最简单的光纤通信系统由光发射机、光接收机、光中继器、光缆等组成,如图3-29所示。

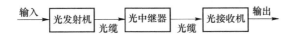

图 3-29　光纤通信系统的组成

1. 光发射机

(1) 光发射机的组成:如图 3-30 所示,直接强度调制的数字光发射机由光源、输入接口、线路编码、调制电路、其他辅助电路等几部分组成。进入光发射机的信号就是组织好的 SDH 帧信号,以并行数据的形式输入发射机,需要特别说明的是,光发射机的对外接口是由国际标准定义的,逻辑信号与物理电路的结构均需要遵循这些规范。

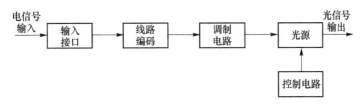

图 3-30　光发射机的组成

① 光源:是光发射机的关键部件,产生光波。

② 输入接口:解决电信号与光发射机之间的匹配问题,一般即是 SDH 帧信号的输入接口电路。

③ 线路编码:包括码形变换和编码。码形变换是由于光源不能产生负脉冲,将双极性码变为单极性码。编码是为满足光纤传输的加扰、时钟提取等要求。

④ 调制电路:将电压信号转换为电流调制信号,以驱动电源。

⑤ 其他辅助电路:包括温度控制(补偿)电路,功率控制电路,告警指示电路,保护电路等。

(2) 光源:光源是光发射机的核心部件,也是光器件研究中非常重要的一个研究领域。当前光纤通信中常用的光源主要有半导体发光二极管(LED)和半导体激光二极管(LD)两种。

① 光源的作用:是将传输的电信号转换为光信号进入光纤。

② 光纤通信系统对光源的要求:

a. 合适的发光波长:应处于光纤的工作窗口内。

b. 足够的输出功率:输出功率直接影响着光纤通信的中继距离,一般输出功率均应在 1 mW 以上;

c. 可靠性高:要求平均工作寿命在 10^6 小时以上;

d. 输出效率高:主要为了支持无人中继站的供电;

e. 光谱宽度窄:窄谱线的激光器可以有效地降低色散效应的影响。

③ LED:LED 主要依靠半导体自身的辐射发光。其特点是谱线较宽、响应速度慢、温度特性好、控制电路简单。一般主要用于 34 Mbit/s 以下的近距系统。

④ LD:半导体激光器是依靠半导体中的光学谐振腔受激辐射产生光振荡从而发光,原理类似于电子振荡器。其特点是由于谐振有一定的谐振频率因此其谱线很窄,即单色性好、响应速度很快、转换效率高。光纤通信中得到大规模应用的即是此种光源。

2. 光接收机

(1) 光接收机的组成

如图 3-31 所示,直接检波式光接收机一般由光电检测器、放大电路、均衡器、判决器、增益控制电路、时钟恢复电路等组成。

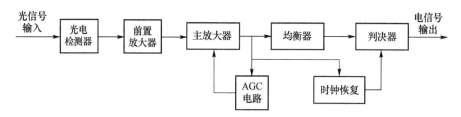

图 3-31 光接收机的组成

① 光电检测器:将光纤中输入的微弱光信号转换为电信号;

② 放大电路:将电信号放大至一定幅度,一般是级联形式的放大电路;

③ 均衡器:将信号波形进行调整,使之适于进入判决电路;

④ 判决器:对电信号进行判决,获得"0"、"1"码流;

⑤ 译码器:对线路编码进行译码;

⑥ 输出接口:生成与输出线路匹配的电信号;

⑦ 增益控制电路:利用自动增益控制电路(AGC)进行控制,使光接收机的输出保持稳定;

⑧ 时钟恢复电路:提取时钟以获得判决时刻。

（2）光电检测器

光电检测器是光接收机的核心部件,常见的光电检测器有光电二极管(PD)和雪崩光电二极管(APD)两种。

① 光电检测器的作用:光电检测器的作用是将微弱的光信号转换为电信号。

② 对光电检测器的要求:

a. 灵敏度高:光纤上的线路信号有可能弱达 1 nW,因此灵敏度要尽可能的高;同时,光电检测器的峰值响应波长要尽可能接近系统的工作波长;

b. 响应速度快:即随入射光信号产生电流信号的速度要快于系统的工作码率;

c. 暗电流小:暗电流是指无光照射时,光电检测器的输出电流,暗电流给光接收机引入了噪声,因此越小越好;

d. 受环境变化、温度变化的影响尽可能小。

③ PD:主要原理是利用二极管内耗尽层所形成的漂移电流来完成光电转换。其特点是光电转换效率高、响应速度快,目前广泛应用于各种光纤通信系统。

④ APD:原理与 PD 类似,区别是由于雪崩现象,会在强光照射下产生倍增效应,其优点是可以为光接收提高一定的动态范围,缺点是受湿度影响极严重,需附加额外的自动温度补偿电路。

（3）光接收机的评价指标

① 灵敏度:灵敏度是光接收机的重要性能指标,是指光接收机在最佳工作状态下,接收微弱光信号的能力。在一定的误码率水平下,灵敏度越高越好。

② 动态范围:是在一定的误码率水平下,光接收机所能接收的最大最小的功率之差,一般动态范围越大越好。实际设备中一般为 16～20 dB。

③ 眼图:眼图是直观表征接收信号质量的重要手段。眼图是将连续的输出信号在时域上重叠之后、观测到的形状,其图案类似于眼睛。评价的标准是眼睛张得越开、眼皮越薄越好,即"0""1"的间隔大、信号幅度抖动小。

3. 光纤通信系统中的其他设备

（1）光中继器:光中继器用于长距传输中对衰减和变形了的光信号进行放大和再生。一般可分为光/光中继器和光/电中继器两种。光/光中继器结构简单,但由于目前技术所限,无法用于高速系统。光/电中继器可用于插入监控信号,但结构复杂,常用的是光/电中继器。光中继器也可以分为有人中继器和无人中继器,在海底、野外等恶劣环境下,一般采用无人中继,无人中继器要求良好密封;有人中继站多设于城镇,以便就地供电。

（2）光开关:光开关是用于传输线路转换的器件,利用光开关可以直接进行光路交换。常见的有机械式和电子式开关。机械式开关是以机械方式驱动光纤和透镜等光学器件完成交换,结构简单但转换速度较慢。电子式开关是在光纤物理熔接的基础上,利用电极所加的电压来控制各光路的接续,电子式开关是光开关研究和应用的主要方向。

（3）光放大器:光放大器主要应用于光中继器中光信号的放大、光发射机中放大进入光线路的信号,以及接收机中对微弱光信号的再生。应用于光中继器中的光放大器称为在线放大器;应用于发射机的光放大器称为功率放大器;应用于接收机的光放大器称为前置放大器。

在光纤中掺入少量铒离子,就构成了掺铒光放大器,其基本原理是利用掺铒石英光纤的非线性效应,吸收泵浦光源的能量来放大特定波长的光信号。掺铒光纤放大器的优点是可形成 $1.55\,\mu m$ 的放大器,而且可以实现光信号的直接放大。实用的掺铒放大器的功率增益可达 30 dB 以上。

（4）监控系统:监控系统是光纤通信系统的重要组成部分,特别是在长途光纤传输中,监控系统的地位显得更重要。监控系统的基本功能包括:

① 监视运行状态,检测故障;

② 提供远程的配置功能;

③ 提供带外通信,以供日常维护。

一般各国对本国的入网设备所提供的监控功能均有一定的技术规范,监控设备实际上构成了单独的传输支撑网,物理上常用单独的 E1 电路或光纤信道中单独的一个波长来作为监控信息的承载。

（5）保护倒换系统:由于骨干网传输对可靠性的要求非常高,因此光纤通信一般采用主备倒换方式。常见的有一主一备倒换和多主一备倒换。当前多主一备方式的应用更为广泛。

3.5.3 光波分复用

1. 光波分复用的原理

光纤具有巨大的潜在带宽,为了充分利用这些带宽,可以在不同频段上安排不同的光信道,这就构成了光波分复用。光波分复用实际上也可以看作是高频段的频分复用。

光波分复用系统在发射机侧有多个不同工作波长的光源,而接收机侧存在不同波长的光电检测器,使得同一根光纤上同时有多个波长的光信号传输。另外,在多个光源与光纤之间还要加入波分复用器;光纤与多个光电检测器之间还要加入光波分解复用器。

目前国际领先的光纤设备公司（如北电、西门子、朗讯、阿尔卡特等）均已试制成功 160T 的密集波分复用（DWDM）设备,DWDM 已广泛应用于骨干网、跨海光缆、大中城市城域网中。

2. 光波分复用的优点

（1）能够充分利用光纤的潜在带宽;

（2）不同信号的波长之间彼此独立,可以传输性质完全不同的信号;

（3）通过增减传输所使用的波长,可以灵活地配置传输设备。

3. 光波分复用技术对其他光器件的要求

（1）对光放大器的要求

① 要求光放大器的增益带宽,理想情况下是所有的工作波长均可通过同一个放大器进行放大;

② 增益曲线平坦,即对不同波长信号的放大倍数要相等。

（2）对光纤的要求

① DWDM 系统要求光纤的工作窗口在 $1.55\,\mu m$;

② 低色散；

③ 承受功率大。

3.5.4 光纤通信技术的发展方向

光纤通信技术已得到了广泛的应用，但仍存在一些尚待解决的问题，以下是目前若干研究工作中的热点：

1. 全光通信网

全光通信网是指光信息流在网络中传输及交换时始终以光的形式存在，而不必经过光/电、电/光的转换，波长成为最基本的信息单元。通过波长交换来进行路由选择。其研究的主要难点是在核心路由器中完成光交换/光路由。

2. 光交换

光交换即是在光纤通信网的核心节点处任意光端口之间的信息交换及路由选择。它简化了现有交换中的光/电、电/光转换，实现了真正的高速交换。目前已建成了全光交换的实验设备。

3. 光以太网

光以太网技术融合和发展了目前两大主流通信技术，集中了光纤和以太网的优点。光以太网的高速率和大容量的特点消除了局域网之间的带宽瓶颈，也符合技术下移，即先进技术从骨干网向接入网转移的趋势。

4. IP over DWDM

基于 IP 的互联网应用和 DWDM 技术固有的丰富带宽导致了 IP over DWDM 的研究。IP over DWDM 的核心是由波长交换机和 IP 路由器所构成的新型路由节点。目前研究的热点主要是 IP 协议到 DWDM 接口的映射，以及如何为 IP 层提供服务质量保证等。

信号的数字化处理技术 第4章

通信系统中的信号可以分为模拟信号与数字信号两大类,与模拟信号相比,由于数字信号在传输、交换、处理等过程中有极大的优越性,因此目前的通信系统普遍是以数字信号为主的数字通信系统;即使源信号是模拟信号,也要转换成数字信号再进行处理。信号的数字化处理技术研究数字信号的特性及其传输、交换、处理的原理,主要包括模拟/数字(A/D)变换、数字/模拟(D/A)变换、数字复用技术、数字复接技术、同步技术等概念。而数字通信技术的代表——SDH 技术——也是当前应用最为广泛的传输技术之一。

4.1 模拟信号的数字化

通常所说的模拟信号数字化是指将模拟的话音信号数字化、将数字化的话音信号进行传输和交换的技术。这一过程涉及数字通信系统中的两个基本组成部分:一个是发送端的信源编码器,它将信源的模拟信号变换为数字信号,即完成模拟/数字(A/D)变换;另一个是接收端的译码器,它将数字信号恢复成模拟信号,即完成数字/模拟(D/A)变换,将模拟信号发送给信宿。

4.1.1 A/D 变换

模拟信号的数字化过程主要包括三个步骤:**抽样、量化和编码**。抽样是指用每隔一定时间的信号样值序列来代替原来在时间上连续的信号,也就是在时间上将模拟信号离散化。量化是用有限个幅度值近似原来连续变化的幅度值,把模拟信号的连续幅度变为有限数量的有一定间隔的离散值。编码则是按照一定的规律,把量化后的值用二进制数字表示,然后转换成二进制或多进制的数字信号流。这样得到的数字信号可以通过光纤、微波干线、卫星信道等数字线路传输。上述数字化的过程有时也被称为脉冲编码调制。

1. 抽样

要使话音信号数字化并实现时分多路复用,首先要在时间上对话音信号进行离散化处理,这一过程即是抽样。话音通信中的抽样就是每隔一定的时间间隔 T,抽取话音信号的一个瞬时幅度值(抽样值),抽样后所得出的一系列在时间上离散的抽样值称为样值序列,如图 4-1 所示。抽样后的样值序列在时间上是离散的,可进行时分多路复用处理,也可将各个抽样值经过量化、编码后变换成二进制数字信号。抽样过程如图 4-1 所示。理论和实践证明,只要抽样脉冲的间隔满足:

$$T \leqslant \frac{1}{2f_m} 或 f_s \geqslant 2f_m (f_m 是是话音信号的最高频率)$$

则抽样后的样值序列可以不失真地还原成原来的话音信号。

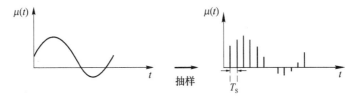

图 4-1　模拟信号的抽样过程

例如,一路电话信号的频带为 $300\sim3\,400\text{ Hz}$,即 $f_m=3\,400\text{ Hz}$,则抽样频率 $f_S\geqslant2\times3\,400=6\,800\,(\text{Hz})$。如按 $6\,800\text{ Hz}$ 的抽样频率对 $300\sim3\,400\text{ Hz}$ 的电话信号抽样,则抽样后的样值序列可不失真地还原成原来的话音信号,话音信号的抽样频率通常取 $f_S=8\,000\text{ Hz}$。对于 PAL 制电视信号,视频带宽为 6 MHz,按照 CCIR601 建议,抽样频率为 13.5 MHz。

2. 量化

抽样把模拟信号变成了时间上离散的脉冲信号,但脉冲的幅度仍然是连续的,还必须进行离散化处理,才能最终用离散的数值来表示。这就要对幅值进行舍零取整的处理,这个过程称为量化。量化有两种方式,如图 4-2 所示。如图 4-2 中(a)所示的量化方式,取整时只舍不入,即 $0\sim1\text{ V}$ 间的所有输入电压都输出 0 V,$1\sim2\text{ V}$ 间所有输入电压都输出 1 V 等。采用这种量化方式,输入电压总是大于输出电压,因此产生的量化误差总是正的,最大量化误差等于两个相邻量化级的间隔 Δ。图 4-2 中(b)所示的量化方式在取整时有舍有入,即 $0\sim0.5\text{ V}$ 间的输入电压都输出 0 V,$0.5\sim1.5\text{ V}$ 间的输出电压都输出 1 V 等等。采用这种量化方式量化误差有正有负,量化误差的绝对值最大为 $\Delta/2$ 。因此,采用有舍有入法进行量化,误差较小。

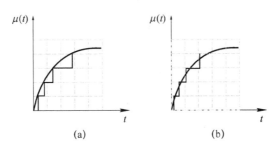

(a)　　　　　　　　(b)

图 4-2　模拟信号的量化过程

实际信号可以看成是量化输出信号与量化误差之和,因此只用量化输出信号来代替原信号就会有失真。一般说来,可以把量化误差的幅度概率分布看成在 $-\Delta/2\sim+\Delta/2$ 之间的均匀分布。可以证明,量化失真功率与最小量化间隔的平方成正比。最小量化间隔越小,失真就越小;而最小量化间隔越小,用来表示一定幅度的模拟信号时所需的量化级数就越多,因此处理和传输就越复杂。所以,量化既要尽量减少量化级数,又要使量化失真尽量小。一般都用一个二进制数来表示某一量化级数,经过传输在接收端再按照这个二进制数来恢复原信号的幅值。所谓量化比特数是指要区分所有量化等级所需的二进制数的位数。例如，有 8 个量化等级，那么可用 3 位二进制数来区分。因此，称 8 个量化等级的量化为 3 比特量化。8 比特量化则是指共有 256 个量化等级的量化。

量化误差与噪声是有本质区别的。因为任一时刻的量化误差可以从输入信号求出，而噪声与信号之间就没有这种关系。可以证明，量化误差是高阶非线性失真的产物。但量化失真在信号中的表现类似于噪声，也有很宽的频谱，所以也被称为量化噪声并采用信噪比来衡量。

上面所述的采用均匀间隔量化级进行量化的方法称为均匀量化或线性量化，这种量化方式会造成大信号时信噪比有余而小信号时信噪比不足的缺点。如果使小信号时量化级间宽度小些，而大信号时量化级间宽度大些，就可以使小信号时和大信号时的信噪比趋于一致。这种非均匀量化等级的安排称为非均匀量化或非线性量化。实际的通信系统大多采用非均匀量化方式。

目前，实现对于音频信号的非均匀量化方法采用压缩、扩张的方法，即在发送端对输入信号进行压缩处理、再进行均匀量化，在接收端再进行相应的扩张处理。目前国际上普遍采用容易实现的 A 律 13 折线压扩特性和 μ 律 15 折线压扩特性。我国规定采用 A 律 13 折线压扩特性。采用 13 折线压扩特性后小信号时量化信噪比的改善量最大可达 24 dB，而这是靠牺牲大信号量化信噪比（损失约 12 dB）换来的。

3. 编码

抽样、量化后的信号还不是数字信号，需要把它转换成数字编码脉冲，这一过程称为编码。最简单的编码方式是二进制编码。具体说来，就是用 n 比特二进制码来表示已经量化了的抽样值，每个二进制数对应一个量化值，然后把它们排列，得到由二值脉冲组成的数字信息流。用这样方式组成的脉冲串的频率等于抽样频率与量化比特数的乘积，称之为所传输数字信号的码速率。显然，抽样频率越高、量化比特数越大，码速率就越高，所需要的传输带宽也就越宽。除了上述的自然二进制编码，还有其他形式的二进制编码，如格雷码和折叠二进制码等。

4.1.2　D/A 变换

在接收端则与上述模拟信号数字化过程相反。首先经过解码过程，所收到的信息重新组成原来的样值，再经过低通滤波器恢复成原来的模拟信号。

4.2　多路复用技术

在数字通信中，复用技术的使用极大地提高了信道的传输效率，取得了广泛地应用。多路复用技术就是在发送端将多路信号进行组合，然后在一条专用的物理信道上实现传输，接收端再将复合信号分离出来。多路复用技术主要分为两大类：频分多路复用（简称频分复用，FDM）和时分多路复用（简称时分复用，TDM），波分复用和统计复用本质上也属于这两种复用技术。另外还有一些其他的复用技术，如码分复用（CDM）、极化波复用和空分复用等。

4.2.1　频分复用

1. 频分复用原理

所谓频分复用(FDM,Frequency Division Multiplexing)技术,是指按照频率的不同来复用多路信号的方法。在频分复用中,信道的带宽被分成若干个相互不重叠的频段,每路信号占用其中一个频段,因而在接收端可以采用适当的带通滤波器将多路信号分开,从而恢复出所需要的信号。一个简单的频分复用系统如图 4-3 所示。

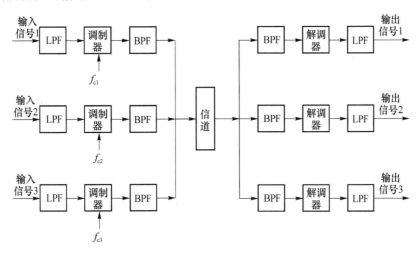

图 4-3　频分复用系统的组成

图 4-3 中,各路基带信号首先通过低通滤波器(LPF)限制基带信号的带宽,避免它们的频谱出现混叠。然后,各路信号分别对各自的载波进行调制、合成后送入信道传输。在接收端,分别采用不同中心频率的带通滤波器分离出各路已调信号,解调后恢复出基带信号。频分复用是利用各路信号在频率域不相互重叠来区分的。若相邻信号之间产生相互干扰,将会使输出信号产生失真。为了防止相邻信号之间产生相互干扰,应合理选择各路信号的载波频率,并使各路已调信号的频谱之间留有一定的保护间隔。若基带信号是模拟信号,则调制方式可以是 DSB-SC、AM、SSB、VSB 或 FM 等,其中 SSB 方式频带利用率最高。若基带信号是数字信号,则调制方式可以是 ASK、FSK、PSK 等各种数字调制方式。

2. 应用实例——调频立体声广播

调频立体声广播系统占用的频段为 88～108 MHz,采用 FDM 方式。在调频之前,首先采用抑制载波双边带调制将左右两个声道信号之差($L-R$)与左右两个声道信号之和($L+R$)实行频分复用。一路立体声广播信号的频谱结构如图 4-4 所示。图 4-4 中,0～15 kHz 用于传送($L+R$)信号,23～53 kHz 用于传送($L-R$)信号,59～75 kHz 用作辅助通道。在 19 kHz 处发送一个单频信号,用于接收端提取相干载波和立体声指示。

4.2.2　时分复用

时分复用(TDM,Time Division Multiplexing)技术是利用各信号的抽样值在时间上的不相互重叠来达到在同一信道中传输多路信号的一种方法。在 FDM 系统中,各信号在频域上是分开的而在时域上是混叠在一起的;在 TDM 系统中,各信号在时域上是分开的,而在频域上是混叠在一起的。时分复用方式将提供给整个信道传输信息的时间划分成若干时间片(简称时隙),并将这些时隙分配给每一个信号源使用,每一路信号在自己的时隙内独占信道进行数据传输。时分复用技术的特点是时隙事先规划分配好且固定不变,所以有时也叫同步时分复用。其优点是时隙分配固定,便于调节控制,适于数字信息的传输;缺点是当某信号源没有数据传输时,它所对应的信道便会出现空闲,而其他繁忙的信道无法占用这个空闲的信道,因此会降低线路的利用率,但这一问题可以采用统计时分复用的方法解决。时分复用技术与频分复用技术一样,有着非常广泛的应用,电话通信中的 PCM 系统、SDH、ATM 就是其中最经典的例子。

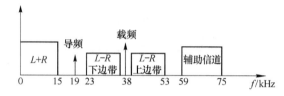

图 4-4　调频立体声广播的频谱结构

与 FDM 方式相比,TDM 方式主要有以下两个突出优点:

(1)多路信号的复接和分路都是采用数字处理方式实现的,通用性和一致性好,比 FDM 的模拟滤波器分路简单、可靠;

(2)信道的非线性会在 FDM 系统中产生交调失真和高次谐波,引起信号间串扰,因此,要求信道的线性特性要好,而 TDM 系统对信道的非线性失真要求可以降低。

4.2.3　码分复用

码分复用系统为每路信号分配了各自特定的地址码,利用同一信道来传输信息。码分复用系统的地址码相互之间具有准正交性,以区别各路信号。码分复用的信号在频率、时间和空间上都可能重叠。也就是说,每路信号有自己的地址码,这个地址码用于区别每路信号,地址码彼此之间是互相独立的,也就是互相不影响的,但是由于技术等种种原因,我们采用的地址码不可能做到完全正交,即完全独立,相互不影响,所以称为准正交。由于有地址码区分各路信号,因此对频率、时间和空间没有限制,在这些方面完全可以重叠。在码分复用系统的接收端,必须有完全一致的本地地址码,用来对接收的信号进行相关检测。其他使用不同码型的信号因为和接收机本地产生的码型不相关而不能被解调。它们的存在类似于在信道中引入了噪声或干扰,通常称之为多址干扰。

在码分多址(CDMA)蜂窝通信系统中,用户之间的信息传输也是由基站进行转发和控制的。为了实现双工通信,正向传输和反向传输各使用一个频率,即通常所谓的频分双工(FDD)。无论正向传输或反向传输,除了传输业务信息外,还必须传送相应的控制信息。为了传送不同的信息,需要设置相应的信道。但是,CDMA 通信系统既不划分频道也不划分时隙,无论传送何种信息的信道都靠采用不同的码型来区分,这样的信道属于逻辑信道。逻辑信道无论从频域来看或从时域来看都是相互重叠的,或者说它们均占有相同的频段和时间。CDMA 数字蜂窝移动通信系统的各种信道的选择,可以采用正交 Walsh 函数来实现。正交 Walsh 函数可以生成正交 Walsh 码,作为地址码实现码分多路复用。

4.3　数字复接技术

4.3.1　数字复接的基本概念

在频分复用的载波系统中,高次群系统是由若干个低次群信号通过频谱搬移并叠加而成的。例如,60 路载波是由 5 个 12 路载波经过频谱搬移叠加而成;1 800 路载波是由 30 个 60 路载波经过频谱搬移叠加而成。

在时分制数字通信系统中,为了扩大传输容量和提高传输效率,常常需要将若干个低速数字信号合并成一个高速数字信号流,以便在高速宽带信道中传输。数字复接技术就是解决 PCM、SDH 等系统中的传输信号由低次群到高次群的合成的技术。

扩大数字通信容量有两种方法:一种方法是采用 PCM30/32 系统(又称基群或一次群)复用的方法。例如需要传送 120 路电话时,可将 120 路话音信号分别用 8 kHz 抽样频率抽样,然后对每个抽样值编 8 位码,其码速率为 $8\,000 \times 8 \times 120 = 7\,680$ kbit/s。由于每帧时间为 125 μs,每路时隙的时间只有 1 μs 左右,这样每个抽样值进行 8 位编码的时间只有 1 μs 时间,其编码速度非常高,对编码电路及元器件的速度和精度要求很高,实现起来非常困难。但这种对 120 路话音信号直接编码复用的方法从原理上讲是可行的。另一种方法是将几个(例如 4 个)经 PCM 复用后的数字信号(例如 4 个 PCM30/32 系统)再进行时分复用,形成容纳更多路信号的数字通信系统。显然,经过数字复用后的信号的码速率提高了,但是对每一个基群的编码速度没有提高,实现起来容易。目前广泛采用这种方法提高通信容量。由于数字复用是采用数字复接的方法来实现的,因此也称为数字复接技术。

4.3.2　数字复接系统的组成

数字复接系统由数字复接器和数字分接器组成,如图 4-5 所示。数字复接器是把两个或两个以上的支路(低次群)信号,按时分复用方式合并成一个单一高次群的数字信号设备,它由定时、码速调整和复接单元等组成。数字分接器的功能是把已合路的高次群数字信号,分解成原先的低次群数字信号,它由帧同步、定时、数字分接和码速恢复等单元组成。

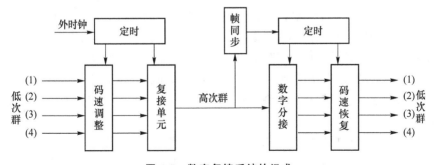

图 4-5　数字复接系统的组成

定时单元给设备提供一个统一的基准时钟。码速调整单元是把速率不同的各支路信号,调整成与复接设备定时信号完全同步的数字信号,以便由复接单元把各个支路信号复接成一个数字流。另外在复接时还需要插入帧同步信号,以便接收端正确接收各支路信号。分接设备的定时单元是从接收信号中提取时钟,并分送给各支路进行分接用。

4.3.3 数字信号的复接方法

1. 按位复接、按字复接、按帧复接

按位复接又叫比特复接,即复接时每支路依次复接一个比特。图 4-6(a)所示的是 4 个 PCM 30/32 系统时隙的码字情况。图 4-6(b)是按位复接后的二次群中各支路数字码排列的情况。按位复接方法简单易行,设备也简单,存储器容量小,目前被广泛采用,其缺点是对信号交换不利。图 4-6(c)是按字复接,对 PCM 30/32 系统来说,一个码字有 8 位码,它是将 8 位码先储存起来,在规定时间里 4 个支路轮流复接,这种方法有利于数字电话交换,但要求有较大的存储容量。按帧复接是每次复接一个支路的一个帧(一帧含有256 个比特),这种方法的优点是复接时不破坏原来的帧结构,有利于交换,但要求更大的存储容量。

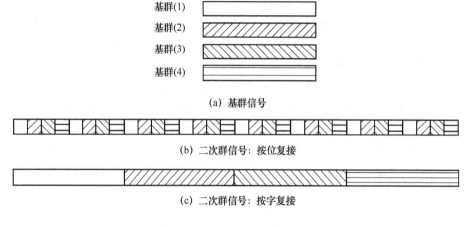

(a) 基群信号

(b) 二次群信号:按位复接

(c) 二次群信号:按字复接

图 4-6 数字复接方法

2. 同步复接和准同步复接

同步复接是用一个高稳定的主时钟来控制被复接的几个低次群,使这几个低次群的码速统一在主时钟的频率上,这样就达到系统同步复接的目的。同步复接只需要进行相位调整就可以实施数字复接。确保各参与复接的支路数字信号与复接时钟严格同步,是实现同步复接的前提条件,也是复接技术中的主要问题。同步复接的好处很明显,例如:复接效率比较高,复接损伤比较小等。但只有在确保同步环境时才能进行同步复接。这种复接方法的缺点是主时钟一旦出现故障,相关的通信系统将全部中断。它只限于在局部区域内使用。

准同步复接分接是把标称速率相同、而实际速率略有差异、但都在规定的容差范围内的多路数字信号进行复接分接的技术。在准同步复接中,参与复接的各支路码流时钟的

标称值相同,而码流时钟实际值是在一定的容差范围内变化。严格地说,如果两个信号以同一标称速率给出,而实际速率的容差都限制在规定的范围内,则这两个信号被称为是准同步的。例如,具有相同的标称速率和相同稳定度的时钟,但不是由同一个时钟产生的两个信号通常就是准同步。准同步复接分接相对于同步复接增加了码速调整及码速恢复的环节,使各低次群达到同步之后再进行复接。

准同步复接分接允许时钟频率在规定的容差域内任意变动,对于参与复接的支路时钟相位关系就没有任何限制。因此,准同步复接分接不要求苛刻的速率同步和相位同步,只要求时钟速率标称值及其容差符合规定,就可以实现复接分接。正因为如此,准同步复接分接有着广阔的应用空间。

4.3.4　数字复接中的码速调整

1. 码速调整的基本概念

几个低次群数字信号复接成一个高次群数字信号时,如果各个低次群(例如 PCM 30/32 系统)的时钟是各自产生的,即使它们的标称码速率相同,都是 2 048 kbit/s,但它们的瞬时码速率也可能是不同的。因为各个支路的晶体振荡器产生的时钟频率不可能完全相同(ITU-T 规定 PCM 30/32 系统的瞬时码速率在 2 048 kbit/s±100 bit/s),几个低次群复接后的数字码元就会产生重叠或错位,如图 4-7 所示。这样复接合成后的数字信号流,在接收端是无法分接并恢复成原来的低次群信号的。因此,码速率不同的低次群信号是不能直接复接的。在复接前要使各低次群的码速率同步,同时使复接后的码速率符合高次群帧结构的要求。由此可见,将几个低次群复接成高次群时,必须采取适当的措施,以调整各低次群系统的码速率使其同步。

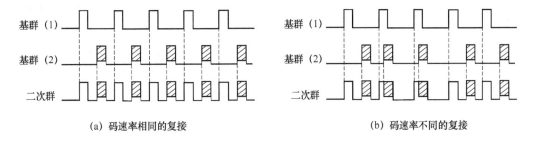

(a) 码速率相同的复接　　　　　　　　　　(b) 码速率不同的复接

图 4-7　码速率对数字复接的影响

不论同步复接或准同步复接,都需要进行码速调整。虽然同步复接时各低次群的码速率完全一致,但复接后的码序列中还要加入帧同步码、对端告警码等码元,这样码速率就要增加,因此仍然需要进行码速调整。

ITU-T 规定以 2 048 kbit/s 为一次群的 PCM 二次群的码速率为 8 448 kbit/s。如果只是简单地复接 4 路 PCM 基群的码流,PCM 二次群的码速率应该是 $4 \times 2\,048$ kbit/s=8 192 kbit/s。当考虑到 4 个 PCM 一次群在复接时插入了帧同步码、告警码、插入码和插入标志码等码元时,这些码元的插入,使每个基群的码速率由 2 048 kbit/s 调整到 2 112 kbit/s,这样 4 路复接后的速率为 $4 \times 2\,112$ kbit/s=8 448 kbit/s。

2. 正码速调整

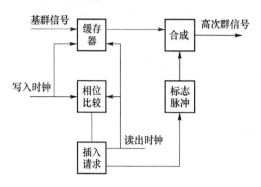

图 4-8　正码速调整电路

码速调整后的速率高于调整前的速率,称为正码速调整。正码速调整的结构如图 4-8 所示。每一个参与复接的码流都必须经过一个码速调整装置,将瞬时码速率不同的码流调整到相同的、较高的码速率,然后再进行复接。码速调整装置的主体是缓冲存储器,此外还包括一些必要的控制电路。

设计正码速调整的方法主要需要考虑"取空"的问题。假定缓存器中的信息原来处于半满状态,随着时间的推移,由于读出时钟大于写入时钟,缓存器中的信息势必越来越少,如果不采取特别措施,最终将导致缓存器中的信息被取空,再读出的信息将是虚假的信息,这就是取空现象。为了防止缓存器的信息被取空,一旦缓存器中的信息比特数降到规定数量时,就发出控制信号,这时控制门关闭,读出时钟被扣除一个比特,同时插入一个特定的控制脉冲(是非信息码)。由于没有读出时钟,缓存器中的信息就不能读出去,而这时信息仍往缓存器存入,因此缓存器中的信息就增加一个比特。如此重复下去,就可将码流通过缓冲存储器传送出去,而输出码速率增加的码流。插入脉冲在何时插入是根据缓存器的储存状态来决定的,可通过插入脉冲控制电路来完成。

在接收端,分接器先将高次群码流进行分接,分接后的各支路码元分别写入各自的缓存器。为了去掉发送端插入的插入脉冲,首先要通过标志信号检出电路检测出标志信号,然后通过写入脉冲扣除电路扣除标志信号。扣除了标志信号后的支路码元的顺序与原来码元的顺序一样,但在时间间隔上是不均匀的。因此,在收端要恢复原支路码元,必须先从输入码流中提取时钟。已扣除插入脉冲的码流经鉴相器、低通滤波器之后获得一个频率等于时钟平均频率的读出时钟,再利用这一时钟从缓存器中读出码元。

4.4　同步技术

4.4.1　同步技术及分类

所谓同步是指收发双方在时间上步调一致,故也称为定时。在数字通信中,按照同步的功能可以将同步技术分为:载波同步、位同步、帧同步和网同步。

(1)载波同步:载波同步是指在相干解调时,接收端需要提供一个与接收信号中的调制载波同频同相的相干载波。这个载波的获取称为载波提取或载波同步。在模拟调制以及数字调制过程中,要想实现相干解调,必须有相干载波。因此,载波同步是实现相干解调的先决条件。

(2)位同步:位同步又称为码元同步。在数字通信系统中,任何消息都是通过一连串码元序列传送的,所以接收时需要知道每个码元的起止时刻,以便在恰当的时刻进行取样判决。这就要求接收端必须提供一个位定时脉冲序列,该序列的重复频率与码元速率相同,相位与最佳取样判决时刻一致。提取这种定时脉冲序列的过程即称为位同步。

(3)帧同步:在数字通信中,信息流是用若干码元组成一个帧。在接收这些数字信息时,必须知道这些帧的起止时刻,否则接收端无法正确恢复信息。对于数字时分多路通信系统,如 PCM 30/32 电话系统,各路码元都安排在指定的时隙内传送,形成一定的帧结构。为了使接收端能正确分离各路信号,在发送端必须提供每帧的起止标记,在接收端检测并获取这一标志的过程,称为帧同步。

(4)网同步:在获得了以上讨论的载波同步、位同步、帧同步之后,两点间的数字通信就可以有序、准确、可靠地进行了。然而,随着数字通信的发展,尤其是计算机通信的发展,多个用户之间的通信和数据交换,构成了数字通信网。显然,为了保证通信网内各用户之间可靠地通信和数据交换,全网必须有一个统一的时间标准时钟,这就是网同步的问题。

另一方面,同步也可以看作是一种信息,按照获取和传输同步信息方式的不同,又可分为外同步法和自同步法。

(1)外同步法:由发送端发送专门的同步信息(常被称为导频),接收端把这个导频提取出来作为同步信号的方法,称为外同步法。

(2)自同步法:发送端不发送专门的同步信息,接收端设法从收到的信号中提取同步信息的方法,称为自同步法。自同步法是人们最希望的同步方法,因为可以把全部功率和带宽分配给信号传输。在载波同步和位同步中,两种方法都有采用,但自同步法正得到越来越广泛的应用。而帧同步一般都采用外同步法。

同步本身虽然不包含所要传送的信息,但只有收发设备之间建立了同步后才能开始传送信息,所以同步是进行信息传输的必要和前提。同步性能的好坏又将直接影响着通信系统的性能。如果出现同步误差或失去同步就会导致通信系统性能下降或通信中断。因此,同步系统应具有比信息传输系统更高的可靠性和更好的质量指标,如同步误差小、相位抖动小以及同步建立时间短、保持时间长等。

4.4.2　载波同步

当已调信号频谱中有载频离散谱成分时,可用窄带带通滤波器或锁相环来提取相干载波,若载频附近的连续谱比较强则提取的相干载波中会含有较大的相位抖动。当已调信号中不含有载波离散谱时,可以采用插入导频法和直接法来获得相干载波。

直接法也称为自同步法。这种方法是设法从接收信号中提取同步载波。有些信号,如抑制载波的双边带(DSB-SC)信号、相移键控(PSK)信号等,它们虽然本身不直接含有载波分量,但经过某种非线性变换后,将具有载波的谐波分量,因而可从中提取出载波分量来。

抑制载波的双边带信号本身不含有载波,而残留边带(VSB)信号虽含有载波分量,但很难从已调信号的频谱中把它分离出来。对这些信号的载波提取,可以用插入导频法(外同步法)。而单边带(SSB)信号,它既没有载波分量又不能用直接法提取载波,只能用插入导频法。

4.4.3 位同步

位同步是指在接收端的基带信号中提取码元定时信息的过程。它与载波同步有一定的相似和区别。载波同步是相干解调的基础,不论模拟通信还是数字通信只要是采用相干解调都需要载波同步,并且在基带传输时没有载波同步的问题;所提取的载波同步信息是载频为 f_c 的正弦波,实现方法有插入导频法和直接法。位同步是正确取样判决的基础,只有数字通信才需要,并且不论基带传输还是频带传输都需要位同步;所提取的位同步信息是频率等于码速率的定时脉冲,相位则根据判决时信号的波形决定,可能在码元中间,也可能在码元终止时刻或其他时刻,实现方法也有插入导频法和直接法。

目前最常用的位同步方法是直接法,即接收端直接从接收到的码流中提取时钟信号、作为接收端的时钟基准,去校正或调整接收端本地产生的时钟信号,使收发双方保持同步。直接法的优点是既不消耗额外的发射功率,也不占用额外的信道资源。采用这种方法的前提条件是码流中必须含有时钟频率分量,或者经过简单变换之后可以产生时钟频率分量,为此常需要对信源产生的信息进行重新编码。

4.4.4 帧同步

帧同步的任务就是在位同步的基础上识别出这些数字信息帧的时刻,使接收设备的帧定时与接收到的信号中的帧定时处于同步状态。实现帧同步,通常采用的方法是起止式同步法和插入特殊同步码组的同步法。而插入特殊同步码组的方法有两种:一种为连贯式插入法,另一种为间隔式插入法。

(1)连贯式插入法

连贯插入法,又称集中插入法。它是指在每一信息帧的开头集中插入作为帧同步码组的特殊码组,该码组应在信息码中很少出现,即使偶尔出现,也不可能依照帧的规律周期出现。接收端按帧的周期连续数次检测该特殊码组,这样便获得帧同步信息。A律PCM基群、二次群、三次群、四次群,以及 SDH 中各个等级的同步传输模块都采用连贯插入式同步。

(2)间隔式插入法

间隔式插入法是将 n 比特帧同步码分散地插入到 n 个帧内,每帧插入 1 比持,μ 律PCM 基群及增量调制(ΔM)系统采用分散插入式同步。

对帧同步码的要求包括:具有尖锐单峰特性的自相关函数、漏同步概率小;便于与信息码区别、假同步概率小;码长适当,以保证传输效率。

符合上述要求的特殊码组有:全 0 码、全 1 码、1 与 0 交替码、巴克码等。PCM 基群帧中采用的帧同步码为 0011011,巴克码也是目前常用的帧同步码组。

4.4.5 网同步

在数字通信网中,如果在数字交换设备之间的时钟频率不一致,就会使数字交换系统的缓冲存储器中产生码元的丢失和重复,即导致在传输节点中出现滑码。在话音通信中,滑码现象的出现会导致"喀喇"声;而在视频通信中,滑码则会导致画面定格的现象。为降低滑码率,必须使网络中各个单元使用共同的基准时钟频率,实现各网元之间的时钟同步。常见的网同步方法包括主从同步法、相互同步法、码速调整法、水库法等。

（1）主从同步法

主从同步法是在通信网中某一网元(主站)设置一个高稳定的主时钟,其他各网元(从站)的时钟频率和相位同步于主时钟的频率和相位,并设置时延调整电路,以调整因传输时延造成的相位偏差。主从同步法具有简单、易于实现的优点,被广泛应用于电话通信系统中。实际应用中,为提高可靠性还可以采用双备份时钟源的设置。各站时钟的频率和相位也可以同步于其他能够提供标准时钟信号的系统,例如 CDMA 2000 系统的空中接口即是采用 GPS 信号进行同步。

（2）相互同步法

相互同步法是在通信网内各网元设有独立时钟,它们的固有频率存在一定偏差,各站所使用的时钟频率锁定在网内各站固有频率的平均值上(此平均值将称为网频)。相互同步法的优点是单一网元的故障不会影响其他网元的正常工作。

（3）码速调整法

码速调整法有正码速调整、负码速调整、正负码速调整和正/零/负码速调整四大类。在 PDH 系统中最常用的是正码速调整。

（4）水库法

水库法是依靠通信系统中各站的高稳定度时钟以及大容量的缓冲器,虽然写入脉冲和读出脉冲频率不相等,但缓冲器在很长时间内不会发生"取空"或"溢出"现象,无需进行码速调整。但每隔一个相当长的时间总会发生"取空"或"溢出"现象,因此水库法也需要定期对系统时钟进行校准。

4.5　同步数字系列

同步数字系列即 SDH(Synchronous Digital Hierarchy)是新一代的传输网体制,它的出现和发展并不是偶然的,而是针对已有的准同步系统(PDH)的缺点,并考虑了对现有网络投资的保护而提出的。由于多用于以光纤为物理层媒质的传输网,因此,也常称为光同步数字传输网(SDA/SONET 网),本节将介绍 SDH 产生的技术背景、基本概念(帧结构、复用、网络结构)及其应用(组网方式,实际应用)等。SDH 技术也是数字复接和数字复用技术的典型应用。

4.5.1　SDH 技术的产生

1. PDH(PCM)技术的缺点

SDH 从 20 世纪 90 年代开始得到了大规模的应用,在此之前,电信传输网是基于点对点传输的准同步系统,即 PDH。最主要的 PDH 技术就是前面所讲的 PCM 系统,它的应用相当广泛,但随着电信业务要求的提高,该系统开始暴露出了一些固有缺点。

(1)不存在世界性标准:如表 4-1 所示(以 PCM 数字信号速率为例)。

表 4-1　各国的 PDH 速率规范

速率等级 国　　家	基群/ Mbit/s	二次群/ Mbit/s	三次群/ Mbit/s	四次群/ Mbit/s
北美	1.544	6.312	44.736	274.176
日本	1.544	6.312	32.064	97.728
欧洲、中国	2.048	8.448	34.368	139.264

此外在帧结构、开销比特、同步要求方面也存在着诸多不同,造成国际间通信的困难。

(2)没有统一的光接口规范:由于光纤通信廉价、宽带的特性,使之成为了电信传输网的主要传输媒质,但是没有世界性的光接口规范造成了互连互通的困难,也使得运营商被迫增加了大量非标准的转换设备,增加了运营成本。

(3)低次群与高次群之间的复接过程复杂:一般只有部分低速率等级的信号采用同步复用;其他高速率等级的信号由于同步调整的代价较大,多采用异步复用,即加入额外的开销比特使低速支路信号与高速信号同步。这样,从高速信号中提取低速信号就十分复杂,惟一的办法就是将整个高速信号一步步地解复用到所需的低速支路信号等级,交换支路信号后,再重新复用到高速信号,既缺乏灵活性、又增加了设备的成本。

(4)缺乏 OAM 能力:OAM(Operation,Administer,Maintenance)即运行、管理、维护能力。例如:PCM 仅有 TS0 和 TS16 供 OAM 使用,主要依靠人工的数字信号交叉连接和业务测试,不能满足日益复杂的上层业务的要求。

(5)网络基于点对点结构,设备利用率低:建立在点对点传输基础上的复用结构缺乏灵活性,使得数字传输设备的利用率较低。例如,根据北美运营商的统计,仅有 23% 的 44.736 Mbit/s 信号是点对点传输的,而 77% 的 44.736 Mbit/s 信号需要一次以上的转接。

2. SDH 的发展

由于 PDH 体系的上述缺点,必须从结构上对其进行根本性的变革,因此结合了高速、大容量光纤传输技术和智能网络技术的新技术体制——SDH 应运而生。

(1)首先由贝尔实验室提出了同步光网络的概念——SONET(Synchronous Optical Network)。它由一整套分等级的标准数字传送结构组成,适于各种经适配处理的净负荷在物理媒质上进行传送,以标准的光接口来完成各厂家设备在光路上互通。

(2)ITU-T(原 CCITT)在 1988 年接受了 SONET,并重新命名为 SDH,进行了部分修改,不仅适用于光纤,也适用于微波通信和卫星通信,但除了应用于中小容量的微波通信外,绝大多数应用在光纤通信中。

(3)截至 1988 年 ITU-T 的标准基本完成。SDH 技术的标准体系共 31 项标准,涉及到比特率、网络节点接口、复用结构、复用设备、网络管理、线路系统和光接口、SDH 信息模型、网络结构、抖动性能、误码性能和网络保持结构等多个方面。

SDH 技术在 20 世纪 90 年代中后期得到了广泛应用,目前已经基本取代了 PDH 设备。

3. SDH 与 SONET 的异同

SDH 与 SONET 这两个概念的实质内容与主要规范基本相同,因此这两个概念也经常混用。它们的不同点主要包括以下几个方面。

(1) 速率等级:SDH 有 155/622/2 488/9 953 Mbit/s 共 4 种速率等级,而 SONET 有 52~9 953 Mbit/s 共 9 种速率等级;

(2) 帧结构的指针处理方式不同;

(3) 时钟规范不完全兼容。

4.5.2　SDH 技术的特点

SDH 技术主要有以下特点:

1. 世界统一的数字传输体制

SDH 实际上是在原有的 PDH 体系的链路层(PCM 技术)和物理层(光纤)之间又插入一层协议,它将原有的 PCM 技术中的三个地区性标准(美、日、欧)的 1.544 Mbit/s 和 2.048 Mbit/s 两种速率以 STM-1 帧的帧净荷的形式在 STM-1 的等级上获得了统一,这样数字信号在跨国界通信时,不再需要进行额外的转换。

2. 标准化的信息结构

速率为 155.520 Mbit/s 的同步传输帧模块 STM-1 作为基本的帧模块,而高速率的 STM-4、STM-16、STM-64 传输模块是将 STM-1 进行字节间插复用得到的,大大简化了骨干网和城域网级别的复用和解复用处理过程。

3. 丰富的开销比特,强大的网管能力

SDH 帧结构中的开销比特较丰富,约占全部比特数量的 5% 左右,大大增强了 SDH 网的 OAM 能力。例如,SDH 可实现按需动态分配带宽,这种特性非常适合于支持移动通信中的数据传输。

4. 同步复用

在 SDH 的复用体制中,各种不同等级的低速支流的码流通过标准容器进行打包,再置入 STM-1 帧结构的净负荷中。这样这些码流在帧结构中的排列,就是规则的,而净负荷本身的比特位与网络时钟同步,只需很简单的操作就可以从高速信号中一次直接分插出低速支路信号。由此,SDH 的接口处理就可以用硬件实现,例如:现有的单片 SDH 接口芯片仅通过工作方式的设置就可以从高速信号中解出任意的低速支路信号。

5. 统一的网络单元

SDH 定义了终端复接器(TM)、分插复用器(ADM)、再生中继器(REG),数字支叉连接设备(SDXC)等遵从世界统一标准的设备,它们具体的功能与特点在后面述及。

SDH 还定义了网络节点接口(NNI,Network Node Interface)的概念。网络节点接口是传输网中的重要概念,是传输设备与网络节点间的接口。包括接口速率、帧结构、网络节点功能等多个方面。规范的网络节点接口,可以使传输设备与网络节点间相互独立,既有利于设备制造商的研发,也有利于运营商的灵活组网。

6. 标准的光接口

由于上述的网络单元均具有标准的光接口,因此可以简化系统设计,各个设备厂商不必自行开发光接口与线路码型。光接口成为了标准的开放型接口,不同厂商的设备可以直接在光路上互通,降低了网络成本。SDH中的光接口按传输距离和所用的技术可分为三种,即局内连接、短距离局间连接和长距离局间连接,相应地有三套光接口参数。

7. 规范的网管接口

根据TMN的要求,SDH对设备网管能力进行了规范,支持了不同厂间设备的互连,使运营商可以更加灵活地组网,避免了由一个设备商供应全网的所有设备。

8. 与现有信号完全兼容

除兼容各登记的PCM信号外,还兼容FDDI、ATM信元等。目前,以POS(Packet over SDH)形式提供对IP包的传输日益成为构造数据通信网的主流技术。

在以上特点中3、4、6为SDH最核心的特点。SDH同时也存在一些不足,如频带利用率不如传统的PDH系统,因为开销比特大约占5%;而且为调整相位即速率匹配而使用指针指示净荷的相位差,这样在指针所指示的插入位置之前的字节就浪费了。

4.5.3 SDH中的帧结构

SDH中的帧结构以同步传输模块(STM,Synchronous Transport Module)的形式被定义和传输。在各种STM-N帧结构中,STM-1是SDH中最基本、最重要的帧结构信号,其速率为155.520 Mbit/s。STM-1信号经扰码和电/光转换之后直接在光接口上传输,速率不变。更高等级的STM-N信号是将低等级的STM信号进行同步字间插复用得到的。目前,SDH仅支持$N=1、4、16、64$,其他等级的信号因其应用有限,将逐渐趋于消亡。

1. 设计SDH帧结构的要求

根据上述的SDH技术的发展背景和特点,不难看出对SDH帧结构的构造主要有以下要求:

(1) 可对支路信号进行同步的数字复用和交叉连接,从全网的观点来看,从接入网进入传输网的各种低速支路信号相互之间是异步的,但传输网的高速信道彼此之间却是同步的,即要求各支路信号在到达高速的传输网之后是同步的;

(2) 支路信号在帧内的分布是均匀的,规律的,这是为了方便从高速信号中快速准确地提取或插入低速支路信号;

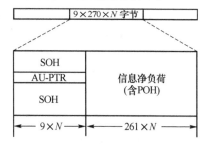

图 4-9 SDH 帧结构

(3) 兼容1.544 Mbit/s(T1)和2.048 Mbit/s(E1)信号,这是传输网中应用最为广泛的PCM信号,与之兼容可有效地保护现有投资。

2. SDH帧结构的物理结构

SDH帧的结构为矩形块状帧结构。对于STM-N帧,有$270×N$列、9行组成,共$270×9×N$字节,如图4-9所示。

以STM-1帧为例,帧长为$270×9=2\,430$ B,相当于$2\,430×8=19\,440$ bit,帧时长为125 μs,帧速率即为155.520 Mbit/s。帧中字节的顺序是按照从左到右、从上到下的顺序排列的。当4个STM-1帧按字节间插复用到STM-4时,相当于4个矩形帧结构的重叠,相应的开销区域和净荷区域分别为$9×4$和$261×4$列。

3. SDH 帧结构的逻辑结构

从逻辑结构上划分,SDH 帧可以分为以下几个部分:

(1) 信息净负荷区域(Payload):装载由各低速支路而来的信息,这些信息经过了不同容器的封装,达到了 STM-1 的速率。此外此区域还包括少量用于通道性能监视、管理和控制的通道开销字节 POH(Path Overhead),它们也作为 SDH 帧的净负荷在网络中传输。

(2) 段开销(Segmentation Overhead):是在 STM 帧中为保证信息净负荷正常灵活传送所必须附加的字节,主要包括供网络运行、管理、维护使用的字节。段开销又可以分为再生段开销(RSOH)和复用段开销(MSOH)。在 STM-1 帧中,最多可以有 4.608 Mbit/s 用于段开销,提供了强大的 OAM 能力。

(3) 管理单元指针(Administrator Unit Pointer):管理单元指针用于指示信息净负荷的第一个字节在信息净负荷区域中的位置,以便在接收端正确分解净负荷。例如:经过容器封装的支路信号与 STM 信号完全同步,支路信息从信息净负荷区域的第一个字节开始排列,则管理单元指针就指向信息净荷区域的第一个字节;如支路信号比 STM 信号滞后一个比特,则支路信息从信息净荷区域的第二个字节开始,管理单元指针就指向信息净荷区域的第二个字节。采用指针方式完成准同步信号的同步和在 STM-1 帧中的定位是 SDH 的重要创新。这一方法消除了常规准同步系统中滑动缓存器引起的延时和性能损伤。如果 STM-1 帧中含有多块净荷,则此单元含有多个指针。

4.5.4　SDH 的复用技术

1. SDH 复用的关键技术

SDH 复用技术的目的是将异步、不同速率、不同格式的支路信号复用在 SDH 帧内。SDH 复用采用的关键技术即是净荷指针技术。通过利用指针指示支路信号在 SDH 帧中的位置,既可以避免准同步数字体系中异步转同步过程中需要的大量缓存器、以及信号在复用设备中的滑动,又可以简单地接入同步净负荷。正如前面 4.5.3 节 SDH 帧结构中所述,指针指示了净负荷在 STM-1 帧中的位置,净负荷在 STM-1 帧内是浮动的,对于相位变化或较小的频率变化,仅需增加或减小指针值即可。

SDH 复用的一般过程是由一些包容支路数据的基本复用单元组成若干中间复用单元。这些基本复用单元将不同速率的支路数据调整到 STM-1 帧的速率,并加入一些必要的开销比特,最终作为 STM-1 帧的净荷。

2. SDH 的复用单元

SDH 的复用单元主要包括以下几种:

(1) 容器(C)。主要完成速率调整的功能,根据常见的支路信号等级,ITU-T 定义了 C-11、C-12、C-2、C-3、C-4,共 5 种标准的容器,"-"后第一位数字代表支路信号的速率等级,第二位数字代表同一等级内的不同速率,均是数字越大速率越高(以下各复用单元的编号规则与此相同)。这些已装载的标准容器是虚容器的净负荷。

(2) 虚容器(VC)。虚容器是支持 SDH 通道层的信息结构,由 C 的输出和通道开销 PDH 组成。ITU-T 定义了 VC-11、VC-12、VC-2、VC-3、VC-4,共 5 种标准的虚容器,其中 VC-11、VC-12、VC-2 称为低阶虚容器;VC-3、VC-4 称为高阶虚容器。VC 的输出作为

TU 或 AU 的净负荷（根据速率的不同）。无论是 VC 直接插入到 AU、还是 VC 经过速率变换再插入 AU，这时 AU 已经确定了具体插入到 STM-1 的哪一帧，因此，VC 的包封速率与网络是同步的。VC 在 SDH 网中传输时，是保持不变的，可作为一个独立的实体在 SDH 网的边缘处灵活地插入和提取。

（3）支路单元（TU）。支路单元 TU 提供低阶通道层和高阶通道层之间的速率适配，即在高阶 VC 和低阶 VC 之间，完成速率调整的功能，由低阶 VC 和支路单元指针（TU-PTR）构成。

（4）支路单元组（TUG）。一个或多个在高阶 VC-n 净负荷中占有固定位置的 TU 组成了支路单元组 TUG，共有 TUG-2 和 TUG-3 两种。它们使得由不同容量的 TU-n 构成的混合净荷容量可以为传送网络提供尽可能多的灵活性。支路单元组构成了高阶 VC 的净负荷。

（5）管理单元（AU）。管理单元 AU 在高阶通道层和复用段层之间提供适配的功能，由高阶 VC 与管理指针（AU-PTR）构成，其中 AU-PTR 用来指明高阶 VC（VC-3/4）的帧起点与复用段帧起点之间的时间差，但 AU-PTR 本身在 STM-N 帧内位置是固定的。AU 直接适配在 STM-1 帧中。

（6）管理单元组（AUG）。多个在 STM 帧中的 AU 构成了 AUG。它由若干个 AU-3 或单个 AU-4 按字节间插方式均匀组成。单个 AUG 与 SOH 一起构成一个 STM-1，N 个 AUG 与 SOH 结合即构成 STM-N。

3. SDH 的复用过程

图 4-10 反映了将不同速率的低速支路信号复用到 STM 帧的过程。

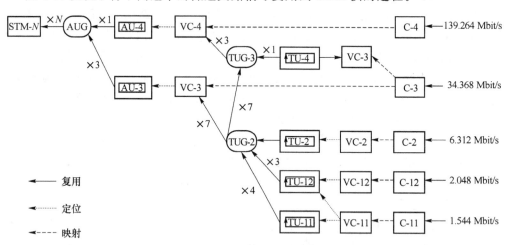

图 4-10　SDH 的复用过程

（1）复用过程的三种处理步骤

① 复用：从 TU 经 TUG 到高阶 VC、从 AU 经 AUG 到 STM 帧的过程称为复用，主要完成速率适配的功能。

② 定位：高阶 VC 进入 AU 和低阶 VC 进入 TU 的过程称为定位。这些 VC 在 AU

和 C 在 TU 中的位置分别由 AU-PTR 和 TU-PTR 指示,这些指针实际上表示了 VC 与参考点的相位差。定位完成的功能是异步与同步之间的转换。

③ 映射:由标准容器 C 加上通道开销 POH 进入 VC 的过程称为映射,它的主要功能是为了使信号能与相应的 VC 包封同步,以使 VC 成为能独立进行传送、复用和交叉连接的实体。对于高次群信号,经异步映射就可装入相应的 VC 中。异步映射不要求信号与网络同步,只通过以后的各级 TU 指针、AU 指针处理将 PDH 信号接入 SDH 中。对于基群信号可采用异步映射和同步映射,同步映射要求信号先经过一个一帧长度的滑动缓冲器,以使信号和网络同步。同步映射的好处是信号在 VC 净负荷中的位置是固定的,无需 TU 指针,减少了处理过程,并使 TU、TUG 的所有字节都可用于传送信号,提高了传输效率。代价是加入了时延和滑动损伤。对于 ATM 信元、DQDB 和 FDDI 等信号则可以经任一种 VC 接入。

(2) 根据支路信号的不同,由以上处理步骤的组合,构成了将不同支路映射到 SDH 帧的处理。这里以最简单的 139.264 Mbit/s 支路信号的复用说明以上过程:

① 首先,139.264 Mbit/s 的准同步信号进入容器 C-4,经适配处理后的 C-4 输出速率为 149.760 Mbit/s,以上过程为复用;

② 在加入了每帧 9 字节的 POH(相当于 576 kbit/s)之后,便构成了 VC-4,速率为 150.336 Mbit/s,以上过程为映射,它与 AU-4 净负荷的容量一样但相位可能不一致;

③ 由 AU-PTR 指示 VC-4 相对于 AU-4 的相位,它占有 9 字节,相当于 576 kbit/s,于是 AU-4 的速率为 150.912 Mbit/s,以上过程为定位;

④ 得到的 AU-4 直接置入 AUG,一个 AUG 加上 STM-1 的段开销 4.608 Mbit/s 之后,速率即为 155.520 Mbit/s。

4.5.5　SDH 的组网方式

1. SDH 网络的层次模型

SDH 网络的层次模型如图 4-11 所示,再生段与物理层相接,而通道层与上层电路业务相接。

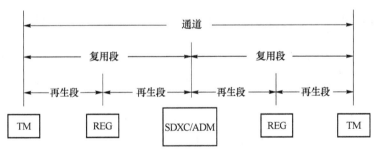

图 4-11　SDH 网络的层次模型

按从上到下划分,SDH 网络可分为以下三层:

(1) 通道层。为所支持的不同电路层业务提供所需的速率传递能力。SDH 中的虚容器即是通道层的概念。SDH 网络中,通道层还根据速率等级不同而划分为高阶通道层和低阶通道层。

（2）传输媒质层。传输媒质层网络与具体的传输媒质有关,提供路径和链路连接支持,为通道层提供通道容量。例如:STM-1 就是传输媒质层网络的标准传送容量,该层主要面向不同网元之间的点到点传输,又可划分为复用段层和再生段层网络。

① 复用段——涉及复用段终端之间的端到端的信息传递,包括为通道层提供同步和复用,并完成有关复用段开销的处理;

② 再生段——涉及再生中继器之间的信息传递,包括定帧、扰码、误码监视等处理。

（3）物理层。完成光电脉冲的处理和在具体物理媒质(如光纤)上的传输。

2. SDH 网络的网络单元

SDH 网络中的网络单元主要包括以下四种类型:

（1）终端复用器(TM)。是将低速支路信号插入高速的 STM 帧信号,完成接入功能。

（2）再生中继器(REG)。主要用于信号的远距传输,也提供对信号质量的监测等功能。

（3）分插复用器(ADM)。将支路信号从高速码流中提取或将支路信号插入高速码流。这也是应用最为广泛的 SDH 设备,主要功能可归为以下三点:

① 支路信号的插入/提取;

② 利用内部的交换单元实现带宽管理;

③ 利用 ADM 构造自愈环。

（4）数字交叉连接设备(SDXC)。在基本的分插复用功能的基础之上,通过增加以下功能便构成了数字交叉连接设备。

① 加入了交换功能;

② 加入故障管理、维护、配置与网管能力;

③ 部分 SDXC 也具有 TM 的功能。

3. SDH 网络的拓扑类型

SDH 网络一般有以下五种类型,这也是传输网拓扑类型的常见划分方法。

（1）点对点拓扑:主要完成将信息从一点固定地传输到另一点,中间不进行信号的交换,仅由于距离的原因而可能加入 REG 来进行信号的再生中继。

（2）线型拓扑:在点对点拓扑的基础上加入分插复用器,就构成了线型拓扑,这种拓扑适用于两点间有大量业务且沿途上下业务频繁的场合,但可靠性不理想,光缆被切断将造成业务中断。

（3）环型拓扑:将多个 ADM 首尾相连就构成了环型拓扑,环型拓扑中也可加入 SDXC、REG、TM 等其他网络元素。由于环型拓扑可靠性高,已成为 SDH 传输网组网的主要形式。

（4）枢纽型拓扑:以一点的网元为中心即构成枢纽型拓扑,其特点是可以汇聚多个用户的业务;多用于接入网部分,也可用于汇接局与多个端局的连接,但存在汇接点的传输瓶颈问题。

（5）网状拓扑:网状拓扑的优点是任意两网元之间均有较近的路由,且有多条路由作为备份,因此可靠性高。缺点是管理复杂,成本高,仅用于业务量很大且分布均匀的地区。

4. SDH 的自愈组网

（1）自愈组网的概念

自愈网是指网络在极短时间内对于局部所出现的故障,无须人为干预,就能自动选择替代路由、重新配置业务、恢复通信能力的网络组织方式。自愈环组网方式已成为最广泛的 SDH 组网形式。这是由于环网的任意两点间在局部链路中断的情况下均存在替代性路由,因为生存性强,而且相对网状拓扑而言,其网络结构简单。

（2）自愈网的恢复要求

① 业务恢复时间要求:50 ms 内恢复,仍能保证话音业务质量,一般数据业务基本不受影响;2 s 内恢复,话音业务明显间歇,多媒体业务的中断仍可勉强接受,中继传输和信令网的稳定性仍可保证;一般当中断大于 3 s 时,交换机将告警,并停止业务,此时故障已无法容忍。

② 业务量分布要求:业务量在通信网中的分布一般不是均匀的,在构造自愈网网络拓扑时也必须考虑业务量分布的要求。SDH 的自愈环网大多应用于城域网,一般城域网内几个汇接点的业务可以看作是均匀的,因此可应用环网拓扑。

（3）自愈组网的举例

① 光纤单向通道倒换环:结构如图 4-12 所示。一根光纤用于传输业务信号称为 S 光纤,另一根用于保护,称为 P 光纤,在其上分别传送业务信号和保护信号;当图 4-12 中 BC 间被切断时,原业务信号无法到达,而保护信号仍可到达,节点 C 根据两路信号的优劣选择保护信号作为新的业务信号。当然,要排除故障仍需人工更换受损的光纤元件。

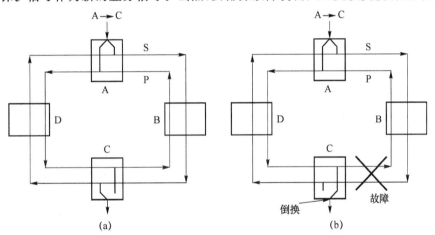

图 4-12　保护倒换方式示意图

② SDXC 选路自愈环:结构如图 4-13 所示,这实际上是网状拓扑,当某处光纤发生故障后,依靠 SDXC 选择替代路由。例如:AD 之间出现故障后,可选择 AED、ABCD、ABED 三条路由分担原有的业务,这种方式拓扑结构复杂,管理也较复杂,一般较少使用。

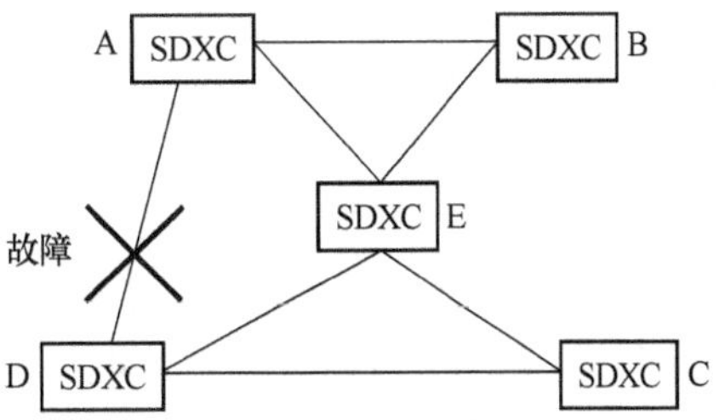

图 4-13　SDXC 选路自愈环示意图

（4）自愈组网方式比较

由上述分析可见,环型自愈网结构简单、易于控制、成本较低,但可靠性要稍逊于网状自愈网,因为网状自愈网的两点间一般存在多条路由,在环型自愈环中,较常用的是二纤单向通道倒换环和二纤双向复用段倒换环。

5. SDH 的网同步

SDH 网同步结构采用主从同步方式,要求所有网络单元时钟都能最终跟踪到全网的基准主时钟。局内同步时钟的分配一般用星型拓扑,即局内所有时钟由本局最高质量的时钟获取定时,只有高质量的时钟由外部定时同步。获取的定时由 SDH 网络单元经同步链路送往其他局的网络单元。由于支路单元指针调整引起的抖动会影响时钟性能,因而不使用在 TU 内传送的一次群信号作为局间同步分配,而直接用 STM-N 传送同步信息。局间同步分配一般采用树型拓扑。

6. SDH 的网络管理

SDH 网的管理应被纳入统一的电信管理网(TMN)的范畴之内。SDH 管理网(SMN)是负责管理 SDH 网络单元的 TMN 的子集,它又可以进一步细分为一系列的 SDH 管理子网(SMS)。SDH 网的管理采用多层分布式管理,每一层提供某种预先确定的网管功能。SMN 由一套分离的 SDH 嵌入控制通路及有关局内数据通信链路组成。嵌入控制通路利用段开销中的部分字节传输信息,总速率可达 768 kbit/s。SDH 的网络管理与电信网的信息模型紧密相关,它是为了达到不同系统间的兼容,需要将信息模型化,即电信网的信息模型。目前 SDH 的信息模型尚待进一步研究完成。

SDH 标准本身具有很强的管理功能,共有五类:第一类是一般管理功能(ECC 管理、安全等);第二类是故障管理功能(告警监视、测试等);第三类是性能管理(数据采集,门限设置和数据报告等);第四类是配置管理(供给状态和控制等);第五类是安全管理(注册、口令和安全等级等)。在 CCITT 的建议中,已选择了一套 7 层协议栈来满足维护管理信息传递的要求。它符合目前开放系统管理所采用的面向目标的方法。

4.5.6 SDH 的应用现状

1. 我国 SDH 传输网的结构

我国在 20 世纪 90 年代前期即提出了建设采用 SDH 技术的骨干传输网,共分为一级干线网、二级干线网、中继网、用户网 4 个层次。目前,骨干传输网中 SDH 设备的物理传输层均采用密集波分复用(DWDM)设备,SDH 在城域网的构造和大企业专网的建设中也有着广泛的应用。

2. SDH 技术的发展——多业务传送节点

基于 SDH 的多业务传输节点(MSTP)已成为目前讨论和应用的重点,它能够在 SDH 设备上支持多种宽带数据业务(主要是以太网业务和 ATM 业务)的传送,终结多种数据协议,并带有 2 层交换和汇聚功能,目前在传输网的接入层已经得到了广泛的应用。MSTP 设备的主要优点在于该技术将业务节点与传输节点设备合二为一,既降低了设备成本,也降低了维护成本,同时加快了用户侧业务的提供。MSTP 技术在城域传输网的汇聚层和骨干层的应用方式可以根据运营商的网络规模和容量进行灵活选择。

3. 未来发展趋势

未来在骨干传输网肯定要采用 DWDM 技术,而且大城市的城域网,如京、津、沪、穗等也将采用 DWDM 技术。但 SDH 技术仍将在传输网中占有一席之地,例如在 SDH 产品的基础上集成对多种业务(主要是以太网业务和 ATM 业务)的支持功能,实现对城域网业务的汇聚,也就是 MSTP 设备。由于 MSTP 设备有着许多突出的优点,因此受到了广泛的关注和研究,目前关于 MSTP 设备的研发项目纷纷上马,利用 MSTP 设备构建的成功工程应用也越来越多。SDH 技术在中小型城市城域网以及企业专网中也仍将有着广泛的应用。另一方面,随着技术下移的趋势(即原属于高端用户的技术因更为先进的技术的出现而向低端用户转移),SDH 经过适当的简化而应用于接入网也是可能的,这些简化包括:为了降低成本用单纤传输取代双纤传输;相应的双环拓扑连接变成单环或线型拓扑连接;简化 SDH 开销,以简化管理、提高效率等。

信号的交换

5.1　交换技术概述

5.1.1　基本概念

1. 交换概念的引入

"交换"即是在通信网大量的用户终端之间,根据用户通信的需要,在相应终端设备之间互相传递话音、图像、数据等信息。使得各终端之间可以实现点到点、点到多点、多点到点或多点到多点等不同形式的信息交互。

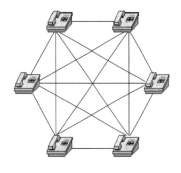

图 5-1　直接相连方式

通信网络中显然会存在相当数量的用户终端,若将所有的用户终端实现一一互连、并使用开关加以控制,就能实现任意两个用户之间的通信,这种连接方式称为直接相连,如图 5-1 所示。

采用这种连接方式,当有 N 个用户时,就需要设置 $N*(N-1)$ 对连接线路。若用户数量有微小增加将导致连接线路数量急剧增加,且由于线路对每个用户是专用的使得线路利用率不高。同时,为了实现通信过程的可控性,每个用户终端处还需要设 $(N-1)$ 个开关施加控制,因此这种互连方式既不经济又很难操作,仅适用于极其简单、规模很小的通信网络,不具有实用价值。

针对上述问题,一个可行的办法是给为数众多的用户引入一个公用的互连设备——交换机,所有的用户终端均各自通过一对专用线路连接到交换机上,这条连接线路称为用户线或用户环路。交换机的作用是通过本身的控制功能实现任意两个用户终端的自由连接,交换机所在的位置即称为交换节点。通过设置交换机,一方面大量减少了用户线路的使用数量,降低了网络建设的成本;另一方面由于呼叫接续、选路等功能均由交换机实现,因此也降低了控制的复杂度、提高了网络的可靠性。这一方式如图 5-2 所示。

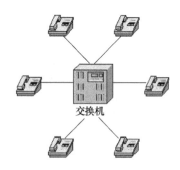

图 5-2　交换相连方式

2. 交换网络

显然,当用户数量较多、分布地域较广时,就需要设置多个交换节点。各节点的交换机通过传输线路按照一定的拓扑结构(如星型网、环型网、树型网、混合型网络等)互连即组成交换网络,如图 5-3 所示。

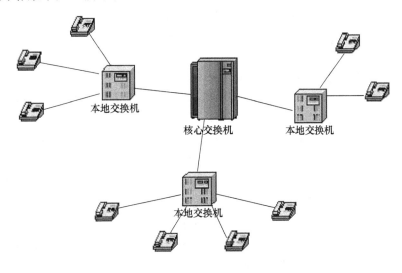

图 5-3　交换网络

图 5-3 中交换设备之间的连接线路称为中继线。此时交换节点的地位即类似于上文中的用户终端,多个交换节点之间也不能直接相连,需要引入汇接交换节点,该节点的交换设备称为汇接交换机。而交换网络中凡是直接与用户话机或终端相连接的交换机称为本地交换机。在话音通信网络中,本地交换机相应的交换局被称为市话局或端局;装有汇接交换机的局被称为汇接局,通信距离比较远的汇接交换机也叫长途交换机,相应的交换局所也称为长途局。在分组交换网络,如常见的 IP 网络中,本地交换机对应的设备是边缘路由器(交换机),汇接交换机对应的设备是核心路由器(交换机),或者称为骨干路由器(交换机)。

电话通信网一般采用等级网络结构,对网络中每个交换节点分配一个等级,除最高级以外其他级的每个交换节点必须要连接到更高一级的交换节点。网络等级越多接通一次呼叫需要转接的次数就越多,这样的网络既占用了大量线路又增加了网络管理的复杂程度,所以必须根据通信网络服务的地域范围和用户数量合理规划交换网络的结构与网络拓扑。

3. 交换设备的基本功能

以常见的话音通信网为例,电话交换机应能够实现以下呼叫接续方式:

(1) 本局接续——同一交换机两条用户线之间的连接;

(2) 出局接续——在交换机用户线与出中继线之间的连接;

(3) 入局接续——在交换机入中继线与用户线之间的连接;

(4) 转接接续——在交换机入中继线与出中继线之间的连接。

要实现上述各种接续控制,电话交换设备必须具有的基本功能包括:

(1)及时并正确地接收、识别沿着用户线或中继线送来的呼叫信号和目的地址信号;

(2)根据目的地址正确选择路由,将通信双方终端设备连接起来,这一过程称为呼叫建立;

(3)启动计费系统,监视用户状态的变化,准确统计通信时长;

(4)通信结束后根据收到的释放信号及时拆除连接,这一过程称为连接释放。

把电话交换机的例子推广到一般的电信交换系统,具有接口功能、互连功能、控制功能和信令功能是电信交换系统的四项基本技术功能。

(1)接口功能:接口分为用户接口和中继接口,其作用是分别将用户线和中继线连接到交换设备。采用不同交换技术的设备具有不同的接口。例如,程控数字电话交换设备要具有适配模拟用户线、模拟中继线和数字中继线的接口电路;而 N-ISDN 交换设备要有适配 2B+D 的基本速率接口和 30B+D 的基群速率接口;ATM 交换设备要有适配不同码率、不同业务的各种物理媒体接口;IP 交换设备则需要提供各种能够承载 IP 帧的传输媒体接口,如双绞线以太网接口、光纤以太网接口等。

(2)互连功能:交换系统中采用互连网络(也称交换网络)实现任意入线与任意出线之间的连接,对于不同交换方式其连接可以是物理的(磁石式交换、数字程控交换、光交换)也可以是虚拟连接(分组交换、信元交换)。互连网络的拓扑结构及网络内部的选路原则直接影响互连网络的服务质量。除了尽力设计无阻塞的网络拓扑结构还要配置双套冗余结构,以增强互连网络的故障恢复能力。

(3)控制功能:有效的控制功能是交换系统实现信息自动交换的保障。控制方式有集中控制和分散控制两种基本方式,差别在于微处理机的配置方案,现代电信交换系统多数采用分散控制且控制功能大多以软件实现。例如:程控电话交换机的地址信号识别和数字分析程序、ATM 交换机的呼叫接纳控制和自动路由控制等等、IP 交换中的路由协议 BGP、OSPF 等。

(4)信令功能:信令是电信网中的接续控制指令,通过信令使得不同类型的终端设备、交换节点设备和传输设备协同运行。信令的传递需要通过规范化的一系列信令协议实现,由于交换技术的不断发展,信令协议和信令方式也根据不同的应用有所不同。

5.1.2 交换技术的发展

交换技术最早源于电话通信,是现代通信网中最普通与常见的技术之一。交换技术从 20 世纪初出现开始,一直到现在仍然在持续演进,交换技术的发展在很大程度上反映了现代通信技术从人工到自动、从模拟到数字的发展。

1. 模拟交换技术

第一个研究发明交换设备的人是一个名叫阿尔蒙. B. 史端乔的美国人,他是美国堪萨斯一家殡仪馆的老板。他发觉,电话局的话务员不知是有意还是无意,常常把他的生意电话接到他的竞争者那里,使他的多笔生意因此丢掉。为此他大为恼火,发誓要发明一种不要话务员接线的自动接线设备。从 1889 年到 1891 年,他潜心研究一种能自动接线的交换机,结果他成功了。1891 年 3 月 10 日,他获得了发明"步进制自动电话接线器"的专利权。1892 年 11 月 3 日,用史端乔发明的接线器制成的"步进制自动电话交换机"在美国印第安纳州的拉波特城投入使用,这便是世界上第一个自动电话局。从此,电话通信跨入了一个新时代。但是自动电话的大踏步发展是在 20 世纪。到 20 世纪 20 年代,世界上还只有 15% 的电话是自动电话。随着自动电话技术的发展和进步,到 20 世纪 50 年代,世界上已有 77% 的电话是自动电话了。

史端乔发明的自动电话交换机的制式,为什么叫做"步进制"? 这是因为它是靠电话用户拨号脉冲直接控制交换机的机械做一步一步动作的。例如,用户拨号"1",发出一个脉冲(所谓"脉冲",就是一个很短时间的电流),这个脉冲使接线器中的电磁铁吸动一次,接线器就向前动作一步;用户拨号码"2",就发出两个脉冲,使电磁铁吸动两次,接线器就向前动作两步,依此类推。所以,这种交换机就叫做"步进制自动电话交换机"。

1919 年,瑞典的电话工程师帕尔姆格伦和贝塔兰德发明了一种自动接线器,叫做"纵横制接线器",并申请了专利。1929 年,瑞典松兹瓦尔市建成了世界上第一个大型纵横制电话局,拥有 3 500 个用户。"纵横制"的名称来自纵横接线器的构造,它由一些纵棒、横棒和电磁装置构成,控制设备通过控制电磁装置的电流可吸动相关的纵棒和横棒的动作,使得纵棒和横棒在某个交叉点接触,从而实现接线的工作。

"纵横制"和"步进制"都是利用电磁机械动作接线的,所以它们同属于"机电制自动电话交换机"。但是纵横制的机械动作很小,又采用贵重金属的接触点,因此比步进制交换机的动作噪声小、磨损和机械维修工作量也小,而且工作寿命也较长。

另外,纵横制与步进制的控制方式也不同。步进制是由用户拨号直接控制它的机械动作的,叫做直接控制式;而纵横制是用户拨号要通过一个公共控制设备间接地控制接线器动作,因而叫做间接控制式。间接控制方式比直接控制方式有明显的优点:例如,它的工作比较灵活,便于在有多个电话局组成的电话网中实现灵活的交换,便于实现长途电话自动化,还便于配合使用新技术、开放新业务等等。因而,它的出现使自动电话交换技术提高到了一个新的水平。

纵横制与步进制交换机在话路部分与控制部分均采用机械技术,被称为模拟交换机。随着电子技术、特别是半导体技术的发展,人们开始在交换机内部引入电子技术。最初引入电子技术的是在交换机的控制部分,而对于话音质量要求较高的话路部分仍然使用模拟技术,因此出现了空分式电子交换机和时分式电子交换机等准电子交换机。它们一般在话路部分采用机械触点,而在控制部分采用电子器件,一般也归类为模拟交换机。

2. 电路交换

电路交换是最早发展的一种针对电话业务传输的交换技术。这种交换方式的最大特点是:在通话之前即为通话双方建立一条通道,在通话过程中保持这条通道,一直到通话结束后拆除。

电路交换技术的主要代表是程控交换。20 世纪 70 年代初,在数字 PCM 传输大量应用的基础上,法国成功地发展了对 PCM 数字信号直接交换的交换机,它在控制方面采用程控方式,通话接续则采用电子器件实现的时分交换方式,由于控制部分和接续部分都采用了电子器件,也就实现了全数字交换。这种全数字时分式程控交换技术,表现出种种优点,促使世界各国都竞相发展这种程控数字交换技术;其实现技术不断得到改进而使得性能更加优越,成本不断下降,到了 20 世纪 80 年代中期,已取代空分模拟程控交换而处于全盛发展时期,程控数字电话交换机开始在世界普及。在数字程控交换技术之后发展起来的分组交换、报文交换等技术也均属于数字交换技术的范畴。

3. 分组交换

电路交换技术主要适用于传送和话音相关的业务,这种网络交换方式对于数据业务而言,有着很大的局限性。首先数据通信具有很强的突发性,峰值比特率和平均比特率相差较大,如果采用电路交换技术,若按峰值比特率分配电路带宽则会造成资源的极大浪费;如果按照平均比特率分配带宽,则会造成数据的大量丢失。其次是和语音业务比较起来,数据业务对时延没有严格的要求,但需要进行无差错的传输,而语音信号可以有一定程度的失真但实时性一定要高。早期的 X.25 技术以及现在的以太网交换技术、IP 交换技术均属于典型的分组交换技术。

分组交换技术就是针对数据通信业务的特点而提出的一种交换方式,它的基本特点是面向无连接而采用存储转发的方式,将需要传送的数据按照一定的长度分割成许多小段数据,并在数据之前增加相应的用于对数据进行选路和校验等功能的头部字段,作为数据传送的基本单元即分组。采用分组交换技术,在通信之前不需要建立连接,每个节点首先将前一节点送来的分组收下并保存在缓冲区中,然后根据分组头部中的地址信息选择适当的链路将其发送至下一个节点,这样在通信过程中可以根据用户的要求和网络的能力来动态分配带宽。分组交换比电路交换的电路利用率高,但时延较大。从发送终端发出的各个分组,将由分组交换网根据分组内部的地址和控制信息被传送到与接收终端连接的交换机,但对属于同一数据帧的不同分组所经过的传输路径却不是惟一的,即各分组交换机通信时能够根据交换网的当前状态为各分组选择不相同传输路径,以免线路拥挤造成网络阻塞。与此相反,电路交换只能在建立通信的最初阶段进行路径选择。当分组通过分组交换网被传送到接收端的交换机之后,由分组交换机组装功能根据各个分组内所携带的分组顺序编号,对分组进行排列,并通过用户线把按顺序排列好的分组恢复为原来的数据传送给相应的接收终端。

4. 报文交换

报文交换技术和分组交换技术类似,也是采用存储转发机制,但报文交换是以报文作为传送单元,由于报文长度差异很大,长报文可能导致很大的时延,并且对每个节点来说缓冲区的分配也比较困难,为了满足各种长度报文的需要并且达到高效的目的,节点需要分配不同大小的缓冲区,否则就有可能造成数据传送的失败。在实际应用中报文交换主要用于传输报文较短、实时性要求较低的通信业务,如公用电报网。报文交换比分组交换出现的要早一些,分组交换是在报文交换的基础上,将报文分割成分组进行传输,在传输时延和传输效率上进行了平衡,从而得到广泛的应用。

5. ATM 交换

分组交换技术的广泛应用和发展,出现了传送话音业务的电路交换网络和传送数据业务的分组交换网络两大网络共存的局面。语音业务和数据业务的分别传送,促使人们思考一种新的技术来同时提供电路交换和分组交换的优点,并且同时向用户提供统一的服务,包括话音业务、数据业务和图像信息。由此,在 20 世纪 80 年代末由原 CCITT 提出了宽带综合业务数字网的概念,并提出了一种全新的技术——异步传送模式(ATM)。ATM 技术将面向连接机制和分组机制相结合,在通信开始之前需要根据用户的要求建立一定带宽的连接,但是该连接并不独占某个物理通道,而是和其他连接统计复用某个物理通道,同时所有的媒体信息,包括语音、数据和图像信息都被分割并封装成固定长度的分组在网络中传送和交换。

ATM 另一个突出的特点就是提出了保证 QoS 的完备机制,同时由于光纤通信提供了低误码率的传输通道,所以可以将流量控制和差错控制移到用户终端,网络只负责信息的交换和传送,从而使传输时延减少,ATM 非常适合传送高速数据业务。从技术角度来讲,ATM 几乎无懈可击,但 ATM 技术的复杂性导致了 ATM 交换机的造价极为昂贵,并且在 ATM 技术之上没有推出新的业务来驱动 ATM 市场,从而制约了 ATM 技术的发展。目前 ATM 交换机主要用在骨干网络中,主要利用 ATM 交换的高速特性和 ATM 传输对 QoS 的保证机制,并且主要是提供半永久的连接。

6. 光交换

由于光纤传输技术的不断发展,目前在传输领域中光传输已占主导地位。光传输速率已在向每秒太比特的数量级进军,其高速、宽带的传输特性,使得以电信号分组交换为主的交换方式已很难适应,而且在这一方式下必须在中转节点经过光电转换,否则无法充分利用底层所提供的带宽资源。在这种情况下一种新型的交换技术——光交换便诞生了。光交换技术也是一种光纤通信技术,它是指不经过任何光/电转换,在光域直接将输入光信号交换到不同的输出端。光交换技术的最终发展趋势将是光控制下的全光交换,并与光传输技术完美结合,即数据从源节点到目的节点的传输过程都在光域内进行。

5.2 数字程控交换

5.2.1 呼叫处理的一般过程

首先我们以用户主叫的情况为例,说明数字程控交换机进行呼叫接续处理的一般过程。

(1)当用户摘机时,由于线路电压的变化,用户电路即会检测到这一动作,交换机调查用户的类别,以区分一般电话、投币电话、小交换机等,寻找一个空闲收号器并向用户传送拨号音;

(2)用户拨号时,停送拨号音,启动收号器进行收号并对收到的号码按位存储;

(3)在预处理中分析号首,以决定呼叫类别(本局、出局、长途、特服等),并决定一共该收几位号;当收到一个完整有效的号码后,交换机即根据此号码进行号码分析;

(4)根据号码分析的结果向被叫所在的本地交换局查找是否存在空闲线路,以及被叫状态;如果条件都满足,则占用资源,并向主叫用户送回铃音,以及向被叫用户振铃;

(5)被叫用户摘机之后,话音即在分配的线路上传输,同时启动计费设备开始计费,并监视主、被叫用户状态;

(6)当一方挂机之后,即拆线,释放资源,停止计费操作,并向另一方传送忙音。此时就完成了一个完整的正常呼叫流程。

5.2.2 数字交换网络的工作原理

数字程控交换机的核心组成部分即是交换网络,它具有以下特点。

(1)直接交换数字信号:在多被叫用户的用户电路之间,用户话音都是以数字信号的形式存在,因此不必像模拟交换机那样进行多次数/模和模/数的转换,而且数字信号,可以方便在集成电路中进行处理,所以可以设计复杂度更高,规模更大的交换网络;

(2)根据主被叫号码进行交换:在收号完成之后,控制电路会进行号码分析,并根据号码分析的结果产生相应的信息来选择呼叫接续的路由,而经过各交换机建立呼叫路由的过程即是交换的过程,早期的步进式交换机是根据用户的拨号脉冲来选择交换路由;

(3)时隙交换:交换实际上就是将不同线路,不同时隙上的信息进行交换,对这些不同空间和不同时间信号进行搬移,例如:将入中继线 1 上的 TS5 与出中继线 4 上的 TS18 进行交换,如图 5-4 所示。

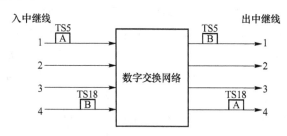

图 5-4　时隙交换

程控交换机的交换网络根据其组织形式可以分为时分交换网络、空分交换网络以及复合型交换网络几种类型。

1. 时分交换

(1)时分交换对应的是 T 接线器,它完成的是同一中继线上不同时隙之间的交换;

(2)组成:T 接线器由话音存储器和控制存储器完成,话音存储器用于存储输入复用线上,各话路时隙的 8 bit 编码数字话音信号;控制存储器用于存储话音存储器的读出或写入地址,作用是控制话音存储器各单元内容的读出或写入顺序;

(3)依据对话音存储器的读写控制方式不同,又可以分为顺序写入控制读出和控制写入顺序读出两种。

① 顺序写入控制读出:话音存储器中的内容是按照时隙到达的先后顺序写入的,但它的读出受到控制存储器的控制,根据交换的要求来决定话音存储器中的内容在哪一个时隙被读出;

② 控制写入顺序读出:话音存储器的写入受控制存储器的控制,即根据出中继线的目的时隙来决定入中继线各个时隙中内容被写入话音存储器的位置,而读出则是从话音存储器中顺序依次读出。

时分交换的原理如图 5-5 所示。

2. 空分交换

（1）空分交换又称为 S 接线器，功能是完成不同中继线的同一时隙内容的交换。

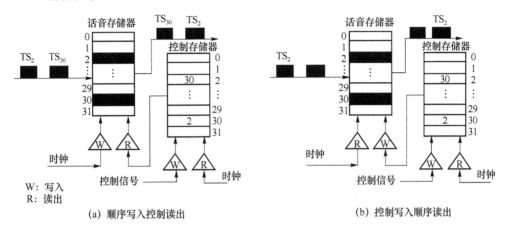

W：写入
R：读出

(a) 顺序写入控制读出　　　　　　　　(b) 控制写入顺序读出

图 5-5　时分交换方式

（2）组成：空分交换器，由交叉结点矩阵和控制存储器组成。交叉结点矩阵为每一入中继线提供了和任一出中继线相交的可能，这些相交点的闭合时刻就由控制存储器控制。空分交换器也包括输出控制和输入控制两种类型。

空分交换的原理如图 5-6 所示。

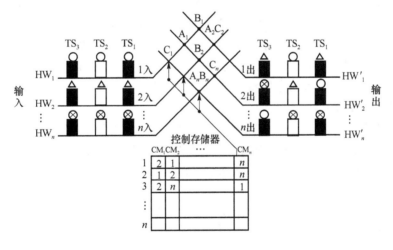

图 5-6　空分交换方式

3. 复合型交换网络

对于大规模的交换网络，必须既能实现同一中继线不同时隙之间的交换又能实现不同中继线相同时隙之间的交换，因此需要将时分交换和空分交换相结合组成复合型交换网络。

（1）TST 型交换网络：这是大规模交换网络中应用最为广泛的一种形式。其中，采用输入 T 接线器完成同一入中继线不同时隙之间的交换，S 接线器负责不同母线之间的空分交换;输出 T 接线器负责同一出中继线不同时隙之间的交换。各接线器采用哪一种控制方式可以任意选择,而输入/输出 T 接线器都需要利用交换机内部的空闲时隙来完成交换。

(2) STS 型交换网络:首先输入的 S 接线器将时隙信号交换到内部的空闲链路,然后 T 接线器将这一链路上的信号交换到需要的时隙,最后再由输出 S 接线器将此信号交换到需要的链路。

(3) 多级交换网络:除了以上两种三级交换网络以外还存在着多级交换网络,例如 TSST 组成的四级网络,TSSST 组成的五级网络等。

(4) 交换网络的集成化:随着数字交换技术的发展,一些芯片厂商推出了交换网络的集成芯片,目前 2 048×2 048、4 096×4 096 规模的交换芯片已经是非常成熟的商用芯片。

5.2.3 程控交换机的组成

1. 基本组成

电话交换机主要由话路设备和控制系统两部分组成。

(1) 话路设备:完成主被叫之间的呼叫接续,具体传递用户之间的话音信号。用户电路、交换网络、出中继电路、入中继电路均属于话路设备。

(2) 控制系统:控制系统控制呼叫接续动作,程控交换机的控制是通过运行在中央处理器中的软件完成的。控制系统的功能包括两个方面,一方面是对呼叫进行处理;另一方面对整个交换系统的运行进行管理、监测和维护。控制系统的硬件由三部分组成,一是中央处理器(CPU),它可以是一般数字计算机的中央处理芯片,也可以是交换系统专用芯片;二是存储器,它存储交换系统的常用程序和正在执行的程序以及执行数据;三是输入输出系统,包括键盘、打印机、外存储器等,可根据指令打印出系统数据、存储非常用运行程序,在程序运行时刻调入内存储器。

2. 用户电路的组成

用户电路是交换网络和用户线间的接口电路,它的作用是:一方面把语音信息(模拟或数字)传送给交换网络;另一方面把用户线上的其他信号(如铃流等)和交换网络隔离开来,以免损坏交换网络。用户电路的功能可以用 BORSCHT 概括,相应的分别对应不同的功能模块,以下分别说明。

(1) 馈电(B):向用户话机供电,在我国馈电电压为 -48 V 或 -60 V,如果用户线距离较长,则馈电电压还可能提高。

(2) 过压保护(O):用户线是外线,可能遭到雷电袭击或与高压线相碰,因此必须设置过压保护电路以保护交换机内部。通常用户线在配线时已经设置了气体放电装置,但经过气体放电装置的电压仍可能有上百伏,过压保护电路主要针对的是这个电压。

(3) 振铃(R):由于振铃电压较高,我国规定为 75 V±15 V,因此还是采用由电子元件控制振铃继电器来实现,铃流的产生由继电器接点的通断控制,也有交换机采用高压电子器件来实现振铃功能。

(4) 监视(S):通过监视用户线的直流电流来确定用户线回路的通断状态,进而检测摘机、挂机、拨号、通话等用户状态。

　　(5) 编译码与滤波(C):完成模拟话音信号和数字信号之间的转换,包括抽样、量化、编码三个步骤。此外还负责滤除话音频带以外的频率成份。

　　(6) 混合电路(H):混合电路完成二线/四线之间的转换功能,用户线的模拟信号是二线双向的,但 PCM 中继线的信号是四线单向的。因此在编码之前,或是译码之后要完成二线/四线的转换。

　　(7) 测试(T):负责将用户线接到测试设备以便对用户线进行测试。

　　除去以上七项基本功能之外,用户电路还具有极性倒换、衰减控制、计费脉冲发送,特殊话机控制(如投币电话)等功能。

5.2.4　程控交换机的分类

　　(1) 根据所服务的范围不同:可以分为局用交换机和用户交换机。前者在多个本地交换局或汇接局之间完成交换,通过出入中继线与其他交换局相连;后者直接与用户通过本地用户线相连,将这些用户的呼叫汇接之后,再通过中继线与其他交换局相连。

　　(2) 根据交换方式的不同:可以分为空分交换和时分交换,这实际上是交换网络的工作方式。实用的大规模电话交换机,也经常采用混合交换方式。

　　(3) 根据交换的话音信号不同:可以分为模拟交换机和数字交换机,前者包括机电式交换机,空分式交换机;后者交换的对象都是经过编码之后的数字信号。

5.3　ATM 交换

5.3.1　ATM 交换原理

　　相对于数字程控交换中以时隙为基本处理单位的时隙交换,ATM 交换以信元为基本处理单位,完成信元交换。

1. 信元交换

　　由于 ATM 信号是异步时分复用信号,以虚电路标识区分各路输入信号占用子信道。因此,ATM 交换不能像数字程控话音信号那样,通过对时隙的操作实现信息交换。在 ATM 网络中,信元的交换是根据存储的路由选择表,并利用信头中提供的路由信息(VPI/VCI),将信元从输入逻辑信道转发到输出逻辑信道上。

　　ATM 交换机的核心是 ATM 交换网络,它具有 N 条入线和 N 条出线,每条入线和出线上传送的都是 ATM 信元流。ATM 交换的基本任务就是:将占用任意一个输入线的任一逻辑信道的信元,交换到所需要的任意一个输出线的任一逻辑信道上去。因此,信元交换包含两项工作,第一是将信元从一条入线传送到另一条出线的空间交换,第二是将信元从一个输入逻辑信道传送到另一个输出逻辑信道的时间位置交换(这是因为同一物理线路上的各个逻辑信道以时分复用的方式共享物理线路)。

　　ATM 交换系统中以信头的虚电路标识(VPI/VCI)表示信元所占用的输入逻辑信道号,通过翻译表(路由选择表)查找出该虚电路对应的出线及新的虚电路号,并以新的虚电路号取代原有的虚电路号,从而完成了信元信息的修改。因此,ATM 信元交换实际上就是根据翻译表变换信头值(VPI/VCI)。翻译表反映了所有入线的虚电路标识与出线的虚电路标识的对应关系,是在连接建立阶段写入的。翻译表的内容、生成和更新方式等与路由选择的控制方法(自选路由、表格控制选路)有关。

2. 信元排队

由于输入、输出线上的信元是异步时分复用的,有可能在同一时刻多条入线上的信元需要去往同一出线或抢占交换结构的同一内部链路,这时就会产生竞争。为了避竞争引起的信元丢失,交换结构应在适当位置设置缓冲器以供信元排队。根据信元的不同优先级别,当出现争抢资源时优先级低的信元要在缓冲器中等待。

根据交换结构中缓冲器的物理位置不同,交换结构的缓冲方式分为三种:输入排队、输出排队和中央排队,分别把缓冲器设置在交换结构的输入端、输出端和交换网络内部。无论哪种方式,目的都是对发生竞争的信元通过缓冲器存储,等候对它们"放行"的时机。但是,当缓冲器被充满时,仍然会产生信元丢失,此时需要根据信元的优先级首先丢弃那些优先级低的信元。适当加大缓冲器的存储空间,可减少信元的丢失概率。

5.3.2 ATM 交换机的结构

ATM 交换机一般由入线处理部件、出线处理部件、交换结构和接续控制单元等模块组成,如图 5-7 所示。

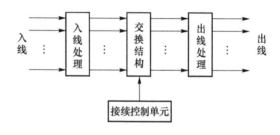

图 5-7 ATM 交换机结构

1. 入线处理部件

用于接收输入信元,将其转换成为适合送入 ATM 交换结构的形式,主要的处理功能有:

(1)将串行码的光信号转换成并行码的电信号。

(2)信元的定界和分离。因为输入信元是嵌入到某种传输帧格式中的,例如 PDH 或 SDH 的帧结构。入线处理部件需从信元所在的帧结构中,定界各个信元并将其从帧结构中分离出来,还要处理帧结构携带的线路 OAM 信息以判断线路状况,一旦发现故障应产生告警。

(3)信元的有效性检验和类型分离。信元在线路传送过程中可能产生误码,应对分离出来的信元进行 HEC 检验以便抛弃损坏的信元;还要根据 PTI 对信元分类,挑出不需要交换的信元。例如:对空闲信元应该抛弃、对 OAM 信元应该处理其中的维护管理信息。

(4)为信元通过交换结构进行路由选择,确定输出信道、检查 VPI/VCI 的有效性等。

2. 出线处理部件

出线处理部件与入线处理部件的功能相反,它将 ATM 交换结构输出的信元转换成为适合在线路上传输的形式。

主要的处理功能有：

（1）与 OAM 信元流的复合。交换结构输出的信元流应与有关的 OAM 信元流合成,形成送往出线的带有维护管理信息的信元流。

（2）速率适配。当 ATM 信元流的传输速率比输出线上的传输速率低时,需要添加空闲信元;当比输出线上的传输速率高时,应该设置缓冲存储器对信元进行缓存。

（3）形成线路码流。产生特定的传输帧结构（如 PDH 或 SDH）,将信元嵌入,并产生传输帧结构中需要的 OAM 信息。

经以上处理后,即获得可以送往线路传输的二进制码流。

3. 交换结构

交换结构执行信元交换的任务。根据路由选择信息修改输入信元的 VPI/VCI 值、将信元从入线处理部件传送到指定的出线处理部件。除路由选择功能之外,交换结构还要完成信元缓冲、拥塞监测、广播发送等工作。ATM 交换结构有多种类型。

4. 接续控制单元

接续控制单元通过处理信令信息。对交换结构进行接续控制,完成连接的建立、释放、带宽的分配以及维护和管理功能。例如当收到一个建立虚通路的信令信元时,经过分析后若确定可以建立,则向交换结构发出建立连接的控制信号,并通知交换结构,以后凡是来自这一虚通路的信元均被送到某一指定的出线上,上述过程都是由接续控制单元完成的。

5.3.3　ATM 交换结构

与数字程控交换类似,ATM 交换结构也可以分为时分和空分两种类型。

（1）时分交换结构：所有的输入、输出端口共享一条高速的信元流通路,共享的这条高速通路可以是共享媒体（总线、环型网络）也可以是共享存储器型的。交换结构的交换容量受总线速度、存储器容量和存取速度的限制。这种结构容易实现点到多点的操作。

（2）空分交换结构：是指输入和输出端口之间有多条信元通路,不同 ATM 信元流通过选路,可以在不同信元通路上并行地通过交换结构。选路的方法可以是自选路由也可以是表选路由（预先设计好路由选择数据表,以供查阅）。这种结构的交换容量受每条通路的带宽和同时传送信元的通路平均数限制。空分结构根据一对输入、输出端口之间的路径数多少又有单路径和多路径结构之分,多路径结构应付突发业务的应变能力较单路径结构优越。

5.4　以太网交换

5.4.1　交换式以太网的发展

1. 传统以太网技术的缺陷

传统以太网是基于 CSMA/CD 网络协议的,这一技术是以共享传输介质为基础、各个主机之间采用竞争的方式获得网络的使用权。当主机发现网上另一主机正在发送时,只能放弃发送并转入等待状态;只有在网络空闲时,主机才可以立即开始发送。也就是说所有的主机抢占同一个带宽,在任一给定时刻只有一个主机能够获得网络的使用权,如果有多个主机同时需要传送数据,那么将由媒体访问控制协议来解决这一冲突。这将导致网络流量高峰期间出现拥塞,随着主机数目的增加,每台主机仅能获得很少的局域网带宽,而总的可用带宽也可能因为发生碰撞而损失一部分。

此外,计算机性能的不断提高也要求在网络上有更高的带宽、更快的通信支持,如果由于带宽不足,在某些情况下将使主机的高性能被大大地削弱;而实时性强的多媒体应用以及高速数据应用的大量出现,使网络通信流量迅速增长,也要求极高的网络性能。

2. 交换式以太网的工作原理

在 20 世纪 90 年代初期,开始出现了交换式以太网技术。它的工作原理非常简单:以太网交换机检测从以太端口来的数据包的源 MAC 地址和目的 MAC 地址,然后与系统内部的动态查找表进行比较,若数据包的 MAC 层地址不在查找表中,则将该地址加入查找表中,并将数据包发送给相应的目的端口;若数据包的 MAC 层地址已存在于查找表中,则直接向相应的目的端口转发。

可见,交换式以太网解决了传统以太网技术的媒体共享问题,数据包仅向特定的端口进行转发,不仅提高了链路带宽的利用率,也使得多个用户可以同时访问网络。

5.4.2 交换式以太网的特点

交换式以太网具有以下几个特点:

(1)交换式以太网不需要改变网络的其他硬件,包括电缆和用户的网卡,仅需要用交换式交换机替换原有的共享式 HUB,节省用户网络升级的费用。

(2)可在高速以太网与低速以太网之间转换,实现不同网络之间的互连。目前大多数交换式以太网都具有 100 Mbit/s 的端口,通过与之相对应的 100 Mbit/s 的网卡接入到服务器或路由器上,可以解决 10 Mbit/s 以太网的带宽瓶颈问题,成为低速局域网升级时首选的方案。

(3)同时提供多个通道,比传统的共享式集线器提供更多的带宽,传统的共享式 10 Mbit/s 或 100 Mbit/s 以太网采用广播式通信,每次只能在一对用户间进行通信,如果发生碰撞则需要在退避时间之后进行重传,而交换式以太网允许不同用户间进行通信。例如,一个 16 端口的以太网交换机最多可以允许 16 个主机同时在 8 条链路上通信。

(4)与路由器相比,以太网交换机在用于局域网互连时可以提供更宽的带宽、更小的响应时间,同时具有更低的成本。

5.4.3 以太网交换技术的类型

交换式以太网的交换方式有直通式(cut-through)和存储转发式(store-and-forward)两种类型。

1. 直通式

直通式以太网交换机的内部类似于采用空分交换矩阵的电话交换机。它在输入端口检测到一个数据包时,检查该包的包头,获取包的目的 MAC 地址,启动内部的动态查找表转换成相应的输出端口,在输入与输出的交叉处接通,把数据包直接交换到相应的输出端口,实现了交换功能。由于不需要存储,交换延迟非常小。而其缺点是:因为数据包的内容并没有被以太网交换机保存下来,所以无法检查所传送的数据包内容是否发生了误码,不能提供错误检测能力;由于没有缓存,不能将具有不同速率的输入/输出端口直接接通;而且,当以太网络交换机的端口增加时,交换矩阵的规模与控制复杂度均迅速增长,实现起来有一定的难度。

2. 存储转发式

存储转发方式是计算机网络领域应用最为广泛的方式,它把输入端口的数据包先存储起来,然后进行数据校验,在对发生误码的数据包进行处理后才取出数据包的目的地址,通过查找表转换成相应的输出端口并转发此数据包。因此,存储转发方式的数据处理时延较大,但是可以对进入交换机的数据包进行错误检测,尤其重要的是它可以支持不同速度的输入/输出端口之间的转换,同时兼容高速端口与低速端口。

5.4.4　虚拟局域网技术

交换技术的发展,允许区域分散的组织在逻辑上成为一个新的工作组,而且同一工作组的成员能够改变其物理地址而不必重新配置节点,这就是所谓的虚拟局域网技术(VLAN)。由于交换式以太网改变了以太网通信中广播的寻址方式,因此可以很好的支持虚拟局域网技术的实现。利用以太网交换机建立虚拟网即是使原来的一个广播式的局域网(交换机的所有端口)在逻辑上被划分为若干个子区域,在子区域里的数据包只会在该区域内传送,其他的区域是无法收到的。虚拟局域网技术通过交换技术将通信量进行有效分离,从而更好地利用带宽,并可从逻辑的角度出发将实际的局域网设施分割成多个子网,它允许各个局域网运行不同的应用协议和拓扑结构。此外不同子区域之间的数据传输被物理分割,因此也提高了数据传输的安全性。

5.5　光交换

5.5.1　光交换的基本概念

1. 背景

现代通信网中,密集波分复用(DWDM)光传送网络充分利用光纤的巨大带宽资源来满足各种通信业务爆炸式增长的需要。然而,高质量的数据业务的传输与交换仍然采用如 IP over ATM 、IP over SDH 等多层网络结构方案,不仅开销巨大,而且必须在中转节点经过光电转换,无法充分利用底层 DWDM 所提供的带宽资源和可能的波长路由能力。为了克服光网络中的电信号处理瓶颈,具有高度实用性的全光网络成为宽带通信网未来的发展目标。而光交换技术作为全光网络系统中的一个重要支撑技术,在全光通信系统中发挥着重要的作用,可以这样说,光交换技术的发展在某种程度上也决定了全光通信的发展。

2. 定义

光交换技术是指不经过任何光/电转换,在光域直接将输入光信号交换到不同的输出端。光交换系统主要由输入接口、光交换矩阵、输出接口和控制单元四部分组成。

由于目前光逻辑器件的功能还较简单,不能完成控制部分复杂的逻辑处理功能,因此现有的光交换控制单元还要由电信号来完成,即所谓的电控光交换。在控制单元的输入端进行光电转换,而在输出端需完成电光转换。随着光器件技术的发展,光交换技术的最终发展趋势将是光控光交换,即全光交换。

随着通信网络逐渐向全光平台发展,网络的优化、路由、保护和自愈功能在光通信领域中越来越重要。采用光交换技术可以克服电子交换的容量瓶颈问题,实现网络的高速率和协议透明性,提高网络的重构灵活性和生存性,大量节省建网和网络升级成本。

5.5.2 光交换的实现方式

1. 光电交换

光电交换的原理是利用光电晶体材料(如锂、铌、钡、钛)的波导组成输入输出端之间的波导通路。两条通路之间构成干涉结构,其相位差由施加在通路上的电压控制。当通路上的驱动电压改变两通路上的相位差时,利用干涉效应就可以将信号送到目的输出端。这种结构可以实现1×2和2×2的交换配置,特点是交换速度较快(达到纳秒级),但是它的介入损耗、极化损耗和串音较严重,对电漂移较敏感,通常需要较高的工作电压。

2. 光机械交换

光机械交换是通过移动光纤终端或棱镜将光线引导或反射到输出光纤,原理十分简单,成本也较低,但只能实现毫秒级的交换速度。

3. 热光交换

热光交换采用可调节热量的聚合体波导,由分布于聚合堆中的薄膜加热元素控制。当电流通过加热器时,改变了波导分支区域内的热量分布,从而改变折射率,这样就可将光耦合从主波导引导至目的分支波导。这种光交换的速度可达微秒级,实现体积也非常小,但介入损耗较高、串音严重、消光率较差、耗电量较大,并需要良好的散热器。

4. 液晶光交换

这种光交换通过液晶片、极化光束分离器或光束调相器来实现。液晶片的作用是旋转入射光的极化角。当电极上没有电压时,经过液晶片光线的极化角为90°,当电压加在液晶片的电极上时,入射光束将维持其极化状态不变。极化光束分离器或光束调相器起路由器作用,将信号引导至目的端口。对极化敏感或不敏感的矩阵交换机都能利用此技术。这种技术可以构造多通路交换机,缺点是损耗大、热漂移量大、串音严重,驱动电路也较昂贵。

5. 声光交换

它是在光介质中加入横向声波,从而将光线从一根光纤准确地引导至另一根光纤。声光交换可以达到微秒级的交换速度,可用于构建端口数较少的交换机。用这种技术制成的交换机的衰耗随波长变化较大,驱动电路也较昂贵。

6. 采用微电子机械技术(MEMS)的光交换

这种光交换的结构实质上是一个二维镜片阵,当进行光交换时,通过移动光纤末端或改变镜片角度,把光直接送到或反射到交换机的不同输出端。采用微电子机械系统技术可以在极小的晶片上排列大规模机械矩阵,其响应速度和可靠性大大提高。这种光交换实现起来比较容易,插入损耗低、串音低、消光比好,偏振和基于波长的损耗也非常低,对不同环境的适应能力良好,功率和控制电压较低,并具有闭锁功能;缺点是交换速度只能达到毫秒级。

7. 光交换中的其他关键技术

(1) 光缓存器件:光缓存器件对光信号进行缓存,为实现光分组交换中的光信号存储转发提供了可能,是实现光分组交换的关键技术,目前还没有全光的随机存储器,只能通过无源的光纤延时线(FDL)或有源的光纤环路来模拟光缓存功能。常见的光缓存结构有,可编程的并联 FDL 阵列、串联 FDL 阵列和有源光纤环路。

(2) 光逻辑器件:该类器件由光信号控制它的状态,用来完成光信号的各类布尔逻辑运算,是实现光控光交换的关键技术。目前光逻辑器件的功能还较简单,比较成熟的技术有对称型自电光效应(S-SEED)器件、基于多量子阱(DFB)的光学双稳器件和基于非线性光学的与门等。

(3) 波长变换器:全光波长转换器实现光信号传输波长的变换,是在波分复用光网络中实现全光交换的关键部件。波长转换器有多种结构和机制,目前研究较为成熟的是以半导体光放大器(SOA)为基础的波长转换器,包括交叉增益饱和调制型波长转换器(XGM SOA)、交叉相位调制型波长转换器(XPM SOA)以及四波混频型波长转换器(FWM SOA)等。

5.5.3　光交换技术的分类

目前从交换技术的角度来看,光交换技术可分成光的电路交换(OCS)和光分组交换(OPS)两种主要类型。

1. 光电路交换

光的电路交换类似于现存的电路交换技术,采用 OXC、OADM 等光器件设置光通路,中间节点不需要使用光缓存,目前对 OCS 的研究已经较为成熟。根据交换对象的不同 OCS 又可以分为:

(1) 光时分交换技术。时分复用是通信网中普遍采用的一种复用方式,光时分交换就是在时间轴上将复用的光信号的时间位置 t_1 转换成另一个时间位置 t_2。

(2) 光波分交换技术。是指光信号在网络节点中不经过光/电转换,直接将所携带的信息从一个波长转移到另一个波长上。

(3) 光空分交换技术。即根据需要在两个或多个点之间建立物理通道,这个通道可以是光波导也可以是自由空间的波束,信息交换通过改变传输路径来完成。

(4) 光码分交换技术。光码分复用(OCDMA)是一种扩频通信技术,不同用户的信号用相互正交的不同码序列填充,接收时只要用与发送方相同的码序列进行相关接收,即可恢复原用户信息。光码分交换的原理就是将某个正交码上的光信号交换到另一个正交码上,实现不同码字之间的交换。

2. 光分组交换

未来的光网络要求支持多粒度的业务,其中小粒度的业务是运营商的主要业务,业务的多样性使得用户对带宽有不同的需求,OCS 在光子层面的最小交换单元是整条波长通道上数吉比特每秒的流量,很难按照用户的需求灵活地进行带宽的动态分配和资源的统计复用,所以光分组交换应运而生。光分组交换系统根据对控制包头处理及交换粒度的不同,又可分为:

(1) 光分组交换(OPS)技术。它以光分组作为最小的交换颗粒,数据包的格式为固定长度的光分组头、净荷和保护时间三部分。在交换系统的输入接口完成光分组读取和同步功能,同时用光纤分束器将一小部分光功率分出送入控制单元,用于完成如光分组头识别、恢复和净荷定位等功能。光交换矩阵为经过同步的光分组选择路由,并解决输出端口竞争。最后输出接口通过输出同步和再生模块,降低光分组的相位抖动,同时完成光分组头的重写和光分组再生。

(2) 光突发交换(OBS)技术。它的特点是数据分组和控制分组独立传送,在时间上和信道上都是分离的,它采用单向资源预留机制,以光突发作为最小的交换单元。OBS克服了 OPS 的缺点,对光开关和光缓存的要求降低,并能够很好的支持突发性的分组业务;同时与 OCS 相比,它又大大提高了资源分配的灵活性和资源的利用率,被认为很有可能在未来互联网中扮演关键角色。

(3) 光标记分组交换(OMPLS)技术。也称为 GMPLS 或多协议波长交换(MPλS),它是MPLS 技术与光网络技术的结合。MPLS 是多层交换技术的最新进展,将 MPLS 控制平面附着到光波长路由交换设备的顶部就组成了具有 MPLS 能力的光节点。由 MPLS 控制平面运行标签分发机制,向下游各节点发送标签,标签对应相应的波长,由各节点的控制平面进行光开关的倒换控制,建立光通道。2001 年 5 月 NTT 开发出了世界首台全光交换 MPLS路由器,结合 WDM 技术和 MPLS 技术,实现了全光状态下的 IP 数据包的转发。

5.5.4 光交换技术未来的发展

市场和用户是决定光网络去向何方的重要因素。目前光的电路交换技术已发展得较为成熟,进入实用化阶段。而光分组交换将是更加高速、高效、高度灵活的交换技术,能够支持各种业务数据格式,包括分组数据、视频数据、音频数据以及多媒体数据的交换。分组交换网经历了从 X.25 网、帧中继网、信元中继网、ISDN 到 ATM 网的不断演进,以至今天的光分组交换网成为被广泛关注和研究的热点。超高带宽的光分组交换技术能够实现 10 Gbit/s 速率以上的交换操作,且对数据格式与速率完全透明,更能适应当今快速变化的网络环境。在更加实用化的光缓存器件和光逻辑器件产生以前,对二者要求不是很高的光突发交换技术以及光标记分组交换技术作为光分组交换的过渡性解决方案,将会成为市场的主流。

光网络已经由过去的点到点的 WDM 链路发展到今天面向连接的 OADM/OXC 和自动交换光网络(ASON),并将演进到未来在 DWDM 基础之上的宽带电路交换与分组交换融合的智能光网络,而光交换技术的发展将会在其中起到决定性的作用。

话 音 通 信

6.1 公用交换电话网

公用交换电话网(PSTN,Public Switched Telephone Network)是最早建立起来的一种通信网,自从 1876 年贝尔发明电话,1891 年史端乔发明自动交换机以来,随着先进通信手段的不断出现,电话网已经成为人们日常生活、工作所必需的传输媒体。

6.1.1 PSTN 概述

1. PSTN 的基本概念

公用交换电话网是以电路交换为信息交换方式,以电话业务为主要业务的电信网,它同时也提供传真等部分简单的数据业务。

组建一个公用交换电话网需要满足以下的基本要求:

(1)保证网内任一用户都能呼叫其他每个用户,包括国内和国外用户,对于所有用户的呼叫方式应该是相同的,而且能够获得相同的服务质量;

(2)保证满意的服务质量,如时延、时延抖动、清晰度等,话音通信对于服务质量有着特殊的要求,这主要取决于人的听觉习惯;

(3)能适应通信技术与通信业务的不断发展;能迅速引入新业务,而不对原有的网络和设备进行大规模的改造;在不影响网络正常运营的前提下利用新技术,对原有设备进行升级改造;

(4)便于管理和维护,由于电话通信网中的设备数量众多、类型复杂,而且在地理上分布在很广的区域内,因此要求提供可靠、方便而且经济的方法对它们进行管理与维护,甚至建设与电话网平行的网管网。

2. PSTN 的组成

一个 PSTN 由以下几个部分组成:

(1)传输系统。以有线(电缆、光纤)为主,有线和无线(卫星、地面和无线电)交错使用,传输系统由 PDH 过渡到 SDH、DWDM。

(2)交换系统。设于电话局内的交换设备——交换机,已逐步程控化、数字化,由计算机控制接续过程。

(3)用户系统。包括电话机、传真机等终端以及用于连接它们与交换机之间的一对导线(称为用户环路),用户终端已逐步数字化、多媒体化和智能化,用户环路已逐步数字化、宽带化。

（4）信令系统。为实现用户间通信，在交换局间提供以呼叫建立、释放为主的各种控制信号。

PSTN 的传输系统将各地的交换系统连接起来，然后，用户终端通过本地交换机进入网络，构成电话网。

3. PSTN 的分类

按所覆盖的地理范围，PSTN 可以分为本地电话网、国内长途电话网和国际长途电话网。

（1）本地电话网：包括大、中、小城市和县一级的电话网络，处于统一的长途编号区范围内，一般与相应的行政区划相一致。

（2）国内长途电话网：提供城市之间或省之间的电话业务，一般与本地电话网在固定的几个交换中心完成汇接。我国的长途电话网中的交换节点又可以分为省级交换中心和地（市）级交换中心两个等级，它们分别完成不同等级的汇接转换。

（3）国际长途电话网：提供国家之间的电话业务，一般每个国家设置几个固定的国际长途交换中心。

4. PSTN 的特征

PSTN 是一个设计用于话音通信的网络，采用电路交换与同步时分复用技术进行话音传输，PSTN 的本地环路级是模拟和数字混合的，主干级是全数字的；其传输介质以有线为主。

6.1.2 PSTN 的结构

1. PSTN 的结构

PSTN 的结构主要包括两类：平面结构和分级结构。

（1）平面结构

① 星型网络：在星型网络中可以把中心节点作为交换局，而把周围节点看作是终端；也可以把所有的节点均看作交换局，此时中心节点即成为了汇接局。星型网络结构的优点是节省网络传输设备，而其缺点是可靠性差，单一传输链路没有备份。

② 网状网络：网状网络实际上就是节点之间"个个相连"的网络。这种组网方式需要的传输设备较多，尤其当节点数量增加时，线路设备数量急剧增加。网状网络的冗余度高，可靠性比较高，但也需要复杂的控制系统。

③ 环型网络：环型网络可以以较少的设备连接所有的节点，而且当组成双向环时可以提供一定的冗余度。环型网络在电话通信网中的应用不多。

（2）分级结构

分级结构适合用于不同等级交换节点的互连中，多用于长途网中。

2. PSTN 长途网

（1）我国历史上的长途网结构

我国电话网最早为五级结构，长途网分为四级。一级交换中心之间互连形成网状网络，其他级别的交换中心逐级汇接。这种五级等级结构的电话网在我国电话网络发展的初级阶段,在电话网由人工向自动、模拟向数字过渡的过程中起到过重要作用。但是,在通信事业飞速发展的时代,由于经济的发展,非纵向话务流量日趋增多,新技术、新业务不断涌现,五级网络结构存在的问题日趋明显,在全网服务质量方面主要表现在:

① 转接段数多,造成接续时延长、传输损耗大、接通率低。比如,跨两个地区或县的用户之间的呼叫,需要经过多级长途交换中心转接。

② 可靠性差,多级长途网一旦某节点或某段链路出现故障,会造成网络局部拥塞。

此外,从全网的网络管理、维护运行来看,区域网络划分越小、交换等级越多,网络管理工作就越复杂。同时,级数过多的网络结构不利于新业务的开展。

(2) 长途两级网的等级结构

目前,我国的电话长途网已由四级向两级结构转变。长途两级网的等级结构如图6-1所示。DC_1 构成长途两级网的高平面网(省际平面),DC_2 构成长途网的低平面网(省内平面),然后逐步向无级网和动态无级网过渡。

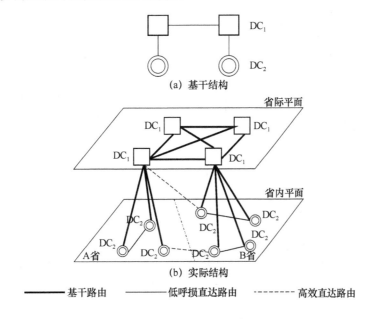

图 6-1 两级长途电话网的等级结构

长途两级网将网内长途交换中心分为两个等级,省际(包括直辖市)交换中心以 DC_1 表示;地市级交换中心以 DC_2 表示。DC_1 以网状网相互连接,与本省各地市的 DC_2 以星型方式连接;本省各地市的 DC_2 之间以网状或不完全网状相连,同时辅以一定数量的直达电路与非本省的交换中心相连。

各级长途交换中心的职能为:

(1) DC_1 的职能主要是汇接所在省的省际长途来去话话务,以及所在本地网的长途终端话务;

(2) DC_2 的职能主要是汇接所在本地网的长途终端来去话话务。

今后,我国的长途网将进一步形成由一级长途网和本地网所组成的二级网络,实现长途无级网。这样,我国的电话网将由三个层面(长途电话网平面、本地电话网平面和用户接入平面)组成。

3. PSTN 本地网

本地电话网简称本地网,是在统一编号区范围内,由若干端局或由若干个端局和汇接局及局间中继线和话机终端等组成的电话网。本地网用来疏通本长途编号区范围内,任何两个用户间的电话呼叫和长途发话、去话业务。

在 20 世纪 90 年代中期,我国开始组建以地市级以上城市为中心的扩大的本地网,这种扩大的本地网将城市周围的郊县与城市划在同一个长途编号区内,其话务量集中流向中心城市。

本地网内可以设置端局和汇接局。端局通过用户线和用户相连,其职能是负责疏通本局用户的去话和来话话务。汇接局与所管辖的端局相连,以疏通这些端局间的话务;汇接局还与其他的汇接局相连,疏通不同汇接区间的端局的话务。根据需要,汇接局还可与长途交换中心相连,用来疏通本汇接区内的长途转接话务。

由于各中心城市的行政地位、经济发展程度及人口数量的不同,扩大的本地网交换设备容量和网络规模相差很大,所以网络结构可以分成以下两种:

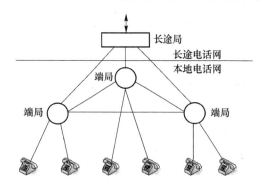

图 6-2　本地电话网的网状网结构

（1）网状网

网状网中所有端局彼此互连,端局之间设置直达电路,如图 6-2 所示。这种网络结构适用于本地网内交换局数目不是太多的情况。

（2）二级网

本地网若采用网状网,其电话交换局之间通过中继线相连。中继线是公用的,利用效率较高,通过的话务量也比较大,因此提高了网络利用率,降低了线路成本。当交换局数量较多时,采用网状网结构将会导致局间中继线数量急剧增加。此时采用分区汇接制,把电话网分为若干个"汇接区",在汇接区内设置汇接局,下设若干个端局,端局通过汇接局汇集,构成二级本地电话网。

6.1.3　PSTN 的编号计划

PSTN 的编号计划是指本地网、国内长途网、国际长途网、特种业务以及一些新业务等的各种呼叫所规定的号码编排和规程。电话网中的编号计划是使电话网正常运行的一个重要规程,交换设备应该适应上述各项接续的编号需求。

编号计划主要包括本地电话用户编号和长途电话用户编号两部分内容。

1. 本地电话用户编号方法

同一长途编号范围内的用户均属于同一个本地网。在一个本地网内,号码的长度要根据本地电话网的长远规划容量来确定。

本地电话网的一个用户号码由两部分组成:

局号＋用户号

局号可以是1位(用P表示)、2位(用PQ表示)、3位(用PQR表示)或4位(用PQRS表示);用户号为4位(用ABCD表示)。因此,如果号长为7位,则本地电话网的号码可以表示为"PQRABCD",本地电话网的号码长度最长为8位。

2. 长途电话用户编号方法

长途电话包括国内长途电话和国际长途电话。

国内长途电话号码的组成为:

国内长途字冠＋长途区号＋本地号码

国内长途字冠是拨国内长途电话的标志,在全自动接续的情况下用"0"代表;长途区号是被叫用户所在本地网的区域号码,全国统一划分为若干个长途编号区,每个长途编号区都编上固定的号码,这个号码的长度为1~4位长,即X_1~$X_1X_2X_3X_4$。如果从用户所在本地网以外的任何地方呼叫这个用户,都需要拨这个本地网的固定长途区域号。

国际长途电话号码的组成为:

国际长途字冠＋国内长途字冠＋长途区号＋本地号码

国际长途呼叫除了拨上述国内长途号码中的长途区号和本地号码外,还需要增拨国际长途字冠和国家号码。国际长途字冠是拨国际长途电话的标志,在全自动接续的情况下用"00"代表。国家号码为1~3位,即I_1~$I_1I_2I_3I_4$。如果从用户所在国家以外的任何地方呼叫这个用户,都需要拨这个国家的国家号码。

从上面可以看出,长途区号、国家号码都采用了不等位的编号方式。这不但可以满足对于号码容量的要求,而且可以使长途电话号码的长度不超过10位,国际长途电话号码的长度不超过12位(不包括国际长途字冠)。

3. 举例

下列逻辑寻址起到了建立连接的作用,该连接的起端在美国的一个物理地点,终端位于中国北京海淀区学院路某大学:0086-10-6225-1111。

- 0086:00表示该呼叫是跨国呼叫,86是中国的国家号码;
- 10:表示该呼叫的长途区域号,10是北京的长途区号;
- 6225:表示一个特定的海淀区交换局的交换机;
- 1111:表示端口及电路标识,与本地环路(用户线)有关,该用户线与位于北京某大学校园内某个物理位置的终端设备有关。

6.1.4 PSTN的业务

PSTN的设计决定了它所支持的业务,它使用基于64 kbit/s的窄带信道,采用一系列的电路交换机,为支持基本的语音通信打下了基础。随着交换机智能化的提高,PSTN可以提供一些特色服务。在传统结构中,单个交换机具有智能,交换机制造商和运营商关系紧密,只有获得了该交换机针对某项业务专门开发的专用软件,才能开展该项新业务。随着智能网的出现,将呼叫处理和业务处理相分离,使得新业务可以非常方便地开展。

目前PSTN网络可以为用户提供下列业务:

(1) 接入业务

接入业务的主要范围是中继线、按键电话系统的商用线路、集中式小交换机业务、线路租用和住宅用户线路。

① 中继线用来连接用户小型交换机(PBX),有三种主要形式:第一种是双向本地交换中继线,在这种方式下,数据流可以双向流动;第二种是直接拨入(DID)中继线,这种中继线只为了输入呼叫设计,可以将拨打的号码直接打到用户电话机,不需要接线员的参与,像是一条直达的专用线路;第三种是直接向外拨号(DOD)中继线,这种中继线主要用于呼叫输出,在拨打想通话的号码前先拨一个接入码,当有外线拨号音时,就表明在使用DOD 中继线。

② 按键电话系统的网络终端和本地交换机的商用线路连接。

③ 想将本地交换机像 PBX 一样使用时,可以按月租用集中式用户小交换机中继线。

④ 大公司常常租用昂贵的线路接入网络。

⑤ 普通用户则通过住宅用户线路接入网络。

用户线可以是模拟设施或数字载波设备。传统的模拟传输称为老式电话业务(POTS)。

使用双绞线的数字业务有:

① T-1 接入(1.5 Mbit/s)、E-1 接入(2.048 Mbit/s)、J-1 接入(1.544 Mbit/s)。

② 窄带 ISDN(N-ISDN)业务,包括普通用户和小公司使用的基本速率接口(BRI)和大公司使用的基群速率接口(PRI)。

③ xDSL 用户线和用于因特网重要业务接入以及多媒体使用的高速数字用户线路。

(2) 专用传输业务

传输业务是网络交换、传输和支持源端与终端接入设备间信息传输有关的业务。专用传输业务包括租用线路、外部交换(FX)线路和楼外交换(OPX)。

① 租用线路中的两个地点或设备总是使用相同的传输路径。而且线路为租用方所独享。

② FX 线路可以使长途呼叫听起来和本地呼叫一样。使用 FX 不是按照外部呼叫的次数来收费而是按月付费,并且使用 FX 线路时,要平衡好降低成本和确保高质量服务之间的关系。

③ OPX 用于分布环境,如一个城市的政府部门,和离 PBX 距离较远的一些设施,这时不适合使用普通电缆。它租用的线路连接 PBX 和楼外地点就像是 PBX 的一部分,通过它能使用 PBX 的所有功能。

(3) 交换传输业务

交换传输业务主要有公用交换传输业务和专用交换传输业务:

① 公用交换传输业务包括市话呼叫、长途呼叫、免费呼叫、国际呼叫、辅助查号、协助呼叫和紧急呼叫。

② 专用交换传输业务是在用户端设备(CPE)和传输上进行配置后才能使用。基于CPE 的业务允许在 PBX 上增加电话系统的功能,称作电子汇接网。通过使用载波交换专用业务,集中式小交换机用户可以对多个市话交换机进行分割和性能扩展,这样可以在这些位置间转接业务。

(4) 虚拟专用网业务(VPN)

VPN 起源于电路交换网,前身是 20 世纪 80 年代早期,AT&T 的软件定义网络

(SDN)。VPN 是一个概念,而不是技术平台或某种网络技术。它定义了一种网络,在这种网络中,共享业务服务设备的用户流量是各自独立的,共享的用户越多,成本就越低。VPN 的目的是降低租用线路的高额成本,同时提供高质量的服务并保证专用流量。

VPN 基础设施包括载波公用网、网络控制点和业务管理系统。计算机可以控制通过网络的流量,使 VPN 用起来像专用网一样方便。可以通过专用接入、线路租用和载波交换接入等方式接入 VPN。网络控制节点是用户专用 VPN 信息的集中式数据库,可以对呼叫进行过滤并根据用户的要求进行呼叫处理。业务管理系统用于建立和维护 VPN 数据库,还允许用户编程来实现自己的特殊应用。这样 VPN 就成为 PSTN 领域中一种建立专用语音网的低成本方式。

(5) 增值业务

凭借公用电信网的资源和其他通信设备而开发的附加通信业务,其实现的价值使原有网路的经济效益或功能价值增高,故称之为电信增值业务,有时称之为增强型业务。

增值业务广义上分成两大类:一是以增值网(VAN)方式出现的业务。增值网可凭借从公用网租用的传输设备,使用本部门的交换机、计算机和其他专用设备组成专用网,以适应本部门的需要。例如租用高速信息组成的传真存储转发网、会议电视网、专用分组交换网、虚拟专用网(VPN)等。二是以增值业务方式出现的业务。是指在原有通信网基本业务(电话、电报业务)以外开发的业务,如数据检索、数据处理、电子数据互换、电子信箱、电子查号和电子文件传输等等业务。

在增值业务中,一些业务可以由终端设备或交换设备来提供,例如录音电话和缩位拨号。而另一些业务则需要采用智能网设备或其他设备,不仅需要对信息进行基本的传输和交换,而且还需要对这些信息进行一些智能化的处理,比如对信息进行存储和处理,根据不同条件选择不同的呼叫,按要求进行多种方式的计费等等。这种业务称为智能业务。智能业务和非智能业务并没有严格的界限。

目前我国电信网上开放的增值业务主要分为电话业务和非电话业务,其中电话业务有:

① 被叫集中付费业务(800 号业务)。一些大的公司为了招揽生意,向其用户提供免费呼叫,通话费记在被叫用户的账上。

② 呼叫卡业务。呼叫卡业务的用户需要先向通信公司申请一个账号,存入一定数额款项后即可以使用任何一部电话进行呼叫,通话费从其账号上扣除。

③ 虚拟专用网业务。虚拟专用网是通过公用网来提供专用网的特性和功能。

④ 附加计费业务。这种业务是针对那些通过电话网向用户提供有偿信息服务的业务提供者。这种业务可以根据业务的性质收费,附加计费业务的附加收费除了少部分作为通信公司的服务费,大部分归业务的提供者。

⑤ 个人号码业务。智能网可以给用户分配一个个人号码,用户可以将所处位置的电话的电话号码与这个个人号码绑定,这样其他用户只要拨打这个个人号码就可以接通被绑定的电话。

电话业务还有通用号码业务、联网应急电话业务、大众呼叫业务、被叫付费呼叫转移业务以及一些个人化业务等等。彩铃就是个人化业务中一个最好的应用。

非电话的增值业务有：

① 电子信箱。也称电子邮件。电子信箱为用户提供存取、传送文电、数据、图表或其他形式的书面信息，它通常通过分组交换数据网传送，也可通过电话网或用户电报网来实现。

② 可视图文。这种业务通过公用电话网与分组交换网上的数据库互连，可以按需检索各类文字、图像（彩色）信息，也可用作电子信箱的终端设备。

③ 电子数据互换（EDI）。是采用计算机按照规定的格式和协议进行贸易或信息交换的手段，故也称之为"无纸贸易"。

④ 传真存储转发。是通过计算机将用户的传真信号进行存储、转发或检索，为用户提供高性能的传真业务。通常利用专线或公用分组网为电话网上的用户提供遇忙重发、多址或广播传送、定时投送、语音提示查询以及传真/电传转换等业务。

⑤ 在线数据库检索。是通过电信网络将数据终端或 PC 机与各种信息数据库相连，在检索软件的支持下，用户可方便、迅速地获取所需要的信息和数据。

⑥ 国际互联网（Internet）。它是全球最大的计算机互连网，也是属于利用现有通信网络和计算机资源开放的增值业务，用户可通过电话网、公用分组交换网、电子信箱系统或专线方式进入中国互联网 Chinanet，与国内外互联网的用户通信。在该网上可以为用户提供电子信箱、文件传送、数据库检索、远程信息处理、资料查询、多媒体通信、电子会议、图像传输等服务。

⑦ 语音信息业务。以语音平台为用户提供语音信息业务，如 160 台人工辅助的信息台、168 台自动声讯服务、166 台语音信箱，服务范围遍及新闻、体育、科技、金融、证券、房地产、医疗保健、娱乐、交通、购物指南、旅游、人才交流、热点追踪等各方面。

其他还有电视会议、视频点播（VOD）等等一些新型增值业务也正在蓬勃发展中。

6.2 信令与信令网

信令系统是通信网的重要组成部分，在电话的自动接续过程中，必须有一套完整的控制系统，这套控制系统就是信令系统，它在电话网中起着指挥、联络、协调的作用，以确保整个通信网有条不紊地运转。

6.2.1 信令系统概述

1. 信令的基本概念

信令指通信网中的控制指令，是控制交换机动作的信号和语言。信令系统指完成上述控制过程的控制信号的产生、发送、接收的硬件及操作程序的全体。信令方式指信令在传送过程中必须遵守的规约和规定的集合，内容包括信令的结构形式、传送方式和控制方式。

下面以市话中两个用户之间的电话接续为例说明信令在电话网中是如何起作用的。如图 6-3 所示。

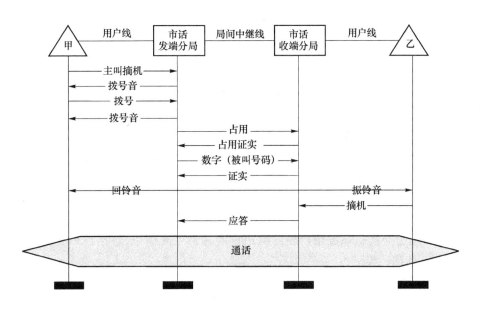

图 6-3 市话呼叫接续示意图

甲为主叫用户,乙为被叫用户,当主叫用户摘机时,用户线的直流环路接通,向发端分局的发端交换机发出"主叫摘机"信令。发端交换机在收到"主叫摘机"信令后,对主叫用户的用户数据进行分析,然后根据用户话机的类型将该用户线接到相应的收号设备上,接着向主叫用户发送拨号音。主叫用户在听到拨号音后,可以开始拨被叫用户号码。发端交换机在收到主叫用户拨的电话号码后,进行分析,当确定这是一个出局呼叫时,选择一条到收端分局中的终端交换机的空闲中继线,发出"占用"信令占用这条中继线。终端交换机收到"占用"信令后,就将该中继线接到收号设备上,并向发端交换机发送"占用证实"信令。发端交换机收到"占用证实"信令后,就向收端交换机发送被叫号码。收端交换机收到被叫号码后,先向发端交换机发送一条"证实"信令,然后对被叫号码进行分析,发现被叫用户空闲时,就建立连接,向被叫用户振铃,并向主叫用户送回铃音。当被叫用户摘机后,用户线直流环路接通,被叫用户向收端交换机发送"摘机"信令,然后收端交换机向发端交换机发送"被叫应答"信令,并启动计费。至此话路接续完毕,甲和乙用户可以开始通话。

从这个例子可以看出,为了使各个设备之间可以协调动作,共同完成某项功能,必须在各设备间传送相关的信令。信令主要具有:监视处理摘机、挂机信号;标识用户;向用户提供有关呼叫状态信息和网络管理(用于网络的维护、错误检修以及网络的整体操作)等功能。

2. 信令的分类

信令的分类方法有很多,常用的主要有以下几种:

(1) 按信令的传送区域来分类

① 用户线信令:用户线信令是指用户和交换节点之间的用户线上传送的信令,它主要分为三类:

* 监视信令——反映用户话机的摘、挂机状态。

- 地址信令——用户话机向交换机发送的被叫号码。地址信令又可以分为直流脉冲信令和双音多频(DTMF)信令。
- 铃音和信号音——交换机向用户发出的信号,来通知用户接续的结果。

② 局间信令:交换节点之间或交换节点和网管中心、数据库之间传送的信令。这种信令要比用户线信令复杂很多。

(2) 按信令的功能分类

① 监视信令:反应用户线或中继线的状态变化,用于用户线的监视信令称为用户线状态信令,用于中继线的监视信令称为线路信令。

② 选择信令:由主叫用户发出的被叫用户号码,即被叫的地址信息,又称为地址信令。

③ 音信令:是交换机通过用户线发给用户的各种可闻信令,包括拨号音、忙音、振铃信号、回铃音、催挂音等。

④ 维护管理信令:仅在局间中继线上传送,在通信网的运行中起着维护和管理作用,以保证通信网能有效地被使用。

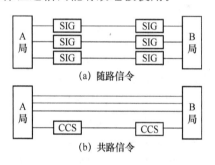

图 6-4 随路信令和共路信令

(3) 按信令的传输方式分类

① 随路信令:使用传送话音的信道来传送各种信令,即信令与话音在同一条通路中传送。如图6-4(a)所示。

② 共路信令:将信令通路与话音通路分开,把各种信令集中在一条专用的双向数据链路上传送,是一种公共信道信令方式。No.6 信令和 No.7 信令都是公共信道信令系统。如图 6-4(b)所示。

6.2.2 No.7信令系统与信令网

1. No.7 信令系统的概述

最开始电话网采用的是随路信令,但是由于随路信令速度慢、信息容量小以及在通话期间不能传递信令,因此出现了公共信道信令技术。公共信道信令技术是将通话信道和信令信道相分离,采用分组交换技术,在单独的数据链路上以信令消息单元的形式集中传送所有话路的信令信息。

1968 年,CCITT 提出第一个公共信道信令系统,也就是 No.6 信令系统,它主要用于模拟电话网。1980 年黄皮建议书提出了信令系统的总体结构和消息传递部分(MTP)、电话用户部分(TUP)和数据用户部分(DUP)的相关建议,从而建立了 No.7 信令系统技术规程。接着,1984 年红皮建议书,提出了信令连接控制部分(SCCP)和综合业务数字网用户部分(ISUP)的相关建议。1988 年蓝皮建议书,提出了事务处理能力应用部分(TCAP)和系统测试规范。

No.7 信令系统是一个专用的计算机通信系统,用来在通信网中的各种控制设备之间传送各种与电路有关或无关的控制信息,它具有如下特点:

（1）信令传送速度快、信令容量大；

（2）具有提供大量信令的潜力及具有改变和增加信令的灵活性；

（3）可靠性高、适应性强；

（4）适合将来多种新业务发展的需要。

No.7 信令系统采用了功能模块化的结构，由一个公共的消息传递部分和各种应用部分组成，因此它可以满足多种通信业务的要求，目前主要的用途有：

（1）传送电话网的局间信令；

（2）传送电路交换的数据网的局间信令；

（3）传送 ISDN 网的局间信令；

（4）传送智能网信令；

（5）传送移动通信网信令；

（6）传送管理网信令。

2．No.7 信令网的体系结构

No.7 信令网是一种公共信道信令网，它的基本特点是传输话音的通道和传送信令的通道相分离，将这些单独传送信令的通道组合起来就成了信令网。信令网是由 No.7 信令本身的传输和交换设备构成的，是一个专门用来传输信令的计算机网络。它的控制对象是一个电路交换的电话网，并且叠加在这个电话网络之上。信令是一种特殊的数据，专门用来控制电话网的呼叫接续，因此有人将信令网比喻成电话网的神经系统。电话网与信令网的对应关系如图 6-5 所示。

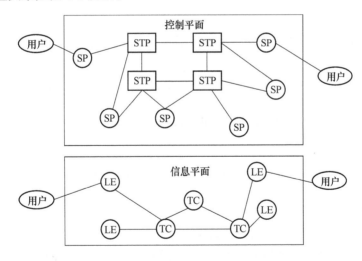

图 6-5 No.7 信令网与电话网的对应关系

（1）No.7 信令网的组成

No.7 信令网由信令点（SP，Signaling Point）、信令转接点（STP，Signaling Transfer Point）和信令链路（SL，Signaling Link）组成。

① 信令点（SP）：如图 6-6（a）所示，信令点是处理控制消息的节点，包括信令消息的源点（产生消息的信令点）和目的点（消息到达的信令点）。两个信令点所对应的用户部分之

间如果有直接通信的可能,就称这两个信令点之间有信令关系。

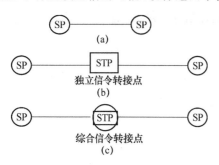

图 6-6 信令点与信令链路

② 信令转接点(STP):信令转接点具有转接信令的功能,能将信令消息从一条信令链路转送到另一条信令链路。它包括独立信令转接点和综合信令转接点。独立型 STP 只具有转发信令的功能,如图 6-6(b)所示;而综合型 STP 除了具有转发信令的功能外,还具有产生信令和处理信令的功能,如图 6-6(c)所示。

③ 信令链路(SL):信令链路是连接信令点或信令转接点的数据链路。直接连接两个信令点的一束信令链路构成一个信令链组。由一个信令链组直接连接的两个信令节点称为邻近信令节点,非直接连接的信令节点称为非邻近节点。信令链路有窄带和宽带两种。

(2) 信令系统的工作方式

No.7 信令网的工作方式是指信令消息所走的链路与消息所属的信令关系之间的对应关系。根据话音通路与信令链路的关系划分为:直连工作方式和准直连工作方式。如图 6-7 所示。

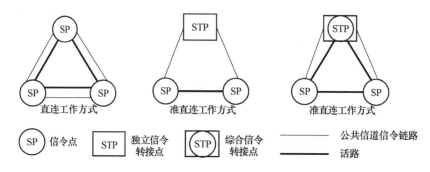

图 6-7 直连/准直连信令链路

① 直连工作方式

两个信令点之间的信令消息,通过直接连接两个信令点的信令链路进行传递,称为直连工作方式。

② 准直连工作方式

属于某信令关系的消息,经过两个或多个串接的信令链路传送,中间要经过一个或多个信令转接点,但是通过信令网的消息所走的链路是预先确定的,并且在一定时间内是固定的,这种方式称为准直连工作方式。

(3) 信令网的结构

信令网按照结构可以分为无级信令网和分级信令网。

① 无级信令网

无级信令网是指信令网的节点中未引入信令转接点,所有的信令点间都采用直连方式工作。由于每个信令点之间都必须相互通信,因此就需要有信令链路,这些信令链路形成一种网状网的结构。它的优点是路由比较多,时延短。但是当网络中的信令点很多的时候,就需要非常多的信令链路。因此无级信令网方式不适合在实际中使用。

② 分级信令网

分级信令网是指在信令网中引入了信令转接点。这些信令点之间采用准直连方式工作。信令网的级数与信令点的个数和信令网的冗余度等因素相关。引入一级信令转接点的网络称为二级信令网,引入两级信令转接点的网络称为三级信令网。

分级信令网的特点是:网络容量大;信令传输只需经过有限个 STP 转接,传输时延不大;网络的设计和扩充很简单。

(4) 分级信令网的连接方式

① 一级 STP 间的连接方式

在这里指的是二级信令网中的 STP 或三级信令网中的 HSTP 的连接方式,通常有网状连接方式和 A、B 平面连接方式。

a. 网状连接方式

如图 6-8(a)所示,在网状连接方式下,STP 都有直达信令链路,在正常情况下,STP之间的信令连接不经过其他 STP 的转接。

b. A、B 平面连接方式

如图 6-8(b)所示,A、B 平面是网状连接的一种简化形式。该方式在 A、B 平面内各自组成网状连接,而 A、B 平面之间则采用成对的 STP 相连。在正常情况下,同一平面内的 STP 间连接不经 STP 转接,在故障情况下需经不同平面的 STP 转接。

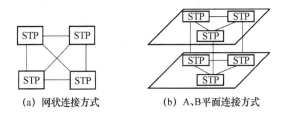

(a) 网状连接方式　　　　　(b) A、B平面连接方式

图 6-8　一级 STP 间的连接方式

② 信令点和信令转接点之间的连接方式

信令点和信令转接点之间的连接方式分为固定连接和自由连接两种方式。

a. 固定连接方式

如图 6-9(a)所示,固定连接是在本信令区内的信令点采用准直连方式,必须连至本信令区的两个信令转接点。这样到其他信令区的准直连方式必须至少经过两个信令转接点转接。出现故障时,信令全部负荷倒换至本信令区的另一个转接点。如果两个信令转接点发生故障,就会中断信令。它的优点是信令链路选择种类少,设计和管理也较简单。

b. 自由连接方式

如图 6-9(b)所示,自由连接方式的特点是在本信令区的信令点可以根据它到各个信令点的业务量大小自由连接到两个信令转接点。其中一个为本信令点区的 STP,另一个

STP 可以是其他信令区的。这样,位于两个信令区的两个信令点之间可以只经过一个 STP 转接。当本信令区的一个或两个 STP 发生故障时,信令业务都可以不中断。

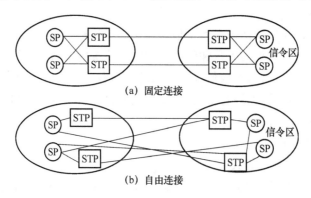

(a) 固定连接

(b) 自由连接

图 6-9 信令点和信令转接点之间的连接方式

(5) 信令网的编址方案

在信令网中对每个信令点分配独立于电话网编号的编码,供信令消息在信令网中选择路由使用。为了便于信令网的管理,国际信令网和各国国内信令网彼此独立,国内信令网采用全国统一的编号。

信令网编址方案如下:

① 国际信令网编码方案

ITU-T 在 Q.708 建议中规定了国际信令网信令节点的编码计划。国际信令网的信令点编码采用 14 位的二进制数进行编码,采用三级的编码结构,如图 6-10 所示。

N M L	K J I H G F E D	C B A
大区识别	区域网识别	信令点识别
信令区域网编码(SANC)		
国际信令点编码(ISPC)		

其中我国为 4-120(大区编码为 4,区域网编码为 120)

图 6-10 国际信令网信令点编码格式

其中大区识别码是用来识别世界编号大区,用 NML 三位码来标识;区域网识别用来识别世界编号大区内的区域网,用 K 至 D 八位码来标识;信令点识别用来识别区域网内的信令点,用 CBA 三位码来标识。其中,N 至 D 这十一位码称为信令区域网编码(SANC),每个国家至少占有一个 SANC。SANC 用 Z-UUU 的十进制来表示,Z 为大区识别,UUU 为区域网识别。我国大区号为 4,区域网编码为 120,因此我国的 SANC 为 4-120。

② 各国国内信令网编码方案

各国国内信令网根据各自的具体情况可以采用独立的编址方案,其中我国的国内信令网采用 24 位的信令点编址方案,参见图 6-11。

图 6-11 我国的国内信令网编码格式

我国 No.7 信令点的 24 位编码包含三部分：主信令区编码、分信令区编码和信令点编码，各部分均为 8 位。其中主信令区原则上以省、直辖市、自治区为单位编排；分信令区以省、自治区的地区、地级市或者直辖市的汇接局为单位编排。

6.3 智能网

随着增值业务需求的快速增长，通信网络的智能化和向各类用户提供先进、灵活、适用的智能化业务已成为电信系统发展的重点。智能网技术将网络的业务呼叫交换功能和业务控制功能彻底分离，并且将业务的执行环境独立于具体业务的提供，可以方便、快速、灵活地为用户提供传统方式难以提供的业务，并且可以扩大所提供业务的范围，还可以允许用户自己管理业务。

6.3.1 智能网概述

1. 智能网产生的背景

为了使用户能够方便、灵活地达到通信的目的，电信网不再局限于向用户提供传统的电话和电报业务，而是大力发展各种增值业务，比如，新的话音业务（话音邮箱、声讯服务等）、移动通信业务、数据业务、图文业务等等。有些增值业务不仅要求网络具有传递、交换信息的能力，还要求对信息进行存储、处理和灵活的控制。而传统的交换机在提供这些增值业务的时候有很多局限性：业务准备周期长、业务使用范围小、业务处理能力差，甚至无法提供有些增值业务，因此就产生了智能网来更好地为用户提供这些增值业务。

智能网（IN，Intelligent Network）的思想起源于美国。20 世纪 80 年代初，AT&T 公司就采用集中数据库方式提供 800 号（被叫付费）业务和电话记账卡业务，这是智能网的雏形。后来，国际电联 ITU-T 在 1992 年公布了 Q.1200 系列建议，即智能网能力集 1（CS1），正式命名了智能网一词。20 世纪 80 年代中期，Bellcore 开发了第二代 IN，称为高级智能网（AIN），它把业务逻辑转移到交换机外部独立的 SCP 上。此后，ITU-T 又完成了 IN CS-2，CS-3 建议的制定，并于 20 世纪末启动了 IN CS-4 的研究计划。在针对移动通信网方面，ETSI 于 1997 年推出了用于 GSM 移动智能网的 CAMEL1 建议。TIA 于 1999 年 4 月推出了基于 CDMA 的无线智能网协议 WIN。

世界上其他许多研究机构，如 IETF，TINA 组织等，在智能网技术的研究方面也都取得了重大进展。近年来，随着软交换技术的出现和网络融合的趋势，架构在异构网络之上的下一代智能网——面向公众的、开放的通信业务支撑网络已成为人们关注的新热点。

2. 智能网的基本概念

智能网是在现有交换与传输的基础网络结构上，为快速、方便、经济地提供电信新业务（或称增值业务）而设置的一种附加网络结构。智能网提供新业务的突出优点是可以做到快速、经济和方便。由于智能网技术有标准模型约束,系统的实现可以独立于将要生成的新业务,且有标准通信协议支持产品的互联,从而为快速提供新业务创造了基础条件。

智能网的目标是为现在、未来的所有通信网络服务,不断为各种网络提供满足用户需要的新业务。智能网的基本思想是将传统交换机的交换功能和业务控制功能分离,在交换网上设置一些新的功能部件,原有交换机仅完成基本的接续功能,所有新业务的提供和控制由这些功能部件协同原有交换机共同完成。这样,网络就可以快速、灵活、方便地产生各种新的电信业务。

3. 智能网与现有通信网的关系

IN 是建立在所有通信网之上的一种体系结构化的概念,它是叠加在现有通信网之上的一种网络,可以为包括电话网在内的现有电信网提供增值业务。智能网既可为现有的电话网(PSTN)、综合业务数字网(ISDN)提供服务,也可以为陆地移动通信网(GSM、CDMA等)、宽带综合业务数字网(B-ISDN)提供服务。通常,将叠加在 PSTN/ISDN 网上的智能网称为固定智能网,将叠加在陆地移动通信网上的智能网称为移动智能网,将叠加在 B-ISDN 网上的智能网称为宽带智能网。

6.3.2 智能网的概念模型

IN 的概念从出现至今,一直都在变化之中,虽无准确的定义,但人们对它的目标是明确的,可用下述四个方面描述:

(1) 能快速引入新业务和生成新业务;

(2) 扩大业务范围,除传统的话音及数据业务外,还能承载如信息业务、宽带业务、多媒体业务等;

(3) 兼容各厂商的设备,使业务能在任意厂家的设备上正确而一致的工作;

(4) 现有网络必须较好地与未来网络相兼容。

根据上述目标,IN 应具有下述特征:

(1) 立足电信网络资源,广泛使用信息处理技术;

(2) 标准网络功能的重用,保证业务的建立与实现;

(3) 在物理实体中,可灵活配置可重用的模块化网络功能;

(4) 通过与业务独立的接口,实现网络功能之间通信的标准化;

(5) 业务提供可通过网络功能的组合而合成业务;

(6) 业务逻辑的标准化管理。

智能网的结构应该适应不断增长的业务需求和不断出现的新技术而不断的改变,但是智能网的概念模型必须长期保持一致,以保证每一个发展阶段的新的标准都向后兼容。从而使得智能网能够平滑地演进。1992 年 ITU-T 依据上述要求,在 Q.1200 系列建议中提出了 IN 的概念模型(INCM,Intelligent Network Conceptual Model),其中 INCM 由四个平面组成,详见图 6-12。

INCM 本身并不是一个体系结构,而只是设计和描述智能网体系结构的一种综合的、规范的框架。INCM 运用了层次化、结构化及面向对象等原理和技术,将智能网用一个四层平面模型来表示,每个层面代表从不同角度所提供的网络能力。这四个平面从上至下依次为:业务平面、全局功能平面、分布功能平面和物理平面。

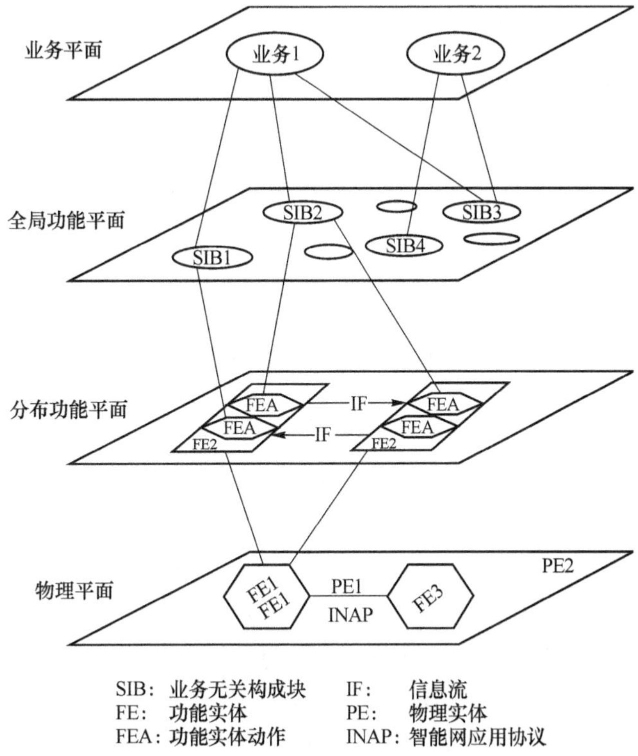

SIB: 业务无关构成块	IF: 信息流
FE: 功能实体	PE: 物理实体
FEA: 功能实体动作	INAP: 智能网应用协议

图 6-12　智能网的概念模型

(1) 业务平面:提供描述 IN 的业务及其属性,但不包括业务实现的任何信息。

(2) 全局功能平面:提供支持业务平面上的业务功能集合。该平面上的网络被视为一个与业务独立的能力实体集 CS。包括呼叫处理模型和业务独立的组合块(SIB)。业务逻辑表示所有业务,由此配置 SIB 并形成业务。

(3) 分布功能平面:提供功能实体集合(FE)、FE 的有关活动(FEA)以及 FE 之间的关系,用于支持全局功能平面的功能集的实现。也就是说用分布式网络观点描述 IN。

(4) 物理平面:它表示 IN 的物理构成,由多个物理实体组成。每个物理实体上由上一层中的一个或多个功能实体组成。是支持 IN 功能和协议的基础。

6.3.3　智能网的结构

智能网系统中的主要设备包括:业务控制点(SCP,Service Control Point)、业务交换点(SSP,Service Switch Point)、业务管理系统(SMS,Service Management System)及其管理接入终端(SMAP,Service Management Access Point)、业务生成环境(SCE,Service Creation Environment)和独立智能外设(IP,Intelligent Peripheral)等。如图 6-13 所示。其中,SCP 负责业务逻辑的执行,SSP 负责智能业务的接入,SMS 负责业务管理和部署,SCE 以图形化的方式支持用户使用装载在 SCP 中的业务构件创建新业务,IP 提供语音提示、拨号接收和文-语转换等外部资源。

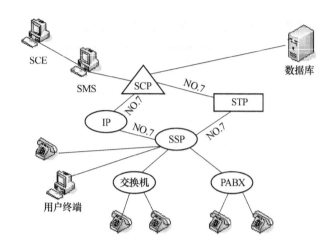

图 6-13　智能网的结构图

（1）SSP：SSP 实现呼叫处理功能和业务交换功能。呼叫处理功能具有接受用户呼叫、执行呼叫建立和呼叫保持等基本接续功能。业务交换功能则能够接收、识别出智能业务呼叫并向业务控制点报告，进而接收业务控制点发来的控制命令。

（2）SCP：SCP 是一实时数据处理系统，它是智能网的核心功能部件。其任务是接收来自 SSP 的查询信息，通过数据库完成网络有关处理（路由选择和确认），并向相应的 SSP 发出呼叫处理指令，通过 No.7 信令链路连接到 SSP，SSP 提供的所有的业务控制均集中于此。

（3）STP：STP 实际上是 No.7 信令网的组成部分，它负责 SSP 和 SCP 之间的信号联络。

（4）IP：它是一个物理实体，如语音识别和双向多频（DTMF）数字收集等。

（5）SMS：它是 IN 的管理机构，完成业务逻辑定义、业务管理、用户数据管理、业务监测、业务量管理及应用数据管理等任务，与网络中有关的业务逻辑节点相连接。

（6）SCE：它支持 SCEF 功能，提供业务定义、验证及测试等功能。

下面用 800 号业务来说明智能网的工作过程，如图 6-14 所示。

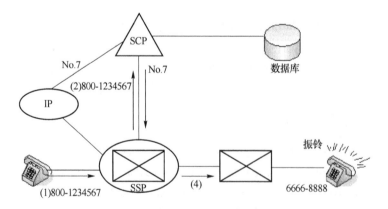

图 6-14　800 业务流程示例

免费电话业务（FPH），又称 800 号业务，它是一种被叫方付费业务。在 800 业务中，用户由管理业务部门分配给一个特定号码，这个号码共有 10 位，前 3 位是 800。这组号码存储在 SMS 中,成为用户记录,SMS 向与它相连的所有 SCP 广播这些用户记录。当主叫拨打 800 号码时,在 SSP 中被截获,然后 SSP 向 SCP 查询 800 号码,当 SCP 收到这个呼叫处理请求时,就查询数据库,将呼叫信息(如主叫号码、时间、日期等)与用户记录比较,确定合法呼叫并将译码后的真正被叫号码返回给 SSP,然后 SSP 负责按照真正的号码连接被叫。

6.3.4 智能网的标准

智能网首先在固定网上取得成功,既方便了用户,又为电信运营商带来了丰厚的利润。借鉴智能网在固定网上的成功经验及相关技术,智能网在移动网上的应用也发展迅速。随着 IP 网的广泛普及,智能网与 IP 网的融合已经成为下一代智能网的发展方向和研究热点,目前已经引起业界的广泛关注。

1. 固定智能网的标准

通常,叠加在 PSTN/ISDN 网络上的智能网系统被称为固定智能网。固定智能网的实现基于 ITU-T 的 CS-X 标准,ITU-T 从 1989 年开始着手制定智能网的国际标准,标准制定是分阶段进行的,到目前为止已定义了 4 个阶段。每一阶段的标准从智能网的业务能力和网络能力两方面对前一阶段的标准进行增强,即规定了各阶段的能力集(CS),分别为 CS1、CS2、CS3 和 CS4。

(1) IN CS1

ITU-T 标准 IN CS1 中定义了当前具有高度商业价值的 25 种业务和 38 种业务属性。这些业务的功能主要集中在灵活的路由、付费及用户交互作用等业务上。

从这些业务的操作属性上看,可分为 A、B 两类:A 类业务由一个单一用户唤起,且只影响一个用户,它的特征是单用户、单端点、单点控制以及单承载能力;B 类业务可以由多个用户唤起,并直接影响多个用户。CS1 中的大部分业务属于 A 类业务,这类业务风险度低,不会明显影响现存技术。比如 800 号业务和 VPN。

(2) IN CS2

1997 年 ITU-T 又制定了 IN CS2 建议。IN CS2 除了支持 IN CS1 的全部业务和属性外,又提出了 16 种电信新业务和 64 种业务属性。IN CS2 增加了 IN 间的互连功能,呼叫无关的辅助控制功能,呼叫过程中的呼叫方控制功能和增强的独立智能外设等。IN CS2 建议主要考虑了网间增值业务、移动业务、多方呼叫等业务的应用,并首次对 IN 的管理、业务的生成提出了一些功能要求。

(3) IN CS3

正在形成的能力集 3(IN CS3)是 CS2 的进一步发展,其研究预计分为 CS3.1 近期目标(1997~1998 年)和 CS3.2 中长期目标(1999~2000 年)两个阶段。CS3.1 的目标业务除支持 CS2 业务外,还支持三类业务:移动业务、B-ISDN 业务和多网络支撑的 IN 业务,CS3.1 仅支持有限的宽带业务。CS3.2 是一个长期目标,它的目标业务是真正的多点间连接的宽带多媒体业务,它的呼叫模型将考虑 B-ISDN 呼叫和承载连接分开的概念,并将引入 B-ISDN 的功能实体,真正做到同 B-ISDN 的综合。

ITU-T 的 11 组于 1998 年 5 月召开会议,决定将智能网 CS 3.1 定义为智能网 CS3,

智能网 CS3.2 定义为智能网 CS4。智能网 CS3 标准于 1999 年初推出,它基本上沿用智能网 CS2 的体系结构,对智能网 CS2 的体系结构和呼叫处理模型未做大的改动。智能网 CS3 的研究内容包括对智能网 CS2 能力的加强、智能网与因特网的综合以及智能网支持移动的第一期目标等。

(4) IN CS4

智能网 CS4 的研究内容包括智能网与 B-ISDN 综合、智能网支持移动的第二期目标(加强宽带移动网上的基本业务及通用个人通信、虚拟专用网、被叫集中付费等业务;实现虚拟归属环境(VHE)的所有功能;全面支持 IMT-2000 等)。智能网 CS3 和智能网 CS4 的其他研究内容:智能网的互连问题、多点控制、流量控制、安全问题。同时 CS3 和 CS4 阶段都将增加 IN 与 Internet 结合的业务。

2. 移动智能网的标准

移动智能网是智能网技术在移动通信网中的应用。移动智能网分为两类:基于 GSM 的移动智能网和基于 CDMA 的移动智能网。随着移动通信的迅猛发展和市场竞争日益集中于业务竞争和服务竞争,能够快速、灵活地提供移动智能新业务的移动智能网技术在国际电信领域得到了广泛关注和迅速发展。由于移动通信网中终端用户的移动性,使得移动智能网业务的执行和管理比固定智能网中的业务更为复杂。

在 ITU-T 的智能网标准 IN CS1 阶段尚没有涉及对移动智能网中提供智能业务的支持,在 CS2 阶段给出了有关个人移动性和终端移动性的一些属性,对移动性业务的全面支持的研究则在 CS3、CS4 阶段中进行。为适应移动通信市场对移动智能业务的迫切需求,ETSI、ANSI 等标准化组织分别推出了针对 GSM 及 CDMA 网络的移动智能网标准 CAMEL(Customized Application for Mobile Network Enhanced Logic)和 WIN(Wireless Intelligent Network)规范,并随着移动通信系统向 2.5 G、3 G 的演进不断进行规范的演进。目前国际上在线的商用移动智能网系统大部分都是遵循这两种规范建设的。

(1) CAMEL

对于 CAMEL 各个阶段的接口规范主要还是以 ITU-T 的接口协议为基础,CAMEL1 和 CAMEL2 的接口规范都是 ITU-T CS1 接口协议的子集,只是 CAMEL 的接口协议中增加了移动用户所特有的一些参数。

对于 CAMEL1 的技术规范所规定的功能较少,在 CAP(CAMEL 应用部分)中只包含 7 个操作,没有用户的交互等功能;对于 CAMEL2 的技术规范所包含的内容与 ITU-T 的 CS1 的内容大体相同,只是缺少一些话务量管理和业务量管理的功能;对于 CAMEL3 的技术规范则在 CAMEL2 的基础之上增加了很多功能,例如对短消息、GPRS、USSD 等的支持等。

(2) WIN

CDMA 的 WIN 系列协议是在 CS2 基础上定义的。WIN 系统的研究也是分阶段的,第一阶段提供的业务主要有来话呼叫筛选等业务,而第二阶段主要有预付费业务等。WIN 的发展是第二代移动通信向第三代移动通信演化的过程,同时第三代的发展也对 WIN 的发展提出了要求,而 WIN 的分布功能平面中所定义的与移动性有关的功能实体正是第三代移动通信(IMT-2000)网络功能结构的一个子集。CDMA WIN 系统的标准主要有：

① IS771：无线智能网的技术要求；

② PN4287：提供预付费业务的无线智能网能力。

3. 智能网的 PINT 技术（协议）

PINT 技术可以将 Internet 资源和电话业务综合起来，不仅标准化了从 Internet 接入到智能网 SCP 的方法，而且能够开发一部分执行在 Internet 域、另一部分执行在 PSTN 域的新业务。当前已经发布了 PINT 协议版本 1，它能使基于 IP 网络的终端调用电话业务。

PINT 协议规定了所用的 SIP 协议，并对 SIP 协议和相关的 SDP 协议做了特殊扩展。由于重用了 IETF 标准和方法，它特别适合于基于 SIP 结构的 Internet 媒体会话控制。另外，由于 IETF 标准发布及时、灵活性强、可扩展性好，几乎所有主要的电信设备商和运营商都参加了 IETF 组织；而且 ITU-T SG11 已经考虑将 PINT 包含在 IN CS4 功能结构中。

6.3.5 智能网的应用

1. 智能网的组网结构

在智能网的具体实现中，它的组网结构主要有两种：嵌入网和叠加网。

（1）嵌入网

嵌入网指的是对通信网中所有的交换机都进行改造，使之具有 SSP 的功能，而且每个 SSP 均与一个 SCP 相连。使用嵌入网的方式，可以直接控制各交换局下用户的行为，这样就可以大大改善智能网的服务性能，有利于扩大智能业务的种类。图 6-15 给出了嵌入网的结构示意图。

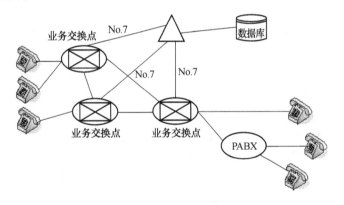

图 6-15　嵌入网结构示意图

（2）叠加网

叠加网指的是将电话网服务范围内的某种智能呼叫全部汇接至一个交换局，该交换局具有 SSP 的功能，并且与 SCP 连接。在叠加网的方式下，必须为每种智能业务规定一个特殊字头。

叠加网结构示意图如图 6-16 所示。采用叠加网的方式所能提供智能业务的性能和种类要受到信令系统以及编号资源的限制，但是这种方式的投资小、速度快。在一个城市设立一个或几个处理智能业务的汇接中心就可以提供智能业务。

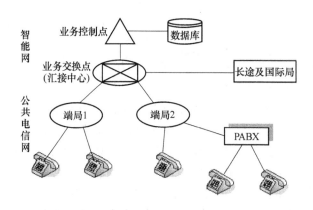

图 6-16 叠加网结构示意图

2. 智能业务的不同实现方式

目前智能业务的提供方式主要有:传统方式、智能平台方式和智能网方式。

(1) 传统方式

用传统方式实现智能业务的方法是:每增加一种新业务的时候,在交换机中增加一块新软件。由于交换机的数量庞大,型号多种多样,因此对所有交换机中的软件不断更新的工作量很大,还会使交换机的稳定性下降;同时这些软件很难维护,而且不同厂家的软件之间的互通性很差,因此采用这种方法提供智能业务的成本很高、可靠性差,而且周期很长。

(2) 智能平台方式

智能平台是提供智能业务的一种暂时过渡形式,它将业务交换、业务控制和语言处理等功能都集中在一个平台之上。与传统方式相比,可以大大缩短业务提供周期。但是它的每种业务单独编写一段程序放在智能平台的控制部件中,软件的重用性比较差;各个功能模块之间的接口不规范很难互连互通;业务由各个平台提供和控制使业务的改变、管理和撤销过程变得很复杂。

(3) 智能网方式

智能网方式是将交换和控制相分离,当需要推出新业务的时候,仅需要改变 SCP,这样就可以将业务的控制逻辑从交换中解放出来。而新业务的生成是通过可重用块(SIB)来实现的,只需要对已有的 SIB 进行组合,并且设定适当的参数,就可以产生新的业务。这大大降低了提供新业务的成本,提高了业务的可靠性和可维护性。

第7章

数据通信基础

7.1 数据通信的演变

如果一个通信系统传输的信息是数据,则称这种通信为数据通信。具体来说,数据通信是指计算机和其他数字设备之间通过通信节点、有线或无线链路进行数字信息交换。

在数据网络的发展过程中出现过很多种体系结构,其中每一种结构对网络的变化都有特定的影响。每种体系结构的业务特征、安全性和接入控制的要求都略有不同,并且在网络业务量的大小和业务的一致性方面都不同。伴随着每一种新的计算体系的出现,都有新的网络业务的需求出现。

（1）独立的大型机

20 世纪 70 年代是独立大型机的时代。当时的网络是严格的等级制,其主要应用是终端到主机的连接。在这个等级结构的底层是终端,一组这样的终端将信息汇总到一个高层的计算机(也称为集中器)。集中器负责管理进入和流出终端的业务流并调度这些业务流。同时集中器又由另一级的管理器来管理,我们称它为前端处理器,它是底层通信网络和存储在主机中的应用之间的接口。前端处理器最终要连接到存放着用户的应用的主机,结构如图 7-1 所示。

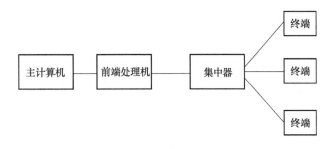

图 7-1 独立大型机的体系结构

在这个时期,某个给定的终端只能接入到其上行的主机,使用其所连接的主计算机的资源。

（2）网络大型计算机

20 世纪 80 年代初人们开始将大型机连接起来组成网络,这使得桌面上的终端设备可以接入到通过网络连接在一起的众多主机,可以称它为"多域网络"。

（3）独立的工作站

20 世纪 80 年代初期企业中开始出现独立的工作站。它们的出现并不是因为数据处理部门决定要转向使用工作站,而是由于一些精通技术的用户开始将个人的工作站带到公司,并且要求公司里的数据处理部门或者管理信息服务部门允许他们将工作站和企业的资源连接起来。

(4) 局域网

随着独立工作站开始在企业环境里盛行,我们开始研究如何真正地使用数据。研究发现,80%的信息都来自企业内部,仅有 20% 是和其他地点或其他实体交换的信息。这让商家们认识到,它们只需要有限地理范围内的网络就可以完成大部分的通信任务,于是就出现了局域网,它的工作范围被规定在一个商业地点(一座大楼或者最多是一个校园)内。

于是,网络传送数据的方式开始发生转变。在大型计算机环境中,只有单个的终端和它所连接的主机通信,这时业务量是可预测的。某个给定终端和它的主机之间的业务级别是已知的,因此我们可以对两点之间的业务量大小做出公平、充足的假设,从而进行规划和部署。

但是在局域网环境中,业务模式很难预测。例如,一个企业中在一个 LAN 上有 100 台 PC,而在另一个 LAN 上有 50 台 PC,每个 LAN 上的业务级别在一天之中都会不断变化,有时业务量非常大,有时没有业务流,有时业务流又很平稳。这种不可预测性要求网络能够灵活地处理带宽的需求,也就是说,网络可以按需分配业务带宽。

(5) 局域网互联

随着 LAN 在很多企业中的出现,就需要一种手段实现它们之间的互通,否则,就会出现很多信息孤岛,这些孤岛无法和其他部门或者是企业的异地分公司通信。LAN 的互连出现在 20 世纪 80 年代末期,随着技术不断地发展更新,出现了各种网络连接设备,例如集线器、网桥、路由器和桥式路由器,其中桥式路由器用于实现独立网络之间的互连。

(6) 因特网商业化

在 20 世纪 90 年代中期,因特网主要用于学院、研究机构和政府团体。因为它是一种很经济的数据网络方式,且适于传输基于文本的数据流,因此对学术和研究团体有很大的吸引力。直到出现万维网(WWW),因特网还主要作为学术研究的平台。

WWW 的直观图形接口和资源定位技术使得那些不懂 UNIX 的人也可以很容易地访问因特网。因特网特别适合于传送诸如电子邮件这样的业务,在这方面最后会有一个足够开放的标准,使得在采用不同系统的部门之间能够交换信息。

(7) 应用驱动网络

到了 20 世纪 90 年代中后期,出现了一些高级应用,例如视频会议、协作、多媒体和多媒体会议。这迫使我们要重新考虑网络的部署。在传统的等级式网络中,是根据设备的多少以及它们之间的距离来规划网络资源的,但是,当先进的应用开始出现时,它们通常对容量的要求较高,并且对时延或拥塞很敏感,这对网络提出了新的要求。因此,网络的结构从当初的设备驱动转向了业务驱动。

(8) 远程办公

在 20 世纪 90 年代末期,随着部门规模和开销的缩减,远程接入(或者称远程办公)开始成为员工办公的一种常用方式,它的优点是可以提高工作效率、增进士气,还可以节省出差的开销。另外,随着一些大公司缩减规模,员工们开始自己经营公司,并工作在较小的办公室或者在家办公。这种适应远程办公的结构主要为家里、宾馆里、机场和需要接入网络的任何地方提供合适的数据传送能力。这就需要专门用来鉴别和授权远端用户的设施,使用户可以接入到企业的 LAN 上,访问 LAN 上的资源。

(9) 家庭网

目前,越来越多的人选择他们自己的住所来从事专业的工作,这就需要在家里安装用于工作、教育和休闲活动的网络智能设备。因此,出现了一种新的网络,即家庭网(HAN)。

7.2　数据通信概述

1. 数据通信的基本概念

在通信领域中,信息一般可分为话音、数据和图像三大类型。数据是具有某种含义的数字信号的组合,如字母、数字和符号等。这些字母、数字和符号在传输时,可以用离散的数字信号逐一准确地表达出来,例如可以用不同极性的电压、电流或脉冲来代表。将这样的数据信号加到数据传输信道上进行传输,到达接收地点后再正确地恢复出原始发送的数据信息。

如果一个通信系统传输的信息是数据,则这种通信称为数据通信。更具体来说,数据通信是指计算机和其他数字设备之间通过通信节点、有线或无线链路进行数字信息的交换。我们知道计算机的输入输出都是数据信号,而数据通信就是以传输数据为业务的一种通信方式,因此是计算机和通信相结合的产物;是计算机与计算机,计算机与终端以及终端与终端之间的通信;是按照某种协议连接信息处理装置和数据传输装置,进行数据的传输及处理。计算机与通信相结合,克服了时间和空间上的限制,使人们可以利用终端在远距离共同使用计算机,提高了计算机的利用率,使计算机的应用范围扩大到各个社会生活领域,从而使信息化社会进一步向前推进。

为了实现数据通信,就必须进行数据传输,即将位于一地的数据源发出的数据信息通过数据通信网络传送到另一地的数据接收设备。被传递的数据信息的类型是多种多样的,其典型的应用有文件传输、语音交流、视频会议等。

2. 数据通信的特点

数据通信和电报、电话通信相比,数据通信有如下特点:

(1) 数据通信是人—机或机—机通信,换句话说,数据通信至少有计算机或数字设备参与,计算机直接参与通信是数据通信的重要特征;

(2) 数据传输的准确性要求高,需要严格的通信协议;

(3) 数据通信对差错敏感,可靠性要求高;

(4) 数据通信对时延和时延抖动不敏感;

(5) 传输速率高,要求接续和传输响应的时间快;

(6) 数据通信的突发度高,通信持续时间差异大,是一种阵发式通信。

7.3　数据通信的系统模型和功能

　　任何一个数据通信系统都是由终端、数据电路和计算机系统三种类型的设备组成的。图 7-2 是数据通信系统的基本构成。由图中可以看出,远端的数据终端设备(DTE)通过数据电路与计算机系统相连。数据电路由传输信道和数据电路终接设备(DCE)组成。如果传输信道是模拟信道,那么 DCE 的作用就是把 DTE 送来的数据信号变换为模拟信号再送往信道,或者反过来,把信道送来的模拟信号变换成数据信号再送到 DTE。如果信道是数字的,那么 DCE 的作用就是实现信号码型与电平的转换、信道特性的均衡、收发时钟的形成与供给以及线路接续控制等等。其中的传输信道从不同角度有不同的分类方法,如有模拟信道与数字信道之分,有专用线路和交换网线路之分,有有线信道和无线信道之分,有频分信道和时分信道之分等。

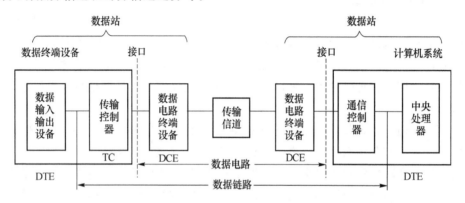

图 7-2　数据通信系统的基本构成

　　数据通信和传统的电话通信的重要区别之一是:电话通信必须有人直接参加,摘机拨号,接通线路,双方都确认后才开始通话,在通话过程中有听不清楚的地方还可要求对方再讲一遍等等。在数据通信中也必须解决类似的问题,才能进行有效的通信。但由于数据通信没有人直接参加,就必须对传输过程按一定的规程进行控制,以便使双方能协调可靠地工作,包括通信线路的连接、收发双方的同步、工作方式的选择、传输差错的检测与校正、数据流的控制、数据交换过程中可能出现的异常情况的检测和恢复,这些都是按双方事先约定的传输控制规程来完成的,具体由图 7-2 中的传输控制器和通信控制器来完成。从图 7-2 中还可看到,数据电路加上传输控制规程就是数据链路。实际上,必须在建立数据链路之后,通信双方才能真正有效地进行数据传输。由于数据链路要遵循严格的传输控制规程,使得它所提供的数据传输质量要比数据电路所提供的数据传输质量好得多。

　　每个数据网络由以下部分组成:DTE(Data Terminal Equipment)、DCE(Data Communications Equipment)和传输信道,如图 7-3 所示。传输信道是用户向运营商申请的网络服务(例如,与某个 ISP 的拨号连接)。DTE 在两点之间无差错地传输数据,它主要负责传输和接收信号以及差错控制。DTE 一般都支持端用户应用程序、数据文件和数据库。DTE 可以连接任何类型的计算机终端,包括 PC、打印机、主机、前端处理器、复用器和局域网连接设备。

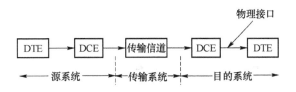

图 7-3 数据网络示意图

DCE 提供 DTE 和传输信道之间的接口。它在 DTE 和传输信道之间建立、维持和终止连接。DCE 负责确保从 DTE 出来的信号与传输信道兼容,例如,如果是模拟语音级信道,DCE 负责将从 PC 输出的数字数据转换为模拟形式,再传送到信道上。根据网络业务的不同,网络中可能会发生各种不同的转换(例如,数字到模拟的转换、电平的转换)。DCE 的信号编码就完成这些转换功能。例如,DCE 需要确定比特"1"和比特"0"所对的电平值,还要规定比特流中连续传送的"1"或者"0"的个数,如果连续传送过多的"1"或者"0",则不便于接收端同步时钟的提取,因此有可能引起传输差错。DCE 应用这些规则来完成所需要的信号转换。DCE 设备有网络终端单元、PBX 数据终端接口和调制解调器等,这些 DCE 完成相同的基本功能,但名字可能不同,这取决于它们所连接的网络业务的类型。

数据网络的另一部分是物理接口,它定义了连接器的引脚数、电缆中的线数以及缆线上和引脚上携带什么信号。图 7-3 中连接 DTE 和 DCE 的线代表物理接口。目前有很多物理接口标准存在,例如常用于异步通信的 RS-232 标准和常用于同步通信的 V.35 标准。

表 7-1 列出了数据通信系统必须完成的一些主要任务。

表 7-1 数据通信系统的主要任务

传输系统的充分利用	寻址
接口	路由选择
信号的产生	恢复
同步	报文的格式化
交换的管理	安全措施
差错检测和纠正	网络管理
流控制	

(1) 第一项是传输系统的充分利用,它指的是如何充分利用传输设施,通常这些传输设施会被多个正在通信的设备共享。有多种技术(称为复用)可在几个用户之间分配传输系统的总传输能力。为了保证系统不会因过量的传输服务请求而超载,就需要引入拥塞控制技术。

(2) 任何设备要进行通信,都必须与传输系统有接口,建立了接口,要进行通信还需要信号的产生。产生的信号的性质,如信号格式及信号强度,必须满足以下两点:能够在传输系统上进行传播和能够被接收器转换为数据。

（3）仅根据传输系统和接收器的要求生成信号还是不够的，必须在发送器和接收器之间达成某种形式的同步。接收器必须能够判断信号在什么时候开始到达，什么时候结束。它还必须知道每个信号单元的持续时间。

（4）要使双方顺利通信，除了决定信号的特性和定时这些基本要求之外，系统还要收集很多其他信息，我们将其归纳为交换的管理。如果在一段时间内数据的交换是双向的，那么双方必须合作。

（5）任何通信系统都有出现差错的可能性，比如传送的信号在到达终点之前失真过度，在不允许出现差错的环境中就需要有差错检测和纠正机制，这种情况通常发生在数据处理系统中。例如，当一台计算机向另一台计算机发送文件时，如果文件的内容被意外地改变了，这肯定是无法接受的。为了保证目的站设备不会因源站设备将数据发送得太快以致无法及时接收和处理这些数据而导致超载，就需要流控制。

（6）寻址和路由选择是两个相关但又截然不同的概念。当传输设施被两个以上的设备共享时，源站系统必须给出其目的站系统的标识。传输系统必须保证只有目的站系统才能收到数据，这就是寻址。此外，传输系统本身还可能是具有不只一条路径的网络，那么还必须在这个网络中选择某条特定的路径，这就是路由。

（7）恢复和差错纠正是两种不同的概念。当信息正在交换时，譬如数据库处理或文件传输时，由于系统某处发生了故障而导致传输中断，那么在这种情况下就需要使用恢复技术。它的任务就是从中断处开始继续工作，或者至少应该把系统被涉及的部分恢复到数据交换开始之前的状态。

（8）报文的格式化是双方必须就数据交换或传输的格式达成一致的协议。例如，双方都使用同样的二进制字符编码。

（9）在数据通信系统中采取某些安全措施常常是很重要的，发送数据方可能希望确保只有它期望的接收方才能接收到数据，而数据接收方则可能希望保证接收到的数据在传送过程中没有被改变过，且此数据确实来自正确的发送方。

（10）最后，数据通信设施是一个十分复杂的系统，它不可能自动创建或运行，于是就需要各种网络管理功能来设置系统，监视系统状态，在发生故障和过载时进行处理，并为系统进一步发展进行合理的规划。

7.4 数据传输方式

1. 单工、半双工和全双工数据传输

根据数据电路的传输能力，数据通信可以有单工、半双工和全双工三种传输方式。

（1）单工：两地间只能在一个指定的方向上进行传输，一个数据终端固定作为数据源，而另一个固定作为数据宿，如图 7-4(a) 所示，在二线连接时可能出现这种工作方式。

（2）半双工：两地间可以在两个方向上进行传输，但两个方向的传输不能同时进行，利用二线电路在两个方向上交替传输数据信息。由 A 到 B 方向一旦传输结束，为使信息从 B 传送到 A，线路必须倒换方向，如图 7-4(b) 所示。

（3）全双工：两地间可以在两个方向上同时进行传输。在四线连接中均采用这种工作方式，如图 7-4(c)所示。在二线连接中，采用某些技术（如回波消除，频带分割）也可以进行双工传输。

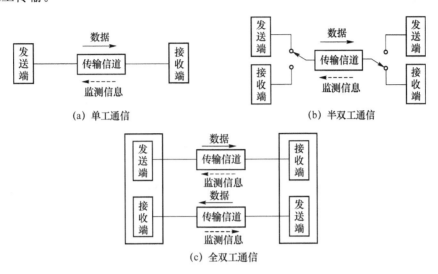

(a) 单工通信　　　　　　　　(b) 半双工通信

(c) 全双工通信

图 7-4　数据传输方式

2. 并行与串行

（1）并行传输

并行传输指的是数据以成组的方式，在多条并行信道上同时进行传输。常用的就是将构成一个字符代码的几位二进制码，分别在几个并行信道上进行传输。例如，采用 8 比特代码的字符，可以用 8 个信道并行传输，如图 7-5 所示。一次传送一个字符，因此收、发双方不存在字符的同步问题，不需要另加"起"、"止"信号或其他同步信号来实现收、发双方的字符同步，这是并行传输的一个主要优点。但是，并行传输必须有并行信道，这往往带来了设备上或实施条件上的限制，因此较少采用。一般适用于计算机和其他高速数据系统的近距离传输。

（2）串行传输

串行传输指的是数据流以串行方式，在一条信道上传输。一个字符的 8 个二进制代码，由高位到低位顺序排列，如图 7-5 所示，再接下一个字符的 8 位二进制码，这样串接起来形成串行数据流传输。串行传输只需要一条传输信道，传输速度远远慢于并行传输，但易于实现、费用低，是目前主要采用的一种传输方式。

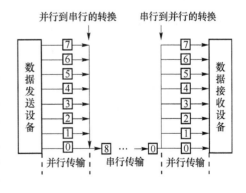

图 7-5　串行、并行数据传输

但是串行传输存在一个收、发双方如何保持码组或字符同步的问题，这个问题不解决，接收方就不能从接收到的数据流中正确地区分出一个个字符来,因而传输将失去意义。如何解决码组或字符的同步问题,目前有两种不同的解决办法,即异步传输方式和同步传输方式。

3. 同步传输与异步传输

在串行传输时,接收端如何从串行数据码流中正确地划分出发送的一个个字符所采取的措施称为字符同步。根据实现字符同步的方式不同,数据传输有同步传输和异步传输两种方式。

异步传输一般以字符为单位,不论所采用的字符代码长度为多少位,在发送每一个字符代码时,前面均加上一个"起"信号,其长度规定为 1 个码元,极性为"0",即空号的极性;字符代码后面均加上一个"止"信号,其长度规定为 1 或 2 个码元,极性皆为"1",即与信号极性相同,加上"起"、"止"信号的作用就是为了能区分串行传输的"字符",也就是实现串行传输收、发双方码组或字符的同步。字符可以连续发送,也可以单独发送;不发送字符时,连续发送"止"信号。因此每一个字符的起始时刻可以是任意的(这正是称为异步传输的含义,即字符之间是异步的),但在同一个字符内部各码元长度相等,见图 7-6(a)。

异步传输的优点是字符同步实现简单,收发双方的时钟信号不需要严格同步;缺点是对每一个字符都需加入"起"、"止"码元,使传输效率降低。例如,假设每次传送 7 比特的信息,每个字符采用一个开始比特和一个结束比特,另外,异步通信主要处理 ASCII 编码的信息,这意味着增加了第 3 个控制比特,即奇偶校验比特,这样每个字符附加 3 位控制比特,因此,传输效率只有 70%。由于异步传输效率低,所以适用于 1 200 bit/s 以下的低速数据传输中。

同步传输是在 20 世纪 60 年代末出现的,当时 IBM 制造出了智能终端。这些智能终端能够处理信息并使用一些算法,例如终端可以对消息块采用某种算法以确定其组成,并且非常方便地检测出错误。智能终端中带有缓冲器,因此可以将字符组成一个大的块,然后再一起传送。智能终端上还带有定时设备,通过它可以在一对线上将时钟脉冲从发端传到接收端。接收端将时钟锁定在该时钟脉冲的频率上,并且,每当线上出现一个时钟脉冲,就在另一根线上发送一个比特的信息。这样,接收端可以使用时钟脉冲来计算比特数,而不需要根据开始比特和结束比特来确定字符的开始和结束。同步传输每次以固定的时钟节拍来发送数据信号,因此在一个串行的数据流中,各信号码元之间的相对位置都是固定的(即同步的)。

串行数据码流中,各信号码元之间的相对位置是固定的,接收端要从收到的数据码流中正确区分发送的字符,必须建立位定时同步和帧同步。位同步的作用是使 DCE 接收端的位定时时钟信号与 DCE 收到的输入信号同步,以便 DCE 从接收的信息流中正确识别一个个信号码元,产生接收数据序列。所以,在同步传输中,数据的发送以帧为单位,见图 7-6(b)。其中一帧的开头和结束加上预先规定的起始序列和终止序列作为标志,这些特殊序列的形式取决于所采用的传输控制规程。

与异步传输比较,同步传输在技术上较复杂,但不需要对每个字符加单独的"起"、"止"比特,只是在一串字符的前后加上标志,因此传输效率高,常用于较高速的数据传输。

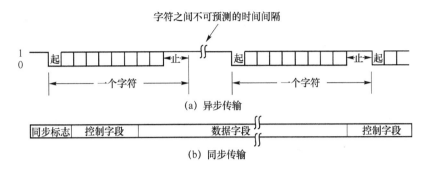

图 7-6　异步传输和同步传输举例

7.5　数据通信的关键技术

7.5.1　数据传输技术

1. 数据信号的基带传输

数据信号所传的信息包含在码元中,因此只要接收端能够无差错的恢复发送的码元流,就可以得到所传的信息。因此在不影响恢复码元的前提下,可以允许波形有一定的失真。

因为数据信号大多采用矩形脉冲信号,而从频谱上来看,矩形脉冲的频带从 0 频一直延续到无限的频率,覆盖了整个频谱,但是它的能量 90% 以上集中在 0 频至 $1/T=f_B$(T 为矩形脉冲的宽度)的频率范围内。要传输整个频谱范围内的频率分量是不可能的,而只要将 0 至 $1/T$ 范围内的频率分量传输过去,就可以保证无失真地传输。这样虽然会失真成为钟型波,但是保持了信号的主要特征,可以由接收端正确识别。这种将数字信号的 $0\sim1/T$ 频率分量传输过去的方式称为数字信号的基带传输。通常把 $f_B=1/T$ 称为信号的带宽。

由于信道的带宽受限,传输的矩形波会产生钟形失真,出现拖尾。这就需要设计合适的信道传输系数和频率特性,以保证码元的拖尾在其他码元的判决时刻为 0。这样就不会出现码间干扰。奈奎斯特第一准则指出,如果传输信道具有理想低通滤波器的幅频特性,理想低通的截止频率为 $f_B/2$(f_B 为码元速率),则在判决点无码间干扰,这时信道的极限利用率为 2 码元/秒·赫兹。记作 2 Bd/Hz,这里的码元可以是二进制码元,也可以是多进制码元。其中理想低通滤波器的幅频特性是指当 $f=(0\sim f_B/2)$ Hz 时,传输系数 $K(f)=A$(A 为常数);当 $f\geqslant f_B/2$ 时,$K(f)=0$。

当数字信号在带宽受限的信道中传输时,由于信道带宽受限、幅频特性不理想,不能将信号的全部分量传到接收端,再加上噪声的干扰,就会使得波形失真,信号码元的幅度减小。而且随着传输距离的增加,波形的失真以及码元幅度的减小会更加严重。当传输距离达到一定值以后,接收端就无法正确的识别出接收到的码元是"0"码还是"1"码。因此,为了延长通信的距离,在数字信号的传输过程中,每隔一段距离放置一个再生中继器。

再生中继器由均衡放大、定时提取以及判决再生三部分组成：均衡放大的作用是补偿信道特性的不理想，减少信号失真；定时提取是从信码流中提取出时钟信号，作为收端时钟基准，以保持收端和发端的时钟同频同相，使判决的脉冲对准码元的中心；判决再生是根据判决时刻码元的电平，再生出"1"码和"0"码。

2. 调制解调技术（频带传输）

在某些有线信道中，特别是传输距离不太远的情况下，可以采用基带传输。当在长距离传输的有线信道，特别是无线信道中，为了抵抗信号的衰落，提高抗干扰能力，大多采用频带传输，频带传输的关键是调制解调技术。正如本书前面所谈到的，调制解调器是术语调制器和解调器的总称，它根据传输的是"1"还是"0"来改变载波信号。在频带传输中需要使用调制技术，有时我们也称它为信道编码技术。调制的作用是将数字信息转移到传输介质上。到目前为止，已经开发出很多调制方法，它们在工作速率、对线路质量的要求、抗噪声性能和复杂度方面各有不同，其中一些调制方式之间互不兼容。

调制解调器可以分别改变模拟波形的三种主要特征参数——幅度、频率和相位——来对信息进行编码。利用波形的这三个特征，调制解调器就可以在一个波形周期内对多个比特进行编码，它检测到的这些变化越多，产生的比特率就越高。采用不同的调制方法，相应的频谱利用率也不同。频谱利用率是指在单个波形周期内编码的比特数。我们称一个波形循环周期为"符号周期"。为了提高频谱利用率，可以采用增加电平级数的办法。例如，要在相同的符号周期内对 k 个比特编码，就需要 2^k 个电平级。随着速率的增加，接收端要区分这些电平级就越加困难。因此，如何在很高数据速率的情况下区分电平级成为目前的一个难点。

3. 调制技术的分类

目前存在多种不同的调制方法。第一类是单载波调制，这种方法中单个信道占据了整个带宽；第二类是多载波调制，它将一定数量的带宽汇聚在一起，再分成几个子带，每个子带采用单载波调制进行编码，并且这些子带的比特流在接收端是捆绑在一起的，这样就可以部分避开噪声频段，从而避免造成信号被干扰，造成失真。多载波调制是随着数字信号处理（DSP）的发展而出现的。

（1）单载波调制

正交调幅（QAM）是一种单载波调制技术，它将幅度调制和相位调制结合起来。因此，它的频谱利用率比 2B1Q 要高，即每秒的比特数更多。幅度变化的数量和相位变化的数量决定了其抗噪声性能。抗噪声性能越好，频谱利用率或者说单位赫兹的比特数就越高。我们用 QAMnn 表示各种级数的 QAM，其中 nn 是指单位赫兹的状态数。如果每个符号周期的比特数为 k，则 $2^k = nn$。因此，4 bit/Hz 相当于 QAM16，6 bit/Hz 相当于 QAM64，8 bit/Hz 相当于 QAM256。正如你所见到的，QAM 和早期的技术（例如 2B1Q，只有 2 bit/Hz）相比，吞吐量得到了很大的改善。

四相移相键控（4PSK 或 QPSK）是另一种单载波调制技术。它相当于 QAM4，每个符号周期有两个比特。QPSK 设计适用于尖刺环境，例如空中传输和有线电视的返回通道。因为它具有鲁棒性和相对低的复杂性，所以广泛用于像直接卫星广播这样的应用中。尽管 QPSK 没有其他某些方案的效率高，但它可以保证可靠性。

　　无载波振幅/相位调制(CAP)是另一种单载波调制技术。CAP 结合了幅度调制和相位调制,它是用于 ADSL 的早期技术之一。但是我们发现,ADSL 的部分工作频段受到外部设备的噪声影响,例如个人无线设备和无线对讲机,因此在通过 ADSL 线路呼叫时,如果这些设备正在工作,就会出现静电噪声或者造成数据错误。因此,CAP 不再是 AD-SL 的首选调制方法。

　　(2) 多载波调制

　　离散多音频(DMT)是一种多载波调制技术。在这种方法中,每个子带的频谱利用率可以不同。我们知道,有线介质中每线的噪声特性可能不同,因此,DMT 适用于有线介质,例如 ADSL 线路。正是由于每线的频谱利用率都可以优化,所以 DMT 成为 ADSL 的首选调制方法。

　　正交频分复用(OFDM)是另一种多载波调制技术。正交频分复用调制是一种信道利用率很高的调制方式,其采用并行传送的方式,有较高的信道利用率,并有良好的抗衰落能力,它对每个子带采用相同的调制方法。OFDM 通常用于空中广播,并假设所有的子带具有相同的抗噪声性能。这种技术在欧洲普遍使用,美国一些新出现的技术中也计划采用 OFDM。

　　在无线移动信道中,尽管存在着多径传播及多普勒频移所引起的频率选择性衰落和瑞利衰落,但 OFDM 调制还是能够减轻瑞利衰落的影响。这是因为在高速串行传送码元时,深衰落会导致邻近的一串码元被严重破坏,造成突发性误码。而与串行方式不同,OFDM 能将高速串行码流转变成许多低速的码流,并用这些码流对不同的载波进行调制,然后进行并行传送,这使得码元周期很长,即远大于深衰落的持续时间,因而当出现深衰落时,并行的码元只是轻微受损,经过纠错就可以恢复。另外对于多径传播引起的码间串扰问题,其解决的方案是在码元间插入保护间隙,只要保护间隙大于最大的传播延迟时间,码间串扰就可以完全避免。而且在 OFDM 系统中,各子载波的产生和接收都由数字信号处理算法完成,极大地简化了系统结构。同时由于各子载波上的频谱是相互重叠的,这些载波在整个符号周期内满足正交性,这样,在接收端能保证无失真地复原。这就大大提高了频谱利用率。

　　4. 编码技术

　　编码就是将一种比特组合和某个字符集中的字符(例如回车符和其他键盘符号)对应起来。随着时间的流逝,不同的计算机厂商和团体分别制定了不同的编码方案。最常用的编码方案有 ASCII、EBCDIC 和 Unicode。

　　目前最广为流行的编码是美国标准信息交换码(ASCII)。其中,每个字符用 7 比特表示,还有一个附加控制比特,称作校验比特,它用于差错检测。在 ASCII 中,7 个"1"或者"0"的比特位组合在一起表示某个字符,总共可以表示 128(即 2^7)个字符。

　　在全世界都一致采纳 ASCII 方案的同时,IBM 制定了适合自己产品的编码方案,我们称它为扩展的二进制表示的十进制编码(EBCDIC)。它是一种 8 位代码,不包含控制比特,因此可以表示 256(即 2^8)个不同的字符。这个数字看上去很大,实际上还不足以包含所有的字符。例如,要表示东方的语言,大约需要 6 万个字符。

　　在 ASCII 码中大写字母"A"和在 EBCDIC 码中的"A"大不相同。由此可见它们是不兼容的。如果你的工作站采用 ASCII 编码，要和一台采用 EBCDIC 编码的主机通信，结果显示屏上会出现一堆你看不懂的字符，这是因为你的机器无法理解对方主机所使用的字母表。在 20 世纪 80 年代中期，出现了一种叫 Unicode 的编码，其中每个字符分配 16 位代码，可以表示 65 000 多个字符（即 2^{16} 个字符）。

如今大部分人相信，最好的编码方案就是使用自然语言接口，例如语音识别。我们期望，到 2008 年或 2009 年，自然语言接口将成为最普遍的数据输入形式。但在这之前，我们必须知道存在多种编码方案，它们在同一个网络中互不兼容，因此在通信时需要进行转换。这种转换可以在用户侧某个网元上完成，也可以由网络侧提供。事实上，早期的 X.25 网络就是将编码格式转换作为一种附加业务来提供。

5. 信道复用技术

"复用"是通信技术中常用的名词，是指能在同一传输媒质中同时传输多路信号的技术，用以提高通信线路的利用率。常用的方式有频分复用、时分复用、码分复用等。频分复用是利用不同的频率使不同的信号同时传送而互不干扰；时分复用是利用不同的时隙使不同的信号同时传送而互不干扰；码分复用是利用各路信号的代码相互正交而实现互不干扰。

数据通信系统中采用得比较多的复用方式是统计时分复用技术。统计时分复用技术实际上也是时分复用技术的一种，全称叫做"统计时分多路复用"，简称 STDM，又称"异步时分多路复用"。所谓"异步"或"统计"，是因为它利用公共信道"时隙"的方法与传统的时分复用方法不同。传统的时分复用接入的每个终端都固定地分配了一个公共信道的一个时隙，是对号入座的，不管这个终端是否正在工作都占用着这个时隙，这就使时隙常常被浪费掉了。因为终端和时隙是"对号入座"的，所以它们是"同步"的。而异步时分复用或统计时分复用是把公共信道的时隙实行"按需分配"，即只给那些需要传送信息或正在工作的终端才分配时隙，这样就使所有的时隙都能饱满地得到使用，可以使服务的终端数大于时隙的个数，提高了媒质的利用率，从而起到了"复用"的作用。统计分析，统计复用可比传统的时分复用提高传输效率 2～4 倍。这种复用的主要特点是动态地分配信道时隙，所以统计复用又可称为"动态复用"。

7.5.2 数据交换技术

交换是网络实现数据传输的一种手段。在数据进行通信实现交换的过程中，交换节点并不关心数据的内容，只是负责把数据从一个节点传到下一个节点，直到到达信宿节点为止。实现数据交换有三种技术：电路交换、报文交换和分组交换。

随着数据通信技术的发展和演变，网络交换技术经历了电路方式、报文方式、分组方式、帧方式和信元方式。

1. 电路交换

电路方式是从一点到另一点传递信息的最简单的方式，如本书第 5 章所讲，电路交换是一种预先分配资源的交换方式，在多个输入线和输出线之间直接形成传输信息的物理链路。不管在这条电路上实际有无数据传输，电路一直被占用，直到双方通信完毕拆除连接为止。

电路交换分三个阶段：

（1）连接建立阶段（预先分配资源）；

（2）数据传输阶段（独占预先分配的资源）；

（3）连接清除阶段（释放资源）。

电路交换的特点：呼损制、发送方与接收方速率相同、延迟短且固定、适用于连续大批量的数据传输。

2. 报文交换

20 世纪 60 年代和 70 年代，在数据通信中普遍采用报文交换方式，目前这种技术仍普遍应用在某些领域（如电子信箱等）。为了获得较好的信道利用率，出现了存储-转发的想法，这种交换方式就是报文交换。它的基本原理是用户之间进行数据传输，主叫用户不需要先建立呼叫，而先进入本地交换机存储器，等到连接该交换机的中继线空闲时，再根据确定的路由转发到目的交换机。由于每份报文的头部都含有被寻址用户的完整地址，所以每条路由不是固定分配给某一个用户，而是由多个用户进行统计复用，如图 7-7所示。

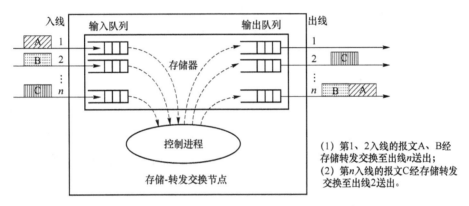

图 7-7　报文交换技术

报文交换中，若报文较长，则需要较大容量的存储器，而如果将报文放到外存储器中去时，会造成响应时间过长，增加了网路延迟时间；另一方面报文交换通信线路的使用效率仍不高。

3. 分组交换

分组交换与报文交换都是采用存储-转发交换方式，但分组方式在发送方需要将传送的信息划分为一定长度的包，称为分组，每个分组前边都加上固定格式的分组标题，用于指明该分组的发端地址、收端地址及分组序号等，以分组为单位进行存储转发。在分组交换网中，一条实际的电路上能够传输许多对用户终端间的数据而互不混淆，因为每个分组中含有区分不同起点、终点的编号，称为逻辑信道号。

分组方式与报文方式比，有许多优点：首先，分组方式对电路带宽采用了动态复用技术，效率明显提高；其次，分组在各交换节点之间传送比较灵活，交换节点不必等待整个报文的其他分组到齐，而是一个分组、一个分组地转发，这样大大压缩节点所需的存储容量，也缩短了网络的时延；第三，较短的分组比长的报文可大大减少差错的产生，提高了传输的可靠性。另外,为了保证分组的可靠传输,防止分组在传输和交换过程中的丢失、错发、漏发、出错,分组通信制定了一套严密的、较为繁琐的通信协议。例如:在分组网与用户设备间的 X.25 规程就起到了上述作用,因此人们又称分组网为"X.25 网"。

4. 帧交换

帧交换实质上也是分组通信的一种形式,只不过它将 X.25 分组网中分组交换机之间的恢复差错、防止拥塞的处理过程进行了简化。帧方式的典型技术就是帧中继。由于传输技术的发展,数据传输误码率大大降低,分组通信的差错恢复机制显得过于繁琐,帧中继将分组通信的三层协议简化为两层,大大缩短了处理时间,提高了效率。帧中继网内部的纠错功能很大一部分都交由用户终端设备来完成。

5. 信元交换

信元交换是将信息以信元为单位进行传送的一种技术。信元主要由两部分构成,即信元头和信元净荷。信元头所包含的是地址和控制信息,信元净荷是用户数据。信元的长度是固定的。采用信元方式,网络不对信元的用户数据进行检查;但是信元头中的 CRC 比特将指示信元地址信息的完整性。信元方式也是一种快速分组技术,它将信息通过适配层切割成固定长度的信元。信元方式适用于各种类型信息的传输,是提供综合业务的网络技术基础。信元方式仅是一个非常宏观的概念,在具体应用中,还需规范详尽的格式及协议,例如在 B-ISDN 中所采用的 ATM 技术就是基于信元的。

7.5.3 差错控制技术

1. 差错的产生

由于通信线路上总有噪声存在,噪声对有用信息的干扰会导致有用信息出现差错。噪声可分为两类,一类是热噪声,另一类是冲击噪声。热噪声引起的差错是一种随机差错,亦即某个码元的出错具有独立性,与前后码元无关;冲击噪声是由短暂原因造成的,例如电机的启动、停止,电器设备的放弧等,冲击噪声引起的差错是成群的,其差错持续时间称为突发错误的长度。

衡量信道传输性能的指标之一是误码率 PO。PO＝错误接收的码元数/接收的总码元数。目前普通电话线路中,当传输速率在 $600 \sim 2\ 400\ \mathrm{bit/s}$ 时,PO 在 $10^{-4} \sim 10^{-6}$ 之间,对于大多数通信系统,PO 在 $10^{-5} \sim 10^{-9}$ 之间,而计算机之间的数据传输则要求误码率低于 10^{-9}。

2. 差错检测技术

在介绍差错检测技术之前,我们先举一个日常生活中的实例。如果你发出一个通知:"明天 $14{:}00 \sim 16{:}00$ 开会",但在通知过程中由于某种原因产生了错误,变成"明天 $10{:}00 \sim 16{:}00$ 开会"。别人收到这个错误通知后由于无法判断其正确与否,就会按这个错误时间去行动。为了使使者能判断正误,可以在发通知内容中增加"下午"两个字,即改为:"明天下午 $14{:}00 \sim 16{:}00$ 开会",这时,如果仍错写为"明天下午 $10{:}00 \sim 16{:}00$ 开会",则收到此通知后根据"下午"两字即可判断出其中"10:00"发生了错误。但仍不能纠正其错误,因为无法判断"10:00"错在何处,即无法判断原来到底是几点钟。这就是检错码的工作原理,检错码利用冗余技术来使接收方检查所接收的数据是否是正确的,但接收方只能根据检错码判断出是否正确,但不能判断出在哪发生了错误。所以说,检错码只能检错,不能纠错。

　　差错检测码有多种形式,其中最常用的两种是奇偶校验和循环冗余校验。

　　对于采用异步传输的 ASCII 码终端通常采用奇偶校验。奇偶校验就是将比特值相加得到一个共同的数值,要么是偶数要么是奇数。是奇或是偶并不重要,可一旦你选择了奇数或者偶数,每个终端都必须设置成相同的值。下面来讨论奇校验的情况。如图 7-8 所示,首先看图中字符♯1,将其比特值相加,得到数值 2,这是一个偶数。因为是奇校验,所以终端插入一个 1 比特,使得相加的和为 3,是个奇数。对于字符♯2,相加的结果是 3,因此终端插入一个 0 作为校验比特。等所有 6 个字符都算完,终端通过网络将所有的比特发送到接收端。接收端用相同的方法计算,如果结果是奇数,则认为正确接收;如果结果不是奇数,则接收端判断有错,但它不能纠错,这也是奇偶校验的缺点。而且奇偶校验只能检测出奇数位的误码,偶数位的误码就无法检测出来。

比特位置	♯1	♯2	♯3	♯4	♯5	♯6
1	0	1	0	0	1	0
2	1	0	0	0	0	1
3	0	0	1	1	0	1
4	0	1	1	1	1	0
5	0	0	0	0	1	1
6	1	1	1	1	1	0
7	0	0	0	1	1	0
奇偶校验位	1	0	0	1	0	0

图 7-8　奇偶校验

　　同步终端及其传输采用循环冗余校验的差错控制方法,即通过某种数学算法对整个消息块进行计算。循环校验(CRC)码附加到消息的后面,一起传送到接收端。接收端重新计算消息块,并对两个 CRC 进行比较。如果匹配,通信过程继续;如果不匹配,接收端就请求重传直到问题解决,如果在规定的时间内不能解决,就终止会话。CRC 的检错能力与生成多项式有关。

　　那么如何纠正错误呢? 仍然以上例为例,收端可以告诉发端再发一次通知,这就是检错重发。为了实现不但能判断正误(检错),同时还能改正错误(纠错),可以把发的通知内容再增加"两个小时"四个字,即改为:"明天下午 14:00～16:00 两个小时开会"。这样,如果其中"14:00"错为"10:00",不但能判断出错误,同时还能纠正错误,因为其中增加的"两个小时"四个字可以判断出正确的时间为"14:00～16:00"。

　　通过上例可以说明,为了能判断传送的信息是否有误,可以在传送时增加必要的附加判断数据;如果要纠正错误,则需要增加更多的附加判断数据。这些附加数据在不发生误码的情况之下是完全多余的,但如果发生误码,即可利用被传信息数据与附加数据之间的特定关系来实现检出错误和纠正错误,这就是误码控制编码的基本原理。具体地说就是:为了使信源代码具有检错和纠错能力,应当按一定的规则在信源编码的基础上增加一些冗余码元(又称监督码),使这些冗余码元与被传送信息码元之间建立一定的关系,发信端完成这个任务的过程就称为误码控制编码;在收信端,根据信息码元与监督码元的特定关系,实现检错或纠错,输出原信息码元,完成这个任务的过程就称误码控制译码(或解码)。

3. 差错校正技术

差错控制是一个检错和纠错的过程,差错校正方式基本上分为两类,一类称为"重发纠错",另一类称为"前向纠错"。在这两类基础上又派生出一种方式称为"混合纠错"。

（1）重发纠错

这种方式在是发信端采用某种能发现一定程度传输差错的简单编码方法,它对所传信息进行编码,然后加入检错码,在接收端则根据编码规则对收到的编码信号进行检查,一旦检测出(发现)有错码时,即向发信端发出询问的信号,要求重发。发信端收到询问信号后,立即重发已发生传输差错的那部分信息,直到正确收到为止,如图7-9所示。所谓发现差错是指在若干接收码元中知道有一个或一些码元是错的,但不一定知道错误的准确位置。

优点:设备简单,容易实现;

缺点:需要具备双向信道,有一定重发延迟。

该方式适用于传输时延小且信道误码率低的场合,比如有线信道。

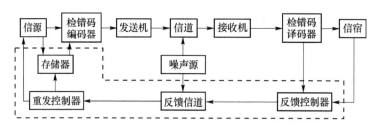

图 7-9　重发纠错示意图

（2）前向纠错

这种方式是发信端采用某种在解码时能纠正一定程度传输差错的较复杂的编码方法,使接收端在收到信码中不仅能发现错码,还能够纠正错码。在图7-9中,除去虚线所框部分就是前向纠错的方框示意图7-10。采用前向纠错方式时,不需要反馈信道,也无需反复重发而延误传输时间,对实时传输有利,但是纠错设备比较复杂。

图 7-10　前向纠错示意图

优点:只需要单向信道且重发时延小,实时性好;

缺点:设备复杂。

适用于传输时延大且信道误码率高的场合,比如卫星信道或无线信道。

（3）混合纠错

混合纠错的方式是：少量纠错在接收端自动纠正，若差错较严重，超出自行纠正能力时，就向发信端发出询问信号，要求重发。因此，"混合纠错"是"前向纠错"及"重发纠错"两种方式的混合。

对于不同类型的信道，应采用不同的差错控制技术，否则就将事倍功半。另外，无论检错和纠错，都有一定的判别范围，如上面的例子中，若开会时间错为"16：00～18：00"，则无法实现检错与纠错，因为这个时间也同样满足附加数据的约束条件，这就应当增加更多的附加数据（即冗余）。已知，信源编码的中心任务是消去冗余，实现码率压缩，可是为了检错与纠错，又不得不增加冗余，这又必然导致码率增大，传输效率降低，显然这是个矛盾。我们分析误码控制编码的目的，正是为了寻求较好的编码方式，能在增加冗余不太多的前提下来实现检错和纠错。再者，经过信源编码，如果传送信道容量与信源码率相匹配，而且信道内引入的噪声较小，则误码率一般是很低的。例如，当信道的信噪比超过 20 dB 时，二元单极性码的误码率低于 10^{-8}，即误码率只有 $1/10^8$，故通过信道编码实现检错和纠错是可以做到的。

4. 误码控制编码的分类

随着数字通信技术的发展，研究开发了各种误码控制编码方案，各自建立在不同的数学模型基础上，并具有不同的检错与纠错特性，可以从不同的角度对误码控制编码进行分类。

（1）按照误码控制的不同功能，可分为检错码、纠错码和纠删码等。检错码仅具备识别错码功能而无纠正错码功能；纠错码不仅具备识别错码功能，同时具备纠正错码功能；纠删码则不仅具备识别错码和纠正错码的功能，而且当错码超过纠正范围时可把无法纠错的信息删除。

（2）按照误码产生的原因不同，可分为纠正随机错误的编码与纠正突发性错误的编码。前者主要用于产生独立的局部误码的信道，而后者主要用于产生大面积的连续误码的情况，例如磁带数码记录中磁粉脱落而发生的信息丢失。

（3）按照信息码元与附加的监督码元之间的检验关系可分为线性码与非线性码。如果两者呈线性关系，即满足一组线性方程式，就称为线性码；否则，如果两者关系不能用线性方程式来描述，就称为非线性码。

（4）按照信息码元与监督附加码元之间的约束方式的不同，可以分为分组码与卷积码。在分组码中，编码后的码元序列每 n 位分为一组，其中包括 k 位信息码元和 r 位附加监督码元，即 $n=k+r$，每组的监督码元仅与本组的信息码元有关，而与其他组的信息码元无关。卷积码则不同，虽然编码后码元序列也划分为码组，但每组的监督码元不但与本组的信息码元有关，而且与前面码组的信息码元也有约束关系。

（5）按照信息码元在编码之后是否保持原来的形式不变，又可分为系统码与非系统码。在系统码中，编码后的信息码元序列保持原样不变；而在非系统码中，编码后的信息码元会改变其原有的信号序列，由于原有码位发生了变化，使译码电路更为复杂，故较少选用。

对于某种具体的数字设备，为了提高检错、纠错能力，通常同时选用几种误码控制编码方式。

7.6 数据通信系统的技术指标

数据通信的指标是围绕传输的有效性和可靠性来制定的。其中主要的质量指标分为数据传输速率指标和数据传输质量指标。

7.6.1 数据传输速率

数据传输速率是衡量系统传输能力的主要指标,通常使用两种不同的定义:

(1) 调制速率;

(2) 数据传输速率。

在介绍数据传输速率之前,我们先介绍一下码元和信息量。

1. 码元与信息量

码元是承载信息的基本信号单位,一个码元能承载的信息量多少,是由脉冲信号所能表示的数据有效值的状态个数决定的。

一个单位脉冲信号,当表示二进制代码 0 和 1 两个状态有效值时,一码元构成代码的位数为 1 位。

一个单位脉冲信号,当表示二进制代码 00、01、10 和 11 四个状态有效值时,一码元构成代码的位数为 2 位。

一个单位脉冲信号,当表示二进制代码 000、001、010、011、100、101、110 和 111 八个状态有效值时,一码元构成代码的位数为 3 位。

因此,一码元携带的信息量的计算公式为:

$$D = \log_2 N$$

其中,N 表示一个脉冲所能表示的有效状态数。

2. 调制速率

调制速率又叫信号速率,记为 N_0,它表示单位时间内(每秒)信道上实际传输的码元个数或脉冲个数(可以是多进制),单位是波特。

$$N_0 = \frac{1}{T(秒)}$$

图 7-11 中给出了三个数据信号,其中(a),(b)为基代信号,(c)为已调信号。(a)为二电平信号,即一个信号码元中有两种状态。(b)为四电平信号,在一个码元 T 中可能取四种不同的值(状态):±3 和 ±1,每个信号码元可以代表四种情况之一,因此可以表示 2 个传输代码的 4($2^2 = 4$)种组合。图(c)为频带信号,以 f_1 表示代码"1",f_0 表示代码"0"。如果这三个数据信号码元时间长度 T 相同,则它们的调制速率相同。由此可见,对于调制速率,不论一个信号码元中信号有多少状态,只计算一秒内数据信号的码元个数。

3. 数据传输速率

数据传输速率是指每秒能传输的比特数,又称比特率,单位是比特/秒(bit/s 或 bps)。数据传输速率的计算公式如下:

$$S = (\log_2 N)/T$$

其中 N 表示一个脉冲所能表示的有效状态数, T 表示单位脉冲宽度。

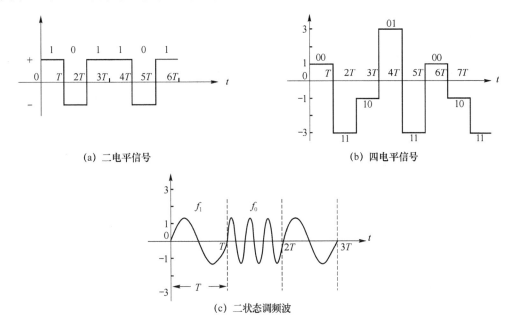

(a) 二电平信号　　　　　　　　　　(b) 四电平信号

(c) 二状态调频波

图 7-11　数据信号举例

7.6.2　数据传输质量

1. 频带利用率

在比较不同通信系统的效率时,单看它们的信息传输速率是不够的,或者说,即使两个系统的信息传输速率相同,它们的效率也可能不同,所以还要看传输这样的信息所占的频带。通信系统占用的频带愈宽,传输信息的能力应该愈大。通常情况下,可以认为二者成比例,用单位频带内的符号速率描述系统的传输效率,即每赫兹的波特数:

$$\eta = \frac{系统的调制速率}{系统的频带宽}(波特/赫兹)。$$

2. 差错率

由于数据信号在传输过程中不可避免地会受到外界的噪声干扰,信道的不理想也会带来信号的畸变失真,因此当干扰信号和信号畸变达到一定程度时就可能导致接收的差错。衡量数据传输质量的最终指标是差错率。

差错率可以有多种定义,常用的差错率指标有平均误码率、平均误字率、平均误码组率等。

差错率是一个统计平均值,因此在测试或统计时,总的发送比特(字符、码组)数应达到一定的数量,否则得出的结果将失去意义。

7.7　数据通信网

最简单的数据通信形式是两个设备之间点对点形式的传输媒体直接连接。但是两个设备点对点地直接连接常常是行不通的,比如当两个设备之间的距离很远或有一组设备,每台设备都可能在不同的时间与不同的设备连接时,如果采用点对点直接连接则花费将是惊人的。

解决上述问题的办法是将所有设备都连接到一个通信网络上。如图 7-12 所示,图中显示出通信网络的两种主要类型:交换式网络和广播式网络。

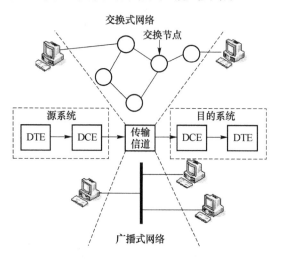

图 7-12　数据通信网络模型

7.8　OSI 参考模型与协议

在两台计算机或者网络设备交换信息之前,必须建立通信连接,这就需要协议。网络协议就是一组规则,两台设备使用它实现通信。OSI 模型和协议标准可以帮助实现网络设备之间的互通。

7.8.1　OSI 参考模型

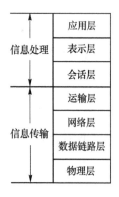

图 7-13　OSI 参考模型

1. OSI 分层通信概念

在 20 世纪 70 年代早期,有很多不同的计算机厂商,它们的产品大多互不兼容。而且,每个厂商有不同的产品线,甚至一个公司内部的不同产品线之间也互不兼容。为了解决这个问题,国际标准化组织提出了开放系统互连(OSI)参考模型,供设备厂商和软件开发者在生产产品时参照。所谓开放系统,指的是遵循 OSI 参考模型和相关协议标准能够实现互连的具有各种应用目的的计算机系统。

如图 7-13 所示,OSI 模型分为 7 层,它描述了通过网络传递信息所必须完成的工作。当数据通过网络传输时,它必须通过 OSI 模型的每一层。数据经过每一层时都要附加上一些信息。到了接收端,这些附加的信息又被移走。第 4 到 7 层在端节点实现,称为上层协议;第 1 到 3 层称为底层协议,其功能是由计算机和网络共同执行的。OSI 模型仅仅是一个模型,也就是一个概念框架,用于描述网络设备或成员所必需的功能。没有哪个实际的网络产品严格地遵照该模型来实现。

2. OSI 模型各层的基本功能

下面,从应用层开始依次简述各层的基本功能。

第 7 层:应用层,负责用户程序和网络其他业务之间交换信息。这一层支持应用和用户程序。它为应用进程访问网络提供了一个窗口。它处理一般的网络接入、流量控制、差错恢复和文件传输。应用层协议的例子有文件传输协议(FTP)、Telnet、简单邮件传输协议(SMTP)和超文本传输协议(HTTP)。

第 6 层:表示层,采用软件应用可以理解的格式来表示信息。它完成数据格式的转换,从而可以提供一个标准的应用接口和公共的通信服务。它提供的服务有加密、压缩和转换格式。表示层在每个包中增加了一个字段,该字段说明了包中的信息是如何编码的。例如:它可以说明是否对数据进行了压缩,如果是,还要说明用的是哪种压缩方法,这样,接收端就可以正确地解压缩。它也可以说明是否对数据进行了加密,如果是,还要说明用的是哪种加密方法,这样接收端也就可以正确地解密。表示层保证了收发双方能看见相同格式的信息。

第 5 层,会话层,负责会话连接的建立、管理和安全性。用户与用户的逻辑上的联系(两个表示层进程的逻辑上联系)通常称为会话。会话层按照在应用进程之间约定的原则,建立、监视计算机之间的会话连接,提供进程间通信的控制结构。

第 4 层,传输层,负责纠正传输差错并保证信息可靠地传送。它提供端到端的差错恢复和流量控制,包括包的处理、消息的再打包、将消息分割成小的包以及差错的处理。传输层协议的例子有传输控制协议(TCP)、用户数据报协议(UDP)。

第 3 层,网络层,区分网络上的计算机并决定如何在网络上传送信息。换句话说,该层负责选路和转发。它定义了网络之间以及设备之间如何传递信息。这一层的主要任务是附加地址信息,以及通过网络及中间节点转移数据的控制信息。它要负责建立、维护和终止连接,包括包的交换、选路、数据拥塞、数据的再封装以及逻辑地址到物理地址的转换。网络层协议的例子有 X.25、网际协议(IP)等。

第 2 层,数据链路层,将数据组装起来等待传输。它将一些"0"和"1"比特封装进一个帧中,使得信息可以在相同网络上的两个设备之间传递。这一层协议规定了在单个数据链路上两个设备之间传送单个帧所必须遵守的规则。数据帧中包括必要的同步信息、差错控制信息和流量控制信息。

第 1 层,物理层,定义了传输介质如何连接到计算机上,以及电信号或光信号如何在传输介质上传输。物理层定义了所支持的电缆或无线接口的类型,以及支持的传输速率。根据物理接口的不同,每种网络业务和网络设备都有相应的物理层规范。例如,物理层的规范涉及到非屏蔽双绞线(UTP)、屏蔽双绞线(STP)、同轴电缆、10BaseT(一种以太网标准,它使用双绞线来实现 10 Mbit/s 到桌面)、多模光纤和单模光纤、xDSL、ISDN 以及各种 PDH(例如,DS-I/DS4 或 E-I/E-3)和 SDH/SONET(例如,OC-1 直到 OC-192)。

3. 层次结构的特点

通信协议采用层次结构便于模块化设计,各层可以根据需要独立地进行修改或扩充功能,不同的高层用户可以共享公共低层的服务,而且有利于不同制造厂家的设备互连。但是,层次结构也具有一些缺点,比如信息在各层次间传送时需要增加一些辅助信息,因此增加了网络的开销。另外,由于考虑到协议的通用性、标准化,在不同层次之间可能会造成少许的功能重复现象。

7.8.2 协议与服务

协议由硬件或软件实现,它们执行 OSI 模型中所涉及的用来传递信息的功能。一个协议可能只包含一个功能,或者由一组功能在一起完成某个任务。协议堆栈(或者简称为协议栈)由多个协议组成,它们在一起完成计算机之间的信息的交换。其中的一个协议可能用来规定网络接口卡(NIC)如何通信,另一个可能规定了计算机如何从 NIC 读取信息。

层是协议栈的一部分,它负责信息传递过程中某个特定的方面。一些协议只能完成一个功能,所以协议栈中一层与 OSI 模型中的一层并不一定是一一对应的。"隧道"技术解决的是使用一种协议的数据穿越另一种协议的网络的问题。

早期的网络体系结构是由厂商各自直接开发的,他们互不兼容,只能应用于相应厂家的用户。为解决这一问题,早在 20 世纪 70 年代就着手研究一种开放系统体系结构,使设计的计算机网络设备能够互通。为此,国际标准化组织(ISO)首先开发出开放系统互连(OSI,Open System Interconnection)参考模型,后来又开发了有关的标准协议。这种模型提供了一种描述整个通信系统的框架,方便了标准的开发,在 20 多年的网络设计中发挥了重要作用。

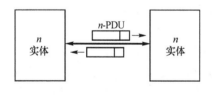

图 7-14 对等实体通话过程

OSI 参考模型将整个通信过程分解成各层提供的功能,在每层中,一台设备的进程只能与另一台设备的对等进程进行会话,如图 7-14 所示。

在 OSI 术语中,第 n 层的进程称做第 n 层实体。第 n 层实体间通过交换协议数据单元进行通信。每个(PDU,Protocol Data Unit)包括一个头部,头部中含有协议控制信息。通常用户信息为服务数据单元(SDU,Service Data Unit)格式。第 n 层实体的行为由一组规则或约定进行管理,通常将这些规则与约定称作第 n 层协议。

对等进程间的通信是虚拟的,并不存在实际的直接通信链路。为了进行通信,第 $n+1$ 层实体需利用第 n 层提供的服务,第 $n+1$ 层 PDU 传输的完成,是通过称为第 n 层服务访问点(SAP,Service Access Point)的软件端口将信息块从第 $n+1$ 层交换到第 n 层而实现的,如图 7-15 所示。该信息块由控制信息和第 n 层 SDU 组成,它就是第 $n+1$ 层 PDU 本身。

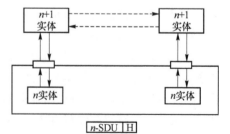

图 7-15 实体间的信息传递过程

原则上讲,第 n 层协议不解释或利用在 SDU 中所包含的信息。第 n 层 SDU 即为第 $n+1$ 层 PDU,封装在第 n 层 PDU 内。这一封装过程减少了邻近层间对服务的依赖关系,也就是说,在第 $n+1$ 层的由第 n 层提供服务的用户只关心正确执行为传送其 PDU 所需的服务,而不必关心第 $n+1$ 层以下各层的实现细节。

第 n 层提供的服务一般包括接收来自第 $n+1$ 层的信息块与传送信息块到它的对等进程,而对等进程再将信息块送到它的第 $n+1$ 层用户。第 n 层提供的服务可以是面向连接的或无连接的,其中面向连接的服务包含 3 个步骤:

(1) 在两个第 n 层 SAP 间建立连接,该建立过程包括协商连接参数和初始化"状态信息",如序号、流量控制变量与存储位置等;

(2) 利用第 n 层协议实际传送 n-SDU;

(3) 断开连接,释放用于该连接的各种资源。

在无连接服务中,不存在连接建立,每个 SDU 在 SAP 间直接传送。在这种情况下,从第 $n+1$ 层到第 n 层控制信息必须包含为传送该 SDU 所需的所有地址信息。实体间交换的信息块长度可从几字节到几兆字节或是连续的字节流。很多传输系统对可传送的信息块最大长度有一定限制,如在以太网中,其最大长度为 1 500 字节。因此,当要传送的字节数超过给定层允许的最大信息长度时,必须将其分割成若干适当长度的信息块。如图 7-16 所示。

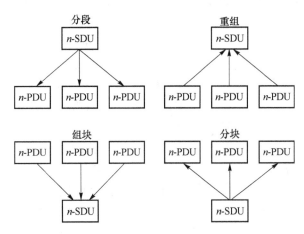

图 7-16　信息块的分段与重组以及组块和分块

另一方面,也可能出现第 n 层 SDU 太短,不能有效利用第 $n-1$ 层服务的情况,这时就可应用组块(blocking)与分块或解块,利用第 n 层实体将几个第 n 层 SDU 组块成一个第 n 层 PDU。在另一侧的第 n 层实体把接收的 PDU 分块成各个 SDU。

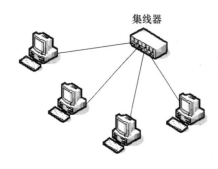

局 域 网

8.1 局域网概述

20世纪80年代早期,当大多数企业仍然在使用网络主机时,计算设施发生了两项变化:首先,企业中的计算机数量普遍增多,从而导致流量增加;其次,一些从事工程的、熟悉计算机的用户开始用他们自己的工作站工作,他们要求公司的信息管理部门提供连接到主机的网络。这些变化给企业网络带来了新的挑战。

流量的增加,使得企业又重新考虑所有这些产生业务流的信息是如何使用的。他们发现,大约80%的信息来自企业内部,只有20%的信息需要和企业以外的站点交换。因此,需要一个着重解决有限地理范围内通信的网络,于是就有了局域网(LAN,Local Area Networks)。

集线器

图 8-1 局域网

局域网是一种地理范围有限的网络,是一种使小区域内的各种通信设备互连在一起的通信网络,图8-1就是一个典型的局域网。局域网最主要的特点是:网络为一个单位所拥有,且地理范围和站点数目有限。传统的局域网比广域网具有较高的数据率、较低的时延、较小的误码率。但随着光纤技术在广域网中的普遍使用,目前广域网也具有较高的数据率和较小的误码率。

局域网负责连接发送方和接收方,而且它能够识别网络上的所有节点。传统的局域网采用共享的媒质,每一设备都连接到相同的电缆上(直到1987年LAN用的都是同轴电缆,随后出现了其他介质的LAN标准)。为了支持多媒体应用,到桌面的带宽需求不断增加,因此局域网从共享媒质的结构转向使用集线器或交换机的结构。采用这些设备可以使工作站拥有自己的专用连接,从而提高了工作站的可用带宽。

局域网的组成包括网络硬件和网络软件两大部分。网络硬件主要包括网络服务器、工作站、外设、网络接口卡、传输介质。根据传输介质和拓扑结构的不同,局域网还需要集线器(HUB)、集中器设备等,如果要进行网络互连,还需要网桥、路由器、网关,以及网间互连线路等硬件。局域网的网络软件主要包括协议软件和网络操作系统。目前在个人计算机上最流行的就是Windows操作系统,可以轻松完成局域网的组建。

局域网可以部署成对等网络,也可以部署成基于服务器的网络。前者每个节点是平等的(每个节点按自己的方式处理和存储数据),而后者只有一台计算机(即服务器)负责存储信息,其他计算机从服务器处获得信息。

8.2 局域网技术

8.2.1 体系结构与协议

美国 IEEE 于 1980 年 2 月专门成立了局域网课题研究组,对局域网制定了美国国家标准,并把它提交国际标准化组织作为国际标准的草案,1984 年 3 月得到 ISO 的采纳。

IEEE 802 模型与 OSI 参考模型的对应关系见图 8-2。IEEE 主要对第 1、2 两层制定了规程,所以局域网的 IEEE 802 模型是在 OSI 的物理层和数据链路层实现基本通信功能的。IEEE 802 局域网参考模型对应于 OSI 参考模型物理层的功能,主要是:信号的编码、译码、前导码的生成和清除、比特的发送和接收。

IEEE 802 对应于 OSI 的数据链路层,分为逻辑链路控制(LLC)子层和介质访问控制(MAC)子层。

(1) 逻辑链路控制(LLC)子层

它向高层提供一个或多个访问点 SAP,用于同网络层通信的逻辑接口。LLC 子层主要执行 OSI 基本数据链路协议的大部分功能和网络层的部分功能,如具有帧的收发功能。在发送时,帧由发送的数据加上地址和 CRC 校验等构成;接收时,将帧拆开,执行地址识

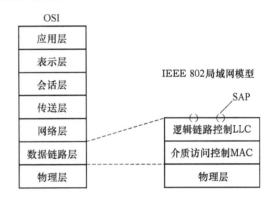

图 8-2 IEEE 802 模型与 OSI 参考模型的对应关系

别、CRC 校验,并具有帧顺序控制、差错控制、流量控制等功能。此外,它还执行数据报、虚电路、多路复用等部分网络层的功能。

(2) 介质访问控制(MAC)子层

本子层主要提供如 CSMA/CD、令牌环等多种访问控制方式的有关协议。它还具有管理多个源、多个目的链路的功能。它向 LLC 子层提供单个 MSAP 服务访问点,由于有不同的访问控制方法,所以它与 LLC 子层有各种访问控制方法的接口,它与物理层则有 PSAP 访问点。

8.2.2 传输介质

选择传输介质首先要考虑的因素是带宽。要考虑带宽,一方面要估算局域网需要的传输能力,即客户机和服务器各自的通信量大小的需求,通常服务器的传输数据量较大,但当客户机上的应用需要传输大量多媒体信息时,往往也需要较大的带宽;另一方面还需要考虑工作组内的流量和工作组之间骨干上的流量。

其次要考虑的因素是连接的成本和难易程度,具体而言就是安装、移动、变化时所需要的成本和难易程度。例如当一个局域网需要经常变化重组时,则无线局域网是支持这种动态环境的最合适的方案。

第三要考虑的因素是抗干扰的能力。局域网工作的环境不同,对传输介质抗干扰能力的需求也不同。当局域网工作在强干扰的恶劣环境时,就应该选择抗干扰能力强的传输介质,比如光纤或同轴电缆,而不能选择双绞线或无线介质。

第四要考虑的因素是安全性。不同场合的局域网对安全性有不同的要求,当使用在对安全性要求高的场合时,就不能使用无线介质,而应该考虑难以入侵的光纤等有线介质。

目前,多数局域网标准都支持多种介质类型,但使用不同介质类型,网络的特性有所不同(如所允许连接的设备数、数据传输速率、设备之间的最大距离等),因此需要考虑多种因素选择合适的传输介质以达到尽量高的性价比。

8.2.3 网络拓扑结构

局域网的拓扑结构指网络中节点和通信线路的几何排序,它对整个网络的设计、功能、经济性、可靠性都有影响。局域网一般有五种结构:星型、总线型、环型、树型、网状等,如图 8-3 所示。

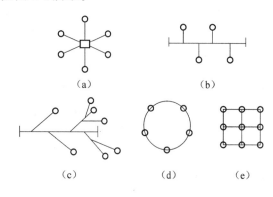

图 8-3 局域网的拓扑结构

总线型、星型和环型一般用在基带 LAN 中,而树型结构通常用于宽带 LAN。现在的局域网,最常用的物理拓扑结构是星型,最常用的逻辑拓扑结构是总线型(逻辑拓扑是指站点之间是如何交换信号的)。

(1)总线型拓扑

总线型拓扑的所有节点都通过相应硬件接口连接到一条无源公共总线上,任何一个节点发出的信息都可沿着总线传输,并被总线上的其他任何一个节点接收,它的传输方向是从发送点向两端扩散传送,是一种广播式结构,如图 8-4 所示。每个节点的网卡上有一个收发器,当发送节点发送的目的地址与某一节点的接口地址相符,该节点即接收该信息。

每一个站点都可以按照访问控制原则在总线上侦听和发送信号。但在某一时刻,只能有一台计算机在总线上发送信号。信号从接入点开始在总线上向两个方向传播。网络上的其他站点都能收到发送站点发出的信号。因为数据是发送到整个网络的,它可以从总线的一端传送到另一端。如果传送信号不被中止而是允许继续传播的话,

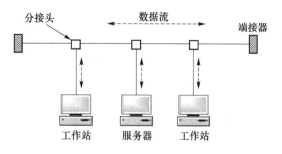

图 8-4 总线型局域网

它将在总线上来来回回地反复传送,从而将阻碍其他计算机发送信号。因此,在信号到达目的地后就必须被中止。总线的两端装有端接器(即端接电阻),用来吸收无用信号,从而使得其他计算机能够发送信号。

总线结构的优点是安装简单、易于扩充、可靠性高,一个节点损坏,不会影响整个网络工作,但由于共用一条总线,所以要解决两个节点同时向一个节点发送信息的碰撞问题,这对实时性要求较高的场合不太适用。另外,电缆的故障更是会影响到很多用户,并且在流量很大时网络速率将会下降。

(2) 树型拓扑

树型拓扑中,树的根是头端,或者称作频率转换设备。与树根相连的是干线电缆,各种分支电缆连接到干线电缆上,而用户设备电缆则连接在分支电缆上,如图 8-5 所示。

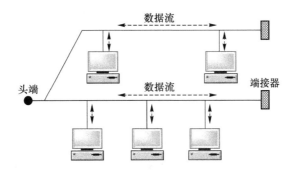

图 8-5　树型局域网

尽管大部分的宽带网络使用单根电缆,但有些则使用双电缆系统,其中一根电缆负责发送信息,而另一根负责接收信息。所有的数据传送都必须经过头端,这是因为每个设备发送和接收信号所使用的频率不一样。头端负责将设备的发送频率转换成接收设备的接收频率,这种频率转换称为"再调制"。

树型结构是总线型的延伸,它是一个分层分支的结构。一个分支或节点发生故障不影响其他分支或节点的正常工作。像总线型结构一样,它也是一种广播式网络。任何一个节点发送的信息,其他节点都能接收。但树型结构的缺点是线路利用率不如总线型结构高。

(3) 环型拓扑

环型拓扑结构中,各节点以点到点的方式连接,形成一个封闭的环结构,如图 8-6 所示。信号在每个站点接收、再生,并传送到环上的下一个节点,并且数据在环上的传送是朝着一个方向进行的。

环型拓扑结构的一个优点是能够将信号传送到较远的距离,这是因为每个站点都可以再生信号。这种结构还易于实现分布式控制而且所有的计算机都拥有平等

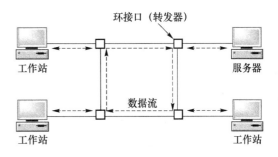

图 8-6　环型局域网

的访问权。环型结构的另一个优点是实时性好、信息吞吐量大、网的周长可达 200 km,节点可达几百个。但因环路是封闭的,所以扩充不便。

环型拓扑的缺点是对站点的故障比较敏感(即一个站点的故障可能会破坏整个环)。此外,环型网络不易隔离故障,而且网络的局部变动将影响整个网络的操作。为了提高可靠性,可在环型网中采用双环或多环等冗余措施。目前的环型结构中还采用了一种多路访问部件 MAU,当某个节点发生故障时,可以自动旁路,隔离故障点,这也使其可靠性得到了提高。

(4) 星型结构

星型结构以中央节点为中心,一个节点向另一个节点发送数据,必须向中央节点发出

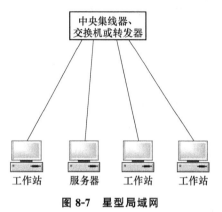

请求,一旦建立连接,这两个节点之间就是一条专用连接线路,信息传输通过中央节点的存储-转接来完成,星型结构提供集中化的资源分配和管理,如图 8-7 所示。

星型结构的优点是易于故障隔离、易于旁路和修复故障点,而且性价比较高。此外,和其他拓扑结构相比,星型拓扑的网络在变更或增加新的计算机方面较为容易。它的缺点是需要大量的电缆来连接所有的站点,而且当集线器发生故障时,整个网络将面临崩溃。

图 8-7 星型局域网

8.2.4 介质访问控制技术

由于局域网是由一组共享网络传输带宽的设备组成,因此就需要某种手段来控制对传输介质的访问,以保证有序、有效且公平合理地使用网络传输带宽。介质访问控制技术就是控制网络中各个节点之间信息的合理传输,对信道进行合理分配的方法。

介质访问控制技术根据控制分为:集中式控制和分布式控制。在集中模式中,要指定一个有权决定接入网络的控制器,一个站必须一直等到收到控制器发来的许可。在分布模式中,由各站共同完成媒体接入控制功能,动态决定站发送的顺序。

介质访问控制技术还可以根据控制方法不同分为:静态信道化方式和动态介质访问方式。其中,静态信道化方式是将介质划分为彼此独立的信道后由特定的用户专用这些信道。信道化技术适用于站点产生稳定的信息流,从而能够有效利用专用信道的场合。动态介质访问方式能较好地适应用户业务量突发的情况,适合局域网使用。动态介质访

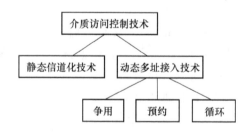

图 8-8 介质访问控制方式

问技术有三种基本方式:循环、预约和争用。图 8-8 是各种介质访问控制方式。

1. 循环

在循环方式中,每个站轮流有发送机会。在轮到某个站发送时,它最少可以不发送,最多可以发送事先规定的最大上限。一旦该站完成当前一轮的发送,它将取消自己的发送资格,而把发送权传送到逻辑序列上的下一个站。发送次序的控制既可以是集中式的(如轮询法),也可以是分布式的(如令牌法)。

当很多站都有需要延续一段时间发送的数据或需要发送数据的站是可以预测的时候,循环发送技术就很有效。但当仅有少数站需要发送数据或发送数据的站是不可以预测的时候,循环接入方式就会造成大量不必要的开销。在这种情况下,就需要应用其他技术。根据数据量特征是以流通信为基础还是以突发通信为基础的不同而使用不同的技术。其中,流通信的持续时间长,通信量大,如话音通信、大批文件传输;突发通信则是以短的、零星的传输方式为特征。

2. 预约

预约技术适用于流通信,类似同步时分复用方法把占用媒体的时间细分为时隙。需要发送数据的站首先要预约未来的时隙,申请后续传输的时间片。预约控制既可以是集中式的,也可以是分布式的。

3. 争用

争用技术通常适于突发通信。在争用方式下,不事先确定站占用媒体的机会,而是让所有站以同样的方式竞争占用媒体。其主要优点是实现简单,在网络负荷小的情况下比较适用。表 8-1 列出了一些在局域网和城域网标准中定义的介质访问控制技术。

表 8-1　标准化的介质访问控制技术

	总线型拓扑	环型拓扑	星型拓扑
循环	令牌总线(IEEE 802.4) 轮询(IEEE 802.11)	令牌环(IEEE 802.5)	请求/优先级 (IEEE 802.12)
预约	分布队列双总线(IEEE 802.6)		
争用	CSMA/CD(IEEE 802.3) CSMA/CA(IEEE 802.11)		CSMA/CD(IEEE 802.3)

8.2.5　网络互联

根据 OSI 的分层模式,计算机局部网之间的互连分为 4 个层次,即物理层、数据链路层、网络层和传输层。实现这些不同层次上互连的硬件分别有中继器、集线器、网桥、路由器和网关。

1. 中继器

中继器工作在 OSI 的最低层——物理层,如图 8-9 所示。中继器的作用是放大通过网络传输的数据信号,用于扩展局部网的作用范围。由于中继器工作在物理层,所以它对于高层协议是完全透明的,即无论高层采用什么协议都与中继器无关。

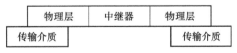

图 8-9　中继器在 OSI 中的层次结构

采用中继器所连接的网络,在逻辑功能方面是同一个网络。在图 8-10 所示的同轴电缆以太网中,两段电缆其实相当于一段。中继器仅仅起了扩展距离的作用,但它不能提供隔离功能。中继器的主要优点是安装简单,使用方便,几乎不需要维护。集线器也可以看成是一种中继器。

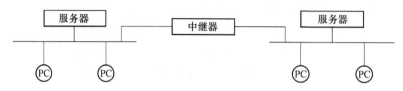

图 8-10　用中继器扩展局域网

2. 集线器

集线器将接到工作站的线缆集中起来,它是大多数网络中不可缺少的组件。集线器主要有 3 种类型。

(1) 有源集线器:也叫共享媒体集线器,可以再生和转发信号,就像中继器一样,如图 8-11 所示。因为集线器一般有多个连接计算机的端口,因此有时也把集线器称作"多端口中继器"。这种集线器需要电源。

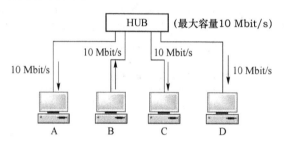

图 8-11　共享媒体集线器

(2) 无源集线器:无源集线器只是作为一个连接点,它不会再生信号,信号仅仅经过集线器。这种集线器不需要电源。配线板和分线盒都属于集线器。

(3) 智能集线器:也叫交换集线器,通常提供综合管理网络互连功能以及基于 SNMP 的网络管理功能,还提供桥接、选路和交换的功能,如图 8-12 所示。智能集线器能提供一组工作站之间的连接。这些智能集线器又可以通过一个骨干网连接起来,以便实现不同的工作组之间的通信。智能集线器还与骨干路由器相连,通过骨干路由器实现广域的连接。

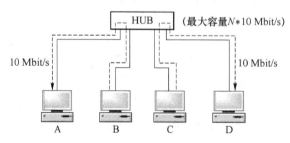

图 8-12　智能集线器

可以将集线器级联起来,从而扩展集线器网络的规模。集线器的优点是容易改变或扩展布线系统,它们使用不同的端口来适应不同类型的线缆,并且对网络的运行和流量进行集中监控。集线器有时也称为集中器,使用了它就不需要在每个节点或计算机的网络接口卡(NIC)上配置收发器了。

3. 网桥

网桥是数据链路层的网络互连设备,如图 8-13 所示。当一个信息包通过网桥时,网桥检查它的源地址和目的地址。如果这两个地址分别属于不同的网络,则网桥把该信息包转发到另一个网络上,反之则不转发,所以网桥具有过滤和转发功能,因此能起到网络的隔离作用,这样提高了网络的整体效率。

网桥对高层协议也是透明的。网桥还有一个重要特点——它能连接各种不同传输介质的网络。

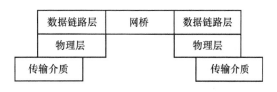

网桥的最简单形式是互连两个局部网的两端口网桥,如图 8-14(a)所示。由于网桥具有隔离作用,所以网络的运

图 8-13 网桥在 OSI 中的层次结构

行效率高。当两个网络上的节点访问各自的服务器时,它们同时工作,互不干扰。还有多端口网桥,将多个局部网互连,称为多路网桥。网桥还可以分近程网桥和远程网桥。近程网桥直接把网络的传输介质连入网桥。远程网桥则通过长途线路连接网络。两个局部网通过远程网桥互连时,每个网络上都要安装一个网桥,如图 8-14(b)所示。

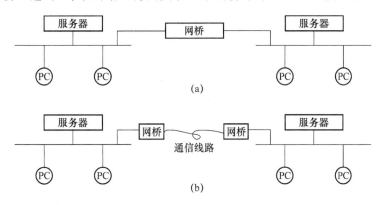

图 8-14 用网桥扩展网络

在网络互联设备中,网桥比路由器出现得早。网桥用于连接网段(例如,通过连接 5~10 个单独的工作组可以形成一个逻辑的 VLAN)。网桥也可以用来增加网络上计算机的数量,或者延伸某个网段的距离,使其超出规范规定的范围。同样,网桥也可用于网络分段,从而降低业务瓶颈或控制网络业务流。网桥连接的网络可以是相同类型的,也可以是不同类型的。网桥有以下几个重要功能:

(1)地址学习:当网桥首次接入网络时,它发出通知:"喂,我是你的新网桥。你们的地址是什么?"所有其他设备对它做出响应:"喂,欢迎你!",并附带送出自己的地址。网桥根据获知的地址建立一个本地地址表,称作介质访问控制子层地址。这个 MAC 子层(对

应于 OSI 参考模型的第 2 层)控制对共享传输介质的访问。它负责生成数据帧,并将比特置于有特定意义的字段中。

(2) 执行分组路由功能:网桥过滤分组、丢弃分组或者转发分组。

(3) 使用扩展树算法:网桥使用生成树算法来选择最有效的网络路径,同时屏蔽所有其他可能的路径。

网桥不提供路由能力,即它不能寻址某个目的网络。它所能做的只是判断目的地址是否和它在同一个网段上,如果目标地址是其他网段的,网桥将向它所知道的每一个其他网段发送消息。网桥可以用于本地和远端,但现在它们主要还是用于本地环境。它主要用来隔离本地的业务,由于不具备智能化的路由功能,因此网桥比传统的路由器处理速度更快,价格也更便宜。

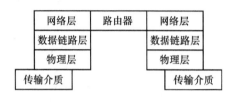

图 8-15 路由器在 OSI-RM 中的层次结构

4. 路由器

路由器是网络层的网络互连设备,如 8-15 所示。路由器中存放着一个路由表,根据它决定用户数据的流向。路由器可以用于连接多个网络和多种传输介质,适用于复杂和大型的网络互连。由于路由器工作在网络层,所以网络层以下的低层协议不能使用。

路由器具有以下特点:

(1) 在多个网络和不同传输介质之间提供网络互连,例如,一台路由器可以互连若干个以太网和一个 X.25 网;

(2) 不需要相互通信的网络之间保持永久连接,路由器能够根据需要建立新的连接,提供动态带宽,拆除闲置的连接;

(3) 能够提供可靠传输、优先服务,还能按路由配置提供最便宜和最快速的服务;

(4) 使用路由器可使互连的网络保持自己的管理控制范围,保证网的安全。

由于路由器具有上述特点,除了用于局部网之间的互连外,也用于实现局部网和广域网的互连。如 8-16 所示。

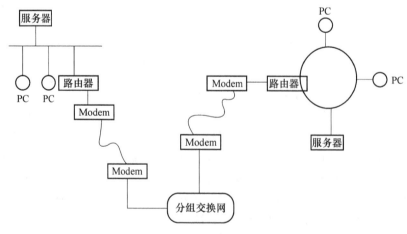

图 8-16 用路由器连接网络

路由器可以在网络变化时,做出变更路由的决定。因此,它可以为单个分组从多个通信路径选择适宜的路由。网桥选择一条路径时,抑制其他可能的路径,而路由器是在许多路径中进行动态选择。路由器根据用户的要求选路,包括成本、速度和优先等级等。

路由器是基于具体协议的,它可以支持多种协议,比如 TCP/IP 或 Novell 的 IPX/SPX。问题的关键在于,路由器所支持的每个网络互联协议都需要有自己单独的路由。因此,路由器支持的协议越多就越复杂,这就需要更大的内存,当然价格也越高。

路由器的功能如下:

(1) 学习,路由器可以获知与它相连的网络设备的地址,并据此建立地址表;

(2) 过滤,路由器根据地址信息来过滤分组;

(3) 选路和交换,路由器根据网络地址、距离、成本以及可达性来为分组选择最佳路径;

(4) 适应网络状况,路由器可以根据网络流量,通过改变它所选择的最佳路径,来适应网络状况的变化。

路由器是如何工作的呢?下面来回答这个问题。路由器有输入端口和输出端口,前者用来接收分组,后者用来向分组的目的地发送分组。当分组到达输入端口时,路由器检查分组报头,获取目的地址,并根据目的地址查找“路由表”。根据路由表中的信息,分组被送到某个特定的输出端口,然后输出端口将分组发送到下一个路由器,这个路由器离分组的目的地址更近了一步。分组是逐节点传送的(即路由器到路由器),这是因为,路由器在每一个节点把目的 MAC 地址变为下一个节点的 MAC 地址。当然,目的网络地址保持不变,而目的 MAC 地址则在每个节点处发生改变,只有这样分组才能从一个节点传到下一个节点。

如果分组到达输入端口的速度超过路由器的处理速度,分组就被送到一个“输入队列”中。路由器随后根据接收分组的先后顺序处理队列中的分组。如果接收到的分组数目超过了队列的长度,分组可能被丢弃。这时,可以通过收发端计算机上的差错控制机制来重发分组。

5. 网关

网关用于两个完全不同的网络互连。网关工作在 OSI 的高三层,即会话层、表示层和应用层,如图 8-17 所示。网关的重要特点是具有协议转换功能,也就是把一种网络协议转换到另一种协议,并且还保留原有的功能。所以网关也称为协议转换器。网关主要用于通用的网络系统,如电子邮件等。

由于网关提供一种协议到另一种协议的转换功能,因此它的效率比较低,透明性不好,而且具有应用相关性。网关的管理比网桥和路由器更加复杂。

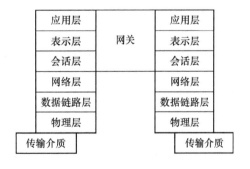

图 8-17　网关在 OSI-RM 中的层次结构

8.3　以太网

8.3.1　以太网概述

以太网（Ethernet）最初是美国 Xerox 公司和 STANFORD 大学于 1975 年合作推出的一种局域网。后来，由于微机的快速发展，DEC、Intel、Xerox 三公司合作，于 1980 年 9 月第一次公布 Ethernet 物理层和数据链路层的规范，也称 DIX 规范。IEEE 802.3 就是以 DIX 规范为主要来源而制定的以太网标准。目前已成为国际流行的局域网标准之一。

以太网是一种使用逻辑总线型拓扑和载波侦听多路访问/冲突监测（CSMA／CD）的差错监测和恢复技术的网络形式。它采用基带传输，通过双绞线和传输设备，实现 10 Mbit/s 或 100 Mbit/s 或 1 Gbit/s 的网络传输。从最初的同轴电缆上的共享 10 Mbit/s 传输技术，发展到现在的双绞线和光纤上的 100 Mbit/s 甚至 1 Gbit/s 的传输技术、交换技术等，应用非常广泛，技术成熟。

通常我们所说的以太网主要是指以下三种不同的局域网技术：

（1）以太网/IEEE 802.3，通常采用同轴电缆作为网络媒体，传输速率达到 10 Mbit/s；

（2）100 Mbit/s 以太网，又称为快速以太网，通常采用双绞线作为网络媒体，传输速率达到 100 Mbit/s；

（3）1 000 Mbit/s 以太网，又称为千兆以太网，通常采用光缆或双绞线作为网络媒体，传输速率达到 1 000 Mbit/s（1 Gbit/s）。

8.3.2　以太网的关键技术

以太网采用的是逻辑总线型的拓扑结构，而在这种结构中，应用最广泛的媒体接入控制技术就是基于循环控制方式的冲突检测载波监听多点接入（CSMA/CD）。这一技术成为以太网的基础。CSMA/CD 及其几个前身统称为随机接入或争用技术。在这些技术中，任意站发送的时间都无法预测或调度，它们发送数据的时间是随机的，因此需要争用接入媒体的时间。

CSMA/CD 最早起源于为分组无线网络研制的 ALOHA，ALOHA 是一种真正的自由争用技术。它非常简单但也存在很多问题，在这种技术中，冲突（多于一个站在同一时间发送数据）的数量会随着负荷的增加而迅速增长，这使得信道的最大利用率只有 18％。为了提高效率，出现了时隙 ALOHA，但是这种利用率仍然无法满足局域网中的传输要求。CSMA（载波监听多点接入技术）的出现解决了这个问题，它可以达到的最大利用率远远超过了 ALOHA 和时隙 ALOHA。它的最大利用率取决于帧的长度和传播时延。帧越长或传播时延越短，信道的利用率就越高。

CSMA 是基于一种假设：两站间的信息传播时间远小于帧的发送持续时间。在这种情况下，当一个站发送信息时，其他站立即就会知道。如果某个站想要发送消息，而这时它监测到有其他站在发送信息，它就会等这个站发送完再发。这样只有在两个站几乎同时发送信息时，才会产生冲突。而这种情况很少会产生，因此就大大降低了冲突的概率。

在 CSMA 中,要发送数据的站首先监听信道,判断是否有其他站正在发送数据。如果信道正在被使用,那么它就必须等待;如果信道空闲,没有其他站发送数据,那么它就可以开始发送数据。因为信道空闲时,每个站都可以发送数据,因此就可能有两个或多个站同时要发送数据,从而产生冲突。这时冲突各方的数据会互相干扰,无法被目的站点正确接收。为此,当站发送数据后一段时间内没有收到确认,就假定为发生冲突并且重传。

在 CSMA 中存在一个显著低效的情况:当两个帧发生冲突时,在两个被破坏帧的发送持续时间内,信道是无法使用的。这样当帧越长,所浪费的带宽就越大;而如果在发送时可以继续监听信道,就可以减少这种浪费,这就是 CSMA/CD。CSMA/CD 在各个站采用以下算法:

(1) 如果信道空闲,则发送,否则转到第 2 步;

(2) 如果信道忙,继续监听,直到信道空闲,然后立即发送;

(3) 如果在发送过程中检测到冲突,就发送一个干扰信号,保证所有站都知道发生了冲突,然后停止发送数据;

(4) 随机等待一段时间,继续重传(从第 1 步开始重复)。

对于基带总线来说,冲突发生时,会产生一个比正常发送的电压更高的摆动,因此,如果某个站在发送分接头点检测到电缆上的信号值超过了单独发送所能产生的最大值,就认为发生了冲突。由于信号在传输过程中会产生衰减,因此,当两个站离得很远的时候,由于衰减的原因,会导致冲突信号的强度无法超过冲突检测的门限值。所以,IEEE 规定,限制 10BASE5 同轴电缆的长度最长不超过 500 m,10BASE2 同轴电缆的长度最长不超过 200 m。

8.3.3　几种常见的以太网

IEEE 802.3 标准具有灵活性和多样性的特点。为了区别目前的多种实现,IEEE 802.3 委员会开发了一种协议的表示法:

＜数据速率(以 Mbit/s 计)＞＜信令方式＞＜最大网段长度(以一百米计)＞

在 10 M 的以太网中定义了以下几种协议:

- 10BASE5
- 10BASE2
- 10BASE-T
- 10BASE-F

其中,10BASE-T 和 10BASE-F 不完全满足以上的记法,"T"代表双绞线,"F"代表光纤。

快速以太网,是指一组由 IEEE 802.3 委员会开发的标准,它们提供价格低廉,运行在 100 Mbit/s 上的,与以太网兼容的局域网。在这些标准中,最外层的设计是 100BASE-T。在快速以太网中定义了以下几种协议,用于不同的传输媒体:

- 100BASE-T4
- 100BASE-X
- 100BASE-TX

- 100BASE-FX

所有 100BASE-T 的可选项都使用 IEEE 802.3 中的 MAC 协议和控制格式。100BASE-X 的物理层采用光纤分布式数据接口（FDDI）。所有 100BASE-X 在两个节点间使用两个物理链路，一个用于发送，一个用于接收。100BASE-TX 采用无屏蔽双绞线（UTP）。100BASE-FX 采用光纤。

1995 年底，IEEE 802.3 委员会成立了一个高速研究小组，研究如何以千兆位的速度传递以太网格式的分组。千兆以太网的策略与快速以太网一样，虽然定义了新的媒体和传输协议，但仍然保留了 CSMA/CD 协议和以太网的格式。它与 100BASE-T 和 10BASE-T 是兼容的，可以保持平滑过渡。

光以太网技术是现在两大主流通信技术——以太网和光网络——的融合和发展。它集中了以太网和光网络的优点，如以太网应用普遍、价格低廉、组网灵活、管理简单，光网络可靠性高、容量大。光以太网的高速率、大容量消除了存在于局域网和广域网之间的带宽瓶颈，将成为未来融合话音、数据和视频的单一网络结构。在打造光以太网的众多技术中，10 G 以太网技术是目前受到业内人士高度关注的链路层技术，IEEE 已经于 2002 年 6 月正式发布了 802.3ae 标准，新的标准仍然采用 IEEE 802.3 以太网媒体访问控制（MAC）协议、帧格式和帧长度。

1. 10BASE-T 双绞线以太网

10BASE-T 是 1990 年由 IEEE 认可的，编号为 IEEE 802.3i，T 表示采用双绞线，现在 10BASE-T 采用的是非屏蔽双绞线。在 10BASE-T 中，定义了星型拓扑结构，一个简单的系统是由一组站点和一个中心节点（多端口转发器）组成。每个站点通过两根双绞线连接到中心节点。中心节点从任意线上接收输入，并且在其他所有线路上转发。鉴于无屏蔽双绞线的高数据率和低的传输质量，因此链路的长度限制在 100 m。而如果采用光纤链路的话，最大长度是 500 m。

10BASE-T 的主要技术特性：

（1）数据传输速率为 10 Mbit/s 基带传输；

（2）每段双绞线最大长度 100 m（HUB 与工作站之间及两个 HUB 之间）；

（3）一条通路允许连接的 HUB 数是 4 个；

（4）拓扑结构是星型或总线型；

（5）访问控制方式为 CDMA/CD；

（6）帧长度可变，最大为 1 518 个字节；

（7）最大传输距离 500 m；

（8）每个 HUB 可连接的工作站数为 96 个。

10BASE-T 的连接主要以集线器 HUB 作为枢纽，工作站通过网卡的 RJ45 插座与 RJ45 接头相连，另一端 HUB 的端口都可供 RJ45 的接头插入，装拆非常方便。10BASE-T 由于安装方便，价格比粗缆和细缆都便宜，管理、连接方便，性能优良，所以它一经问世就受到广泛的注意和大量的应用。

2. 100BASE-T 快速以太网

100BASE-T 的信息包格式、包长度、差错控制及信息管理均与 10BASE-T 相同，但信息传输速率比 10BASE-T 提高了 10 倍。

100BASE-T 与 10BASE-T 不同的主要技术特性有：

(1) 介质传输速率为 100 Mbit/s 基带传输；

(2) 拓扑结构为星型；

(3) 从集线器到节点最大距离为 100 m(UTP)或 185 m(光缆)；

(4) 两个 HUB 之间的允许距离小于 5 m。

3. 千兆位以太网

千兆位以太网是一种新型高速局域网，可以提供 1 Gbit/s 的通信带宽，采用和传统 10/100 M 以太网同样的 CSMA/CD 协议、帧格式和帧长，因此可以实现在原有低速以太网的基础上平滑、连续性的网络升级，从而能最大限度地保护用户以前的投资。

在千兆位以太网协议中，共享媒体集线器模式比基础的 CSMA/CD 模式有两大提高：

(1) 载波扩充：载波扩充是在短的 MAC 帧的末尾加上了一组特殊的符号，使每一帧从 10 Mbit/s 和 100 Mbit/s 的最小的 512 比特提高到至少 4 096 比特。从而保证一次传输的帧长度超过 1 Gbit/s 时的传输时间。

(2) 帧突发：帧突发是允许连续发送某个限制内的多个短帧，从而无需在每个帧之间放弃对 CSMA/CD 的控制。帧突发可以避免当某个站点有多个小帧要发送时，载波扩充所产生的耗费。

对于提供对媒体的专用接入的交换集线器来说，不需要载波扩充和帧突发技术。因为在站点上，数据传输和接收可以通过交换集线器同时进行，不存在对共享媒体的争用。

图 8-18 是一个千兆以太网的典型应用。一个 1 Gbit/s 的交换集线器为中央服务器和高速工作组提供与主干网的连接。每个工作组的集线器既支持以 1 Gbit/s 的链路连接到主干网集线器上，来支持高性能的工作组服务器；同时又支持以 100 Mbit/s 的链路连接到主干网集线器上，来支持高性能的工作站、服务器。

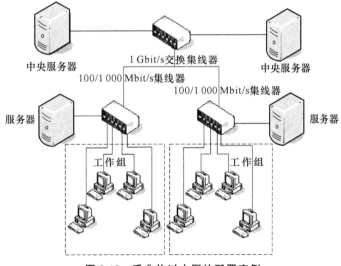

图 8-18 千兆位以太网的配置实例

4. 10 G 以太网

随着 10 G 以太网标准(IEEE 802.3ae)的形成,人们相信以太网的应用范围必将得以从局域网延伸到城域网和广域网。光以太网概念的提出,首先将给城域网带来革命性的变化。现在的城域网是基于 SDH 的体系结构。SDH 最初是面向低速、电路交换的话音业务而设计的,虽然其同步机制可保证良好的 QoS 性能,提供 50 ms 的电路保护倒换时间,缺点是 SDH 设备价格昂贵,用于数据业务时不够灵活、效率低下。光以太网基于现在应用非常普遍、技术成熟的以太网技术,并对网管和流量工程等方面的功能进行了加强,以便应用于现在的电信网络,满足城域网对数据速率和传输链路可靠性的要求。

在光以太网的众多技术中,10 Gbit/s 以太网技术是目前受到业内人士高度关注的链路层技术,IEEE 已经于 2002 年 6 月正式发布了 802.3ae 标准,新的标准仍然采用 IEEE 802.3 以太网媒体访问控制(MAC)协议、帧格式和帧长度,它和以往的以太网标准相比主要有以下几点区别:

(1) 全新的 64 B/66 B 编码方式引入;

(2) 全新定义的物理层介质类型(LAN/WAN 两大类,八种介质类型);

(3) 仅定义光纤介质类型;

(4) 仅支持全双工的 MAC 层操作;

(5) 在 WAN 类型中引入 WIS 接口子层,提供 MAC 帧到 OC-192 帧的映射和速率匹配机制,通道开销、线路开销、段开销字节被大量简化;

(6) 在 XGMII 接口下附加 XAUI 接口选项,采用 4 路 8 对低电压差分串行信号线传输,传输信号经过 8 B/10 B 编码,信号自带时钟;使 MAC 层芯片到 PHY 芯片的布线距离延长至 50 cm,尤其适合于分布式机架系统;

(7) 支持无中继链路距离超过 40 km(SMF/1 550 nm),适合城域网应用。

10 Gbit/s 以太网的优点是减少网络的复杂性,兼容现有的局域网技术并将其扩展到广域网,降低了系统费用,并提供更快、更新的数据业务。它是一种融合 LAN/MAN/WAN 的链路技术,可构建端到端的以太网链路。

8.4 家庭网

8.4.1 家庭网概述

住宅最早的功能是为人类提供遮风避雨和安全防护的场所。随着人类改造自然能力的不断提高,对住宅的要求也相应地不断增强。人们期望住宅能够不断满足其对舒适、安全、高效、便捷等方面的要求,智能住宅是信息时代人们对住宅的一种期望。智能住宅的目标是借助计算机来使居住者获得安全、健康和幸福的生活。当然,这样的智能住宅目前还没有完全实现,但到了机器智能年代,这些目标都会实现的。目前的智能住宅能综合管理居住者的家庭、工作、学习和休闲活动,可以承担很多家庭管理任务,自动地完成家务并具有自学习功能。在智能住宅中存在大量的智能设备,包括智能设施(门、窗、电梯等)、智能家具(床、桌子等)和智能家用电器(电视、冰箱等)。如图 8-19 所示。

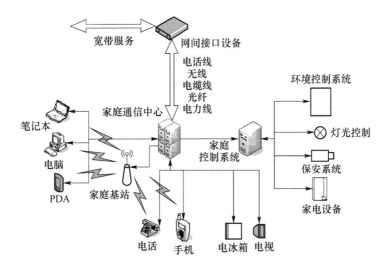

图 8-19　智能住宅示意图

　　智能设备之间的信息交互需要通信的信道,家庭拥有的智能设施和附件越多,就越有可能需要一个网络来进行信息的交换,以便实现它们的价值。因此,智能住宅的一个关键组成部分就是家庭网(HAN),它是一种不可见的信息设施,连接着住宅内的所有智能设备。它可以从任何一处控制这些设备,可以单独控制也可以成组控制。

1. 家庭网的组成

　　家庭网的网络组件种类繁多,涉及收发器或通信接口,用于各种网络设备的网络接口卡、网关、服务器、传感器、控制器和某种形式的操作系统。家庭网支持各种宽带接入方式,包括 DSL、混合方式、光纤和无线。这些宽带连接首先接入家庭网络网关,然后连接到一个通信集线器或是一个住宅网关设备上,在这里将信号分离,并分别传送到相应的接收器。从住宅网关到各种接收设备之间可以有多种不同的连接方式,从而构成不同的网络,如图 8-20。用户可以通过一个自动控制网络,在其上配置不同的传感器来实现家庭自动管理;也可以通过无线网络来实现室内和住宅周围的漫游;用户还可以通过高速的计算机和娱乐网络来从事一些专业或休闲的活动。

2. 家庭网的特点

家庭网具有如下的特性:

　　(1) 无障碍性:支持大量已有室内连线方案,如电话线、结构化布线、同轴电缆等;

　　(2) 灵活性:能够接受不同类型的连线方案和标准,以便系统方案的升级和扩展;

　　(3) 廉价:因为网络只是用于连接各种设备,而其本身不是末端设备,价格的优势将加快其应用的脚步;

　　(4) 易于实现:无论用户还是供应商都可以方便地设计和实现网络方案,这无疑会带来更多的用户。

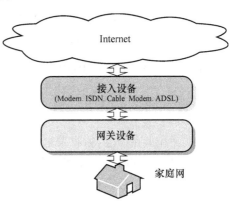

图 8-20　家庭网的对外连接模式

8.4.2　家庭网的组网技术

家庭网可以有多种实现方式,可以使用音频电话线、电力线、无线、光纤或其他技术。到目前为止,使用最多的是电话线方式,其次是无线方式,然后是电力线方式。在不久的将来,我们有望看到无线方式和电力线方式的普及。

(1)电话线上的家庭网

家庭网中可以使用电话线。电话线实现方案的优点是可以使用电话线将 PC 和外围设备连接起来,从而共享因特网的接入。缺点是不能提供足够的网络接入点,来支持家中的普遍计算,另外,这也不是一个长久的骨干解决方案。

(2)电力线上的家庭网

电力线方案的优点是,它是一种理想的数据网络结构,因为大多数设备为了能够工作,首先必须接上电源。但这种方式因为受到电源的可用性和放置位置的限制,组网不够灵活。

(3)无线家庭网

无线家庭网有如下标准:

① IEEE 802.11 最初支持 1 Mbit/s 到 2 Mbit/s 的速率,工作在 2.4 GHz 频段。后来,相继推出了两种补充标准:802.11a(支持 40 Mbit/s 速率,工作在 5.8 GHz 频段)和802.11b(支持 11 Mbit/s 速率,工作在 2.4 GHz 频段)。

② HomeRF 工作组使用的是共享无线接入协议(SWAP)和调频技术。SWAP 系统可以是一个自组织网络,也可以是一个受连接点控制的网络。

③ 蓝牙是一种点对点的短距离无线发送技术(约 30 m),可用于很多设备中。

目前存在很多的 HAN 标准,因此会涉及到很多互操作的问题。无线的主要优点是设备在通信过程中可以移动。缺点是带宽有限,且还存在着没有解决的安全问题、网络入侵问题、其他无线资源的干扰问题,以及成本相对昂贵等问题。

(4)有线家庭网

有线网络包括通用串行总线(USB)、5 类线或 10BASE-T 和 IEEE 的 1394。有线网络标准的优势是可靠性和健壮性。但要想大规模进入市场,就需要有一种"无需布线(no new wire)"技术。因此,这些标准主要用于那些使用结构化布线的新家中。

8.4.3　家庭网的应用前景

结合当前信息技术的发展和人类对居住环境的要求,可以预见未来的数字家居应能提供以下功能:

(1)收发和保存信息,如收发电子邮件、浏览网上信息、订阅电子刊物等。

(2)管理个人或家庭的经济情况,作出最优的收支规划,提供合理的建议和提示。

(3)管理家庭的通讯需求。

(4)管理电源和设备的使用:这一方面也是数字家居所应具有的主要功能之一。通过网络管理系统软件监控家庭内各种设备,如进行家庭内灯光的控制、电器设备的远程控制、室内环境的优化调节等。同时还能够提供一些经济方面的优化决策控制,如能够根据不同用电时段和峰谷电费差价,合理控制家电的运行。

(5) 提供安全和可靠的环境:通过在家庭内安装各种检测报警装置来实现家庭的保安、消防以及其他需求。如通过加装摄像头,可以监视房间周边环境和诸如婴儿房等特殊场所;通过烟气传感器、温度传感器、特殊气体传感器,预防房间失火和有害气体过量;通过加装红外传感器、门磁、薄膜窗花、无线微波等报警装置,可防止窃贼入侵等。

(6) 实现个性化的定制服务:根据个人或家庭的需求和可接受的费用,定制相应的网络系统,调配家庭环境和各种设备,根据生活习惯调节室内环境参数,定时启停家电设备等。

(7) 无需维护的运行:整个家庭内各种设备都连接到其网络上,通过网络上运行的管理软件,可实现对设备的监测和故障诊断功能。一旦出现故障,家庭管理系统会给出故障提示,并自动通过家庭内的网间接口设备向设定的相应维修单位报修,无需主人亲自动手。

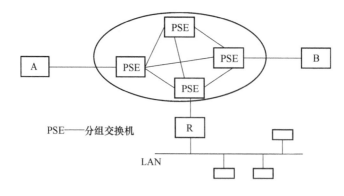

第9章

广 域 网

9.1 广域网概述

近年来,计算机通信网的重要组成部分——广域网(WAN)得到了很大的发展。20 世纪80 年代以来,ISO 公布了 OSI 参考模型,提供了计算机网络通信协议的结构和标准层次划分,使得异种计算机的互连网络有了一个公认的协议准则;另外,微机的高速发展,促进了 LAN 的标准化、产品化,使它成为 WAN 的一个可靠的基本组成部分。WAN 不仅在地理范围上超越城市、省界、国界、洲界形成世界范围的计算机互连网络,而且在各种远程通信手段上有许多大的变化,如除了原有的电话网外,已有分组数据交换网、数字数据网、帧中继网以及集话音、图像、数据等为一体的 ISDN 网、数字卫星网 VSAT(Very Small Aperture Terminal) 和无线分组数据通信网等;同时 WAN 在技术上也有许多突破,如互连设备的快速发展,多路复用技术和交换技术的发展,特别是 ATM 交换技术的日臻成熟,为广域网解决传输带宽这个瓶颈问题展现了美好的前景。

1. 广域网的概念

广域网是将地理位置上相距较远的多个计算机系统,通过通信线路按照网络协议连接起来,实现计算机之间相互通信的计算机系统的集合。

广域网由交换机、路由器、网关、调制解调器等多种数据交换设备、数据连接设备构成,具有技术复杂性强、管理复杂、类型多样化、连接多样化、结构多样化、协议多样化、应用多样化的特点。如图 9-1 所示是一个典型的广域网组成。

图 9-1 典型广域网

160

2. 广域网的类型

广域网能够连接距离较远的节点。建立广域网的方法有很多种,如果以此对广域网来进行分类,广域网可以被划分为:电路交换网、分组交换网和专用线路网等。

(1) 电路交换网

电路交换网是面向连接的网络,在数据需要发送的时候,发送设备和接收设备之间必须建立并保持一个连接,等到用户发送完数据后中断连接。电路交换网只有在每个通话过程中建立一个专用信道。它有模拟和数字的电路交换服务。典型的电路交换网是电话拨号网和 ISDN 网。

(2) 分组交换网

分组交换网使用无连接的服务,系统中任意两个节点之间被建立起来的是虚电路。信息以分组的形式沿着虚电路从发送设备传输到接收设备。大多数现代的网络都是分组交换网,例如 X.25 网、帧中继网等。

(3) 专用线路网

专用线路网是指两个节点之间建立一个安全永久的信道。专用线路网不需要经过任何建立或拨号进行连接,它是点到点连接的网络。典型的专用线路网采用专用模拟线路、E1 线路等。

3. 广域网与局域网的比较

广域网是由多个局域网相互连接而成的。局域网可以利用各种网间互联设备,如中继器、网桥、路由器等构成复杂的网络,并扩展成广域网。

局域网与广域网的不同之处在于:

(1) 作用范围

局域网的网络通常分布在一座办公大楼、实验室或者宿舍大楼中,为一个部门所有,涉及范围一般在几公里以内。广域网的网络分布通常在一个地区、一个国家甚至全球的范围。

(2) 结构

局域网的结构简单,局域网中计算机数量少,一般是规则的结构,可控性、可管理性以及安全性都比较好。广域网由众多异构、不同协议的局域网连接而成,包括众多各种类型的计算机,以及上面运行的种类繁多的业务。因此广域网的结构往往是不规则的,且管理和控制复杂,安全性也比较难于保证。

(3) 通信方式

局域网多数采用广播式的通信方式,采用数字基带传输。广域网通常采用分组点到点的通信方式,无论是在电话线传输、借助卫星的微波通信以及光纤通信采用的都是模拟传输方式。

(4) 通信管理

局域网信息传输的时延小、抖动也小,传输的带宽比较宽,线路的稳定性比较好,因此通信管理比较简单。在广域网中,由于传输的时延大、抖动大,线路稳定性比较差,同时,通信设备多种多样,通信协议也种类繁多,因此通信管理非常复杂。

(5) 通信速率

局域网的信息传输速率比较高,一般能达到 10 Mbit/s、100 Mbit/s,甚至能够达到千兆。传输误码率比较低。一般为 $10^{-11}\sim10^{-8}$。而在广域网中,传输的带宽与多种因素相关。同时,由于经过了多个中间链路和中间节点,传输的误码率也比局域网高。

9.2 广域网技术

如本书第 7 章所介绍,彼此通信的多个设备构成了数据通信网。通信网可以分为交换网络和广播网络,在交换网络中又分为电路交换网络和分组交换网络(包括帧中继和 ATM);而在广播网络中包括总线型网络、环型网络和星型网络。由于广域网中的用户数量巨大,而且需要双向的交互,如果采用广播网会产生广播"风暴",导致网络失效。因此在广域网中主要采用的是交换网络。

与数据广域网相关的技术问题主要介绍三个:

(1)路由选择。由于源和目的站不是直接连接的,因此网络必须将分组从一个节点选择路由传输到另一个节点,最后通过整个网络。

(2)分组交换。路由选择确定了输出端口和下一个节点后,必须使用交换技术将分组从输入端口传送到输出端口,实现输送比特通过网络节点。

(3)拥塞控制。进入网络的通信量必须与网络的传输量相协调,以获得有效、稳定、良好的性能。

9.2.1 分组交换

1. 分组交换简介

1970 年左右,人们开始研究一种新的长途数字数据通信的体系结构形式:分组交换。虽然目前使用的分组交换技术与那时相比已经取得了很大的进展,但是今天分组交换的基本技术与 20 世纪 70 年代的网络技术基本上是相同的,而且分组交换仍然是实现长途数据通信少数有效的技术中的一种。并且两种最新的广域网技术,帧中继和 ATM,基本上是分组交换方式的变种。

分组交换是作为一种解决交互式处理应用的技术而发展起来的,它设计用来支持突发性的数据流的传送,这种业务流的持续连接时间长而业务量低。分组交换网络采用了统计复用技术,即多个会话连接可以共享一条通信信道,这无疑大大提高了传输效率。然而,共享通信链路会引入时延。因此未来我们要考虑的一个关键问题是分组交换网络如何传送时延敏感的业务流,比如实时业务流。在分组交换网络中,分组通过一系列中间节点进行选路,通常要跨越多个网络。它们以存储-转发的方式在一系列分组交换机(即路由器)之间转发,最终到达目的地。在传输过程中信息被分割成包含目的地址和序列号的分组。

为了更好地理解数据传输机制,让我们做个类比。我们把通信网络看作是一个公路交通网络,这个网络上的道路由碎石铺成,并且是崎岖不平的单行的小巷。这就相当于传统的语音信道,由双绞线构成,在有限的频谱范围内传送语音。我们可以把碎石路弄平整,使其表面更光滑些,这就相当于通信中的 xDSL。在这条通道上可以容纳稍多一些的信息,并且传送的速率也高一些。随后我们可以建造一条 4 车道的大街,这相当于同轴电缆。我们还可以修建一条更为高级的每个方向 8 车道的洲际高速公路,能够提供给我们比传统道路大几倍的运输能力,这种高级公路相当于通信上的光纤。我们甚至可以在空中进行运输,这相当于通信中的无线领域。

在这些道路上跑的是车辆,它们相当于通信中的分组,如 X.25、帧中继和 IP。不同的车辆可以运送不同数目的旅客,它们的运动控制机制也不相同。车辆经过中转站的速度有快有慢。因此,IP 就像是一辆公共汽车。公共汽车在哪些方面优于法拉利跑车呢?公共汽车可以装载很多旅客,而且在车站之间运送这些旅客只需要一位司机。然而,公共汽车通过十字路口或中转站的时间比法拉利跑车长。法拉利跑车可以飞快地穿过十字路口,而公共汽车却只能笨重地驶过,这就相当于通信中的时延。小型车辆能够更快地通过中转站,从而可以减少时延,但是大型车辆降低了所需要的司机人数。你可以用较少的控制方法运送较多的旅客,但是要以更长的时延为代价。此外,当十字路口出现阻塞时,法拉利跑车可以从道路的缝隙中穿过绕过阻塞,继续行驶,而公共汽车只有被迫等待,因为公共汽车不容易转向。

理解各种分组的格式就可以弄清它们各自的优点和缺点。各种分组技术的差别包括:分组中包含的比特数目,对于分组的时延和丢失有多少控制手段,分组寻址和传送机制等等。

2. 分组交换的基本原理

分组交换的基本原理是采用"存储-转发"技术,从源站发送报文时,将报文划分成有固定格式的分组(Packet),把目的地址添加在分组中,然后网络中的交换机将源站的分组接收后暂时存储在存储器中,再根据提供的目的地址,不断通过网络中的其他交换机选择空闲的路径转发,最后送到目的地址。这样就解决了不同类型用户之间的通信,并且不需要像电路交换那样在传输过程中长时间建立一条物理通路,而可以在同一条线路上以分组为单位进行多路复用,所以大大提高了线路的利用率。

分组交换有两种方式:

(1)数据报方式。在这种方式中,每个分组按一定格式附加源与目的地址、分组编号、分组起始、结束标志、差错校验等信息,以分组形式在网络中传输。网络只是尽力地将分组交付给目的主机,但不保证所传送的分组不丢失,也不保证分组能够按发送的顺序到达接收端。所以网络提供的服务是不可靠的,也不保证服务质量。如图 9-2(a)所示,主机 H_1 向 H_5 发送的分组,有的经过节点 A—B—E,有的经过 A—C—E 或 A—B—C—E,主机 H_2 向 H_6 发送的分组,有的经过节点 B—D—E,有的经过 B—E。

数据报方式一般适用于较短的单个分组的报文。其优点是传输延时小,当某节点发生故障时不会影响后续分组的传输;缺点是每个分组附加的控制信息多,增加了传输信息的长度和处理时间,增大了额外开销。

(2)虚电路方式。它与数据报方式的区别主要是在信息交换之前,需要在发送端和接收端之间先建立一个逻辑连接,然后才开始传送分组,所有分组沿相同的路径进行交换转发,通信结束后再拆除该逻辑连接。网络保证所传送的分组按发送的顺序到达接收端。所以网络提供的服务是可靠的,也保证服务质量。如图 9-2(b)所示,主机 H_1 向 H_5 发送的所有分组都经过相同的节点 A—B—E,主机 H_2 向 H_6 发送的所有分组也都经过相同的节点 B—E。

这种方式对信息传输频率高、每次传输量小的用户不太适用,但由于每个分组头只需标出虚电路标识符和序号,所以分组头开销小,适用于长报文传送。

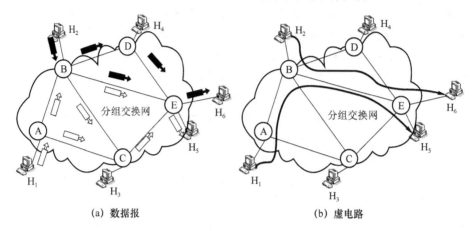

(a) 数据报　　　　　　　　　　(b) 虚电路

图 9-2　分组交换服务

3. 分组交换的优缺点

分组交换网与电路交换网相比有许多优点:

(1)线路利用率更高。因为结点到结点的单个链路可以由很多分组动态共享。分组被排队,并被尽可能快速地在链路上传输。

(2)一个分组交换网络可以实行数据率的转换。两个不同数据率的站之间能够交换分组,因为每一个站以它自己的数据率连接到这个结点上。

(3)排队制。当电路交换网络上负载很大时,一些呼叫就被阻塞了。在分组交换网络上,分组仍然被接受,只是其交付时延会增加。

(4)支持优先级。在使用优先级时,如果一个结点有大量的分组在排队等待传送,它可以先传送高优先级的分组,这些分组因此将比低优先级的分组经历更少的时延。

分组交换网与电路交换网相比也有一些缺点:

(1)时延。一个分组通过一个分组交换网结点时会产生时延,而在电路交换网中则不存在这种时延。

(2)时延抖动。因为一个给定的源站和目的站之间的各分组可能具有不同的长度,可以走不同的路径,也可以在沿途的交换机中经历不同的时延,所以分组的总时延就可能变化很大。这种现象被称为抖动。抖动对一些应用来讲是不希望有的(例如:电话话音和实时图像等实时应用中)。

(3)额外开销大。要将分组通过网络传送,包括目的地址在内的额外开销信息和分组排序信息必须加在每一个分组里。这些信息降低了可用来运输用户数据的通信容量。在电路交换中,一旦电路建立,这些开销就不再需要。

另外,分组交换网络是一个分布的分组交换结点的集合,在理想情况下,所有的分组交换结点应该总是了解整个网络的状态。但是,不幸的是,因为结点是分布的,在网络一部分状态的改变与网络其他部分得知这个改变之间总是有一个时延。此外,传递状态信息需要一定的费用,因此一个分组交换网络从来不会"完全理想地"运行。

9.2.2 路由选择

1. 路由选择的基本概念

分组交换网络是由众多节点通过通信链路连接成一个任意的网格形状。当分组从一个主机传输到另一个主机时,可以通过很多条路径传输。在这些可能的路径中如何选择一条最佳的路径(跳数最小、端到端的延时最小或者最大可用带宽)?路由算法的目的就是根据所定义的最佳路径含义来确定出网络上两个主机之间的最佳路径。为了实现路由的选择,路由算法必须随时了解网络状态的全部信息。

一个好的路由算法通常要具备以下的条件:

(1)迅速而准确的传递分组。如果目的主机存在,它必须能够找到通往目的地的路由,而且路由搜索时间不能过长。

(2)能适应由于节点或链路故障而引起的网络拓扑结构的变化。在实际网络中,设备和传输链路都随时可能出现故障。因此路由算法必须能够适应这种情况,在设备和链路出现故障的时候,可以自动地重新选择路由。

(3)能适应源主机和目的主机之间的业务负荷的变化。业务负荷在网络中是动态变化的,路由算法应该能够根据当前业务负载情况来动态地调整路由。

(4)能使分组避开暂时拥塞的链路。路由算法应该使分组尽量避开拥塞严重的链路,最好还能平衡每段链路的负荷。

(5)能确定网络的连通性。为了寻找最优路由,路由算法必须知道网络的连通性和各个节点的可达性。

(6)低开销。通常路由算法需要各个节点之间交换控制信息来得到整个网络的连通性等信息。在路由算法中应该使这些控制信息的开销尽量小。

2. 路由算法的分类

路由算法可以有不同的分类方式。根据响应的特性不同,可以分为静态路由算法(非自适应算法)和动态路由算法(自适应算法)。

(1)静态路由算法:在静态路由算法中,首先要根据网络的拓扑结构确定路径,然后将这些路径填入路由表中,并且在相当长的时间内这些路径保持不变。这种路由算法适合于网络拓扑结构比较稳定而且网络规模比较小的网络中。当网络比较大的时候,静态路由算法就不太适用了,因为它不能根据网络的故障和负载的变化来做出快速反应。

(2)动态路由算法:在动态路由算法中,每个路由器通过与其邻居的通信,不断学习网络的状态。因此网络的拓扑结构变化可以最终传播到整个网络中的所有路由器。根据这些收集到的信息,每个路由器都可以计算出到达目的主机的最佳路径。但是这种算法增加了路由器的复杂性,并且增大了选路时延。在所有的分组交换网络中都使用了某些自适应性路由选择技术,这就是说,路由选择的决定将随着网络情况的变化而变化。在自适应性路由选择技术中,影响路由选择的主要因素是:当一个结点或结点间链路出故障时,它就不能再被用作路径的一部分;当网络的某一部分出现严重的拥塞时,应使分组选择绕开拥塞区而不是通过拥塞区的路径。

路由算法根据控制方式还可以分为集中路由算法和分布式路由算法。

(1)集中路由算法:在集中式路由算法中,所有可选择的路由都由一个网控中心算出,并且由网控中心将这些信息加载到各个路由器中。这种算法只适用于小规模的网络。

(2)分布式路由算法:在分布式路由算法中,每个路由器进行各自的路由计算。并且通过路由消息的交换来互相配合。这种算法可以适应大规模的网络,但是容易产生一些不一致的路由结果。而这些不同路由器计算的不同路由结果可能会导致路由环路的产生。

路由可以是对每个分组进行单独选路或者在建立连接的时候确定路由。对于虚电路分组交换,路由也就是虚电路在连接建立期间确定的。一旦虚电路建立好之后,属于该虚电路的所有分组都将沿着这个虚电路传输。这样的传输效率比较高,但是对于故障和拥塞处理的反应能力比较慢。对于数据报的分组交换,不必要事先建立连接,每个分组的路由必须单独确定。这种方式的传输效率比较低,但是对于故障和拥塞避免的能力比较强。

3. 路由表和分级路由

(1)路由表

为了使交换机和路由器能够知道如何转发分组,就必须将路由的信息保存在路由表中。路由表中的信息与网络的类型有关,对于虚电路的分组交换,路由表要将每一个输入虚电路号转换为输出虚电路号,并且要标出转发分组的输出端口。在数据报网络中,路由表是根据分组的目的地址标出分组下一跳的输出端口。

在虚电路的分组交换网络中,主机发送分组的分组头中,有虚电路标记(VCI)来标识虚电路号。虚电路的标记仅仅是在本地有效,在每一段链路上拥有一个由交换机分配的虚电路标记,并且根据交换机中得到的虚电路号,一个虚电路的标记可以在交换机中转换为另一个不同的虚电路标记。使用本地的虚电路标记有两个优点:

① 虚电路标记只要求在一段链路上必须惟一,而不是全局惟一,这样可以有更多的虚电路号用来分配。

② 由于交换机只需要保证它本地虚电路号的惟一性,这样交换机分配虚电路标记的过程比较简单,花费少,速度快,而且管理和维护这些虚电路标记也都比较简单。

在数据报分组交换中,由于源主机和目的主机之间不需要连接,也就不需要建立虚电路。这时路由表中保存的是目的地址和相应的转发端口。由于目的地址比较长,一般都选择散列表。

(2)分级路由

在地址分配中如果采用分级路由的方法,就可以减少路由器必须保持的路由表的长度和每个表项的大小。在分级路由中,每个相邻的主机一般有公共的地址前缀。这样,路由器只需要检查地址的前缀就可以知道相应的路由。

4. 典型路由选择算法

在路由选择算法中,需要以某种尺度来衡量路径的"长度"。这些尺度可以是跳、成本、延时或者可用带宽。为了得到这些尺度值,路由器必须相互交换信息来协调工作,可以利用距离矢量和链路状态这两种算法来获得这些信息。

（1）距离矢量路由算法：这种算法要求相邻路由器之间交换路由表中的信息，这些信息是说明到目的地的距离矢量。当相邻路由器交换了这些信息后，就可以寻找最优的路由。这种算法可以逐渐与网络拓扑的变化相适配。

（2）链路状态路由算法：在这种算法中，每个路由器对连接它和相邻路由器的链路状态信息进行扩散，使每个路由器都可以得到整个网络的拓扑图，并根据这个拓扑图来计算最优路由。

目前最广泛使用的路由选择算法有 Bellman-Ford 算法和 Dijkstra 算法，还包括扩散法、偏差路由算法和源路由算法。

（1）Bellman-Ford 算法：这种算法的原理是，A 和 B 之间最短路径上的节点到 A 节点和 B 节点的路径也是最短的。这种算法容易分布实现，这样每个节点可以独立计算该节点到每个目的地的最小费用；但是这种算法对链路故障的反应很慢，有可能会产生无穷计算的问题。

（2）Dijkstra 算法：这种算法比 Bellman-Ford 算法更有效，但是它要求每段链路的费用为正值。它的主要思想是在增加路径费用的计算中不断标记出离源节点最近的节点。这种算法要求所有链路的费用是可以得到的。

（3）扩散法：这种算法的原理是要求分组交换机将输入分组转发到交换机的所有端口。这样只要源和目的地之间有一条路径，分组就可以最终到达目的地。当路由表中的信息不能得到时，或者对网络的健壮性要求很严格时，扩散法是一种很有效的路由算法。但是扩散法很容易淹没网络。因此必须对扩散进行一些控制。

（4）偏差路由算法：这种算法要求网络为每一对源和目的地之间提供多条路径。每个交换机首先将分组转发到优先端口，如果这个端口忙或者拥塞，再将该分组转发到其他端口。偏差路由算法可以很好地工作在有规则的网络拓扑中。这种算法的优点是交换机可以不用缓存区，但是由于分组可以走其他的替代路径，因此不能保证分组的按序传递。它是光纤网络中最强有力的候选算法，而且还可以实现许多高速分组交换。

（5）源路由算法：这种算法不要求中间节点保持路由表，但要求源主机承担更繁重的工作。它可以用在数据报或者虚电路的分组交换网中。在分组发送之前，源主机必须知道目的主机的完整路由，并将该信息包含在分组头中。根据这个路由信息，分组节点可以将分组转发到下一个节点。

9.2.3 拥塞控制

当正在通过网络传输的分组的数目开始接近网络的分组处理能力时，就会出现拥塞。拥塞控制就是要使网络内的分组数目保持在一定水平之下，超过这个水平，网络的性能就会急剧恶化。对于分组交换网、帧中继网、ATM 网络这样的数据网以及互联网，所面临的一个关键问题就是拥塞控制。

从本质上看，一个数据网络或者互联网就是一个由队列组成的网络。在每一个节点（数据网络交换机和网络路由器）的每一个输入、输出信道上都有一个分组队列。如果分组到达和排队的速率超出分组能够被传输的速率时，队列的长度就会不断增长，分组被转发的时间也就会越来越长。当接收分组排队的线路利用率超过 80% 时，队列长度的增长速率就必须进行控制。这种队列长度的增加意味着分组在每一个节点的时延都会延长。而且由于每个队列的长度都是有限的,这还会导致队列的溢出。当达到这样的饱和点时可以采取两种策略来进行控制:一种是在没有可用空间时就简单丢弃所有收到的分组;另一种是,由出现此类问题的节点对其相邻节点实施流量控制措施,以使通信流量保持在控制之中。

如图 9-3 所示,在不考虑拥塞控制的实际网络中,当负荷较轻的时候,随着负荷的增长,网络吞吐量以及相关的网络利用率会线性增加。当负荷增加到 A 点时,网络吞吐量的增长速率比输入负荷的增长速率就会减慢,这时网络进入中等拥塞状态,在这个区域内虽然网络时延变长,但是网络还可以处理增长的负荷。当负荷继续增加的时候,最终会达到 B 点,超过这一点以后,随着输入负荷的增加,网络的实际吞吐量反而急剧开始下降。这时,由于每个节点的缓存是有限的,当一个节点的缓存变满时,它一定要丢弃一些分组,这时候数据源在传输新分组的同时还会重传这些丢弃的分组。而随着越来越多的分组重传,系统的额外负荷不断增加,导致越来越多的缓存饱和。而且由于排队时间越来越长,在传输层的应答所花费时间过长,这时即使成功传输的分组也可能由于发送方在规定时间内没有收到对方的应答而被迫重传。到这个时候,系统的有效吞吐量会急剧下降到零。

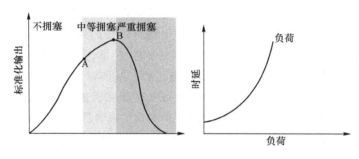

图 9-3　拥塞示意图

对于广域网来说,由于网络状况非常复杂,很难进行控制,因此拥塞控制是最难以解决的一个问题。目前已经提出了各种拥塞控制算法,我们可以把拥塞控制分为两大类:开环控制算法和闭环控制算法。开环控制算法是通过保证源所产生的业务流不会把网络性能降低到规定的 QoS 以下,来防止拥塞的出现。如果预计当加入新的业务流使 QoS 无法得到保证,就必须拒绝。闭环算法通常是根据网络的状态来调整业务流。一般是当网络拥塞以及发生或者快要达到拥塞状态时,才采取某些策略来控制拥塞。这时网络状态要反馈到业务流的源点,由源点根据拥塞控制策略来调整业务流。

1. 开环控制

开环控制是一种不依靠反馈信息来调整业务流,而是在拥塞发生之前来避免拥塞的一类控制策略。在开环控制中,一旦源端发送的业务流被接收,则该业务流就不会导致网络过载。下面是几种开环控制方法。

(1) 接纳控制

接纳控制是一种预防性开环拥塞控制方法,其最初是针对虚电路分组交换网络提出的,但是在数据报网络中也得到了研究。在连接上工作的接纳控制叫连接接纳控制

(CAC,Connection Admission Control),在数据报网络上工作的接纳控制叫突发接纳控制。

当某个源请求建立连接时,CAC 必须确定是接受还是拒绝这个连接。如果能保证同一路径上所有源的 QoS(最大延时、丢失率、带宽、抖动等参数描述)都得到满足,则接受这个连接;否则就拒绝这个连接。

为了确定 QoS 是否能够得到满足,CAC 必须知道每个源的业务流特征,为了实现这一点,每个源应在连接建立期间用一组称为业务量描述器的参数来说明它的业务流。业务量描述器可以包括:峰值速率、平均速率、最大突发容量等,可以认为是对业务流的简洁而准确的总结。CAC 必须计算它要为每个源保留多少带宽(平均速率与峰值速率之间),即有效带宽。对于有效带宽的精确计算是一个难点。

(2) 管制

一旦 CAC 接受连接,则只要源遵循它在连接建立期间提交的业务量描述器中的规定,源的 QoS 就可以得到满足。然而如果源的业务流违反了最初的合约,则网络就有可能不能保证性能。为了防止源违反它的合约,网络应该在连接期间对业务流进行监视。监视和强制业务流执行合约的过程叫流量管制。当流量违反了一致商定的合约时,对违约的流量,网络可以丢弃或标记,被标记的流量将被网络传送,但优先级较低,只要下游拥塞,就首先被丢弃。

漏桶算法是管制的一个比较经典的算法。我们假设管制设备的业务流是正在流入底部有孔的桶的水流。当桶不空的时候,水流以恒定的速度从桶中漏出,只要桶未满,流入的水就由桶来调节;当桶满的时候,流入的水会溢出,这些溢出的水就是违约的流量,而未溢出的水为守约流量。桶的深度可以用来吸收水流的不均匀性,如果要求业务流比较平滑,则可以减小桶的深度,这样瞬时多的水流(短的突发分组)会从桶中溢出,不会影响正常的业务。漏桶一般可以用来管制峰值速率和可支持的速率。

(3) 流量整形

当某个源试图发送分组时,其可能不知道它的业务流是什么样的业务流。如果源想要保证业务流能够与漏桶管制设备中规定的参数一致,它就应该首先改变它的业务流。这种将业务流改变为另一个业务流的过程叫做流量整形。流量整形可以使流量更平滑。

流量整形的实现方式主要有:

① 漏桶流量整形器。它通过一个以固定间隔周期读出的缓存器来实现。它是一个可以存储分组的缓存器,可以调节业务流。输入的分组存在缓存器中,然后对分组进行周期性的读出,这样输出的分组就是平滑的。缓存器用来存储短时的分组突发,如果缓存器满,再输入的分组就属于非法分组而被丢弃。

② 令牌桶流量整形器。由于许多应用都是可变速率的或者是实时业务,这样的分组通过漏桶流量整形器会导致不必要的延时。令牌桶流量整形器只对违约分组进行调节而对于守约的分组将直接通过整形器,不增加它的延时。

2. 闭环控制

闭环拥塞控制根据反馈信息来调节信源速率,反馈信息可以是隐含的信息(隐式反馈),或者是明显的信息(显式反馈)。隐式反馈中,信源可以用超时来判断网络中是否已经出现拥塞;在显式反馈中,将有某种形式的显式消息到达信源,以指示网络的拥塞状态。

图 9-4 给出了重要的拥塞控制技术的一般性描述。

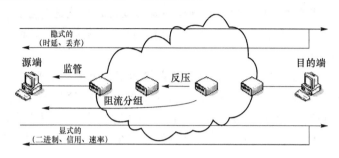

图 9-4 闭环拥塞控制机制

下面是几种闭环控制方法：

（1）反压

这种技术类似于流过管道的流体产生的反压现象。当管道末端被关闭时或者受限制时，流体就向源头产生压力，从而阻断或减慢流量。反压可以在链路或者虚电路上实施，当下游节点变得拥挤或者缓存满溢时，就会减慢或者阻止来自上游节点的分组流量。这种流量的限制会反向传播到信源，使信源根据限制重新调节流量。反压可以有选择地应用到通信量最大的连接上。X.25 支持这种方式。

（2）阻流分组

阻流分组是由拥塞节点产生控制分组，然后将这些控制分组传回源节点以限制通信的流量。ICMP 就是采用的这种技术。阻流分组是一种比较粗糙的拥塞控制技术。

（3）隐式拥塞信令

当网络发生拥塞的时候，会出现从源站到目的站的个别分组的传输时延增加或者分组丢弃。如果源站能够检测到这种传输时延的增加和分组的丢失，就认为有间接的证据说明网络已经拥塞，可以减缓流量来消除网络拥塞。基于隐式信令的拥塞控制是由端系统来完成，不需要网络中间节点的参与。在数据报分组交换网络中和基于 IP 的互联网中，由于采用的是无连接的方式，因此隐式拥塞信令是一种有效的方法。另外，隐式信令也可以用于面向连接的网络。

（4）显式拥塞信令

显式拥塞信令技术可以使网络容量得到充分的利用，同时，又能够以公平的方式对拥塞进行控制。在这种方法中，网络会对正在形成的拥塞向源端发出警告，而源端采取相应的措施来减低对网络的负荷。通常显式拥塞控制用于面向连接的网络中，并以单个连接为单位来控制分组流量。显式拥塞信令可以在两个方向上发送。我们可以将拥塞信令分为三类：二进制的、基于信用值的和基于速率的。

① 二进制的：拥塞节点在转发数据分组时对分组中的某一比特位置位。当源站收到一条逻辑连接上的拥塞二进制指示时，就会降低该连接上的通信量。

② 基于信用值的：该方案类似于在一条逻辑连接上对源站提供显式信用值。这个信用值表示了允许源站发送的字节数或分组数。当一个源站用完它的信用值后，必须等待更多的信用值，才可发送数据。

③ 基于速率的:该方案类似于在一条逻辑连接上提供一个明确的数据率上限。源站只能以不超过该上限的速率发送数据。

无论是采取开环方法还是闭环方法,拥塞控制都只能暂时地缓解网络过载(一般在毫秒的量级)。如果过载持续得过久(几秒到几分钟),那只有使用自适应路由算法才能避开拥塞的节点和链路。如果过载持续更长的时间,那么只有对网络进行更新。

9.3　X.25 技术

公用分组交换数据网是实现不同类型计算机之间进行远距离数据传送的重要公共通信平台,是目前国际上普遍采用的一种广域连接方式。国际电信联盟的电信标准部门ITU-TSS 制定的X.25协议是世界上许多电信组织和厂商支持和遵守的国际标准。X.25网络是国际上广泛采用的公用数据网络。

9.3.1　X.25 概述

X.25 是 Tyltmet 于 1970 年引入的,它是第一代分组交换系统。X.25 网络是为传送数据而发展起来的,因此它与电话业务供应商不是直接的竞争关系。X.25 分组交换技术是为了满足具有交互式特性的业务而出现的。交互式处理是在 20 世纪 60 年代末出现的,它是一种连接时间长,但数据量低的突发性数据流。X.25 提供了一种可以使多路会话共享同一通信信道的技术。X.25 网络提出 X.25 技术时,网络主要还是一个模拟的环境。模拟网络的一个较严重的问题是:噪声在通过一些放大器时会被放大,这会导致非常高的差错率。因此,X.25提供的一个增值业务就是在网络内实施差错控制功能。由于分组交换是存储-转发技术,在每一个中间节点,要对分组进行差错检测。如果分组一切正常的话,中间节点将对原始发送节点发出确认信息;如果中间节点接收到的分组有差错,节点将发出信息要求重传。因此,在分组路径的任何一个节点,如果发现噪声积累造成差错,就会对差错进行纠正,从而可以保证数据流更为准确地发送。

就像 PSTN 网络一样,X.25 分组交换网络也是分级的。在 X.25 分组交换网络中,分组交换机分为两大类:

(1) 第一类交换机(如图 9-5 所示)靠近用户端,实际上,它们位于网络的接入点。这类交换机的功能包括选路、转发分组以及差错检测和纠正。另外,为了能够支持不同类型计算机的接入,完成不同协议之间的转换,或者不同工作速率、不同编码方式之间的转换,还需要一些附加的功能,而这些功能就是由在接入点处的交换机完成的。换句话说,因为它可以根据你的要求进行必要的转换工作,并将这种转换作为网络业务的一部分,因此通过 X.25 网络,你可以实现不同类型的设备之间的连接。

(2) 第二类交换机在网络的内部(如图 9-5 所示),它们不提供前面提到的高级别的增值功能,仅仅完成分组的选路、转发以及差错控制和检测。

非标准 X.25 终端需要通过一个分组拆装设备(PAD)连接到一个 X.25 网络。PAD完成协议的转换,生成 X.25 标准规定的分组,这样数据才能通过 X.25 网络传送。这些PAD 可以放在用户侧,也可以放在网络侧。

X.25本质上是ITU-T制定的用户设备和分组交换网络之间的标准接入协议,它定义了分组模式的终端通过专用电路接入到公共数据网络的接口。

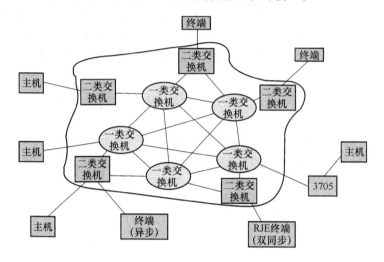

图 9-5 X.25 分组交换网络示意图

9.3.2 X.25 网络的优缺点

判断一个特定技术的优缺点首先要看它所处的大环境。在一个模拟信息基础环境中,噪声是个大问题,因此差错控制是必须的。但是,在每个中间节点,除了要选路以确定下一跳之外,还要对每一个分组实施差错控制,就会增加端到端的传输时延。因为 X.25 分组交换网络只用来传送数据,所以时延或者分组的丢失对它来说并不是十分关键的参数。X.25 的另一个贡献是它的分组大小。它使用相对较小的分组,一般为 128 字节或256 字节。对这一问题的优劣评价也是随着时间的不同而改变的。由于噪声的因素,小的分组在 X.25 网络中是十分有利的。如果在网络中有噪声,将会有差错出现,因而分组经常需要进行重发。很显然,重发相对小的分组比重发长的大块信息效率更高,因此,X.25特别设计成使用较小的分组。同样,因为它是早期的网络,所以适合工作在相对低速率的链路,链路速率范围一般从 56 kbit/s 到 2 Mbit/s。

X.25 的优点如下:

(1) 由于 X.25 是第一个提供第 3 层网络地址信息,从而使得分组能够在一系列中间节点和网络中进行路由和中继的技术,因此它有很强的寻址功能;

(2) 由于使用了统计复用技术,它的带宽利用率较高;

(3) 分组可以绕开发生拥塞的节点而通过其他连接和节点重新进行路由,因此改善了拥塞控制能力;

(4) 能够持续地在每一个中间节点上对所有类型的差错进行检测和纠错,因此差错控制功能得以提高;

(5) 在节点和线路发生故障时可以重新选路,因此可用性很高。

X.25 的缺点如下：

（1）排队时延较大；

（2）低速通信链路；

（3）分组尺寸较小，带宽的利用率不如采用较大尺寸分组的新协议高；

（4）没有 QoS 保证，因此不适于对时延敏感的应用；

（5）仅用于传输数据，而今天我们正努力寻求综合业务的解决方案。

9.3.3　X.25 协议简介

使用公共数据网的一个重要部分就是与它们的接口。ITU X.25 标准就是一种广泛使用的接口。许多人使用术语"X.25 网络"，这导致许多人错误地认为 X.25 定义了网络协议。但事实并非如此，X.25 只是定义了 DTE 与公共数据网相连的 DCE 间的协议（如图 9-6 所示）。因此，X.25 可严格地作为通过公共数据网的用户-网络接口或用户-用户接口。

X.25 协议是指用分组方式工作并通过专用电路和公用数据网连接的终端使用的数据终端设备（DTE）和数据电路终端设备（DCE）之间的接口协议。它定义了物理层、数据链路层、分组层（即网络网）三层协议，分别对应于 ISO/OSI 7 层模型的下 3 层。

（1）物理层：基本功能是建立、保持和拆除 DTE 和 DCE 之间的物理链路，定义了物理链路的机械、电气、功能和规程的特性，提供同步、全双工的点到点比特流的传输手段，DTE 和本地 DCE 之间的接口按 X.21 建议规定。

（2）数据链路层：通过 DTE 和本地分组交换机 PSE（Packet Switched Equipment）间的物理链路向分组层提供等待重发、差错控制方式的分组传送服务，所以可靠性高，这一层规定的 LAPB（Link Access Procedure Balanced）规程是 HDLC 规程的平衡类子集，主要规定了数据链路的建立和拆除规程、建立后的信息传输规程以及差错控制、流量控制等。另外这一层还规定了多链路规程 MLP（Multi Link Procedure），通过在多条平行的数据链路上同时传送信息帧，以提高信息的吞吐量和可靠性。

（3）分组层（网络层）：主要描述 DTE/DCE 接口上交换控制信息和用户数据的分组层规程，规定了虚电路业务规程、基本分组结构、数据分组格式以及可选用的用户业务功能等。这一层采用的是时分复用原理，实现一个源 DTE 利用一条物理电路呼叫多个目的 DTE 进行分组数据交换。此外还提供永久虚电路 PVC 业务，这是供用户固定使用的虚电路，源 DTE 不必建立呼叫即能使用虚电路。

X.25 中各分层协议的相互关系见图 9-6。

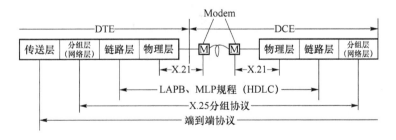

图 9-6　X.25 分层协议各层的关系

9.4　帧中继技术

9.4.1　帧中继概述

X.25 分组交换技术产生的背景是针对过去质量较差的传输环境,为提供高可靠性的数据服务,保证端到端的传送质量,所以它采用逐段链路差错控制和流量控制,由于协议多,每台 X.25 交换机都要进行大量的处理,这样就使传输速率降低,时延增加。

近年来,由于光缆线路的铺设,大大提高了数据传输的可靠性,再加上用户终端设备的处理速率和处理能力都有很大的增强,帧中继技术就是在分组技术、数字与光纤传输技术、计算机技术日益成熟的条件下发展起来的。帧中继是一种用于连接计算机系统的面向分组的通信方法,是第二代分组交换网络,它是在 1991 年引入的。使用帧中继的前提是网络设施已经数字化,并且噪声引起的差错很少。它完成了开放系统互连(OSI)物理层、链路层的功能;流量控制、纠错等功能改由智能终端去完成,这大大简化了节点机之间的协议,提高了线路带宽的利用率。和 X.25 网络相比,节点的延时大大降低,吞吐量大大提高。帧中继主要应用于局域网(LAN)互联、高清晰度图像业务、宽带可视电话业务和 Internet 连接业务等。

帧中继的标准是 ITU-T 制定的。它的定义为"一种由子网提供的会话式通信业务,用于传送高速突发性数据"。从定义可以看出,帧中继的传输能力是双向的(因为它是"会话式的"),它不是一个端到端的解决方案(因为它是一个"子网")。因此,没有帧中继电话之类的帧中继设备,相反,我们应该将帧中继看作网络云,也就是说,它是一种广域网解决方案,可以将分布在全国或世界各地的计算机网络连接起来。此外,"高速突发性数据"表明,帧中继最初是用于传送数据,特别是用来支持 LAN 和 LAN 之间的互连。

帧中继网络是由许多帧中继交换机通过中继电路连接组成的,如图 9-7 所示。

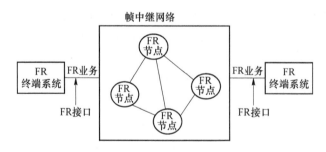

图 9-7　帧中继网络结构

由于帧中继是在分组交换技术的基础上发展起来的,主要涉及开放系统互连(OSI)协议的下两层,即物理层和数据链路层。帧中继对物理层传输线路的性能要求较高,基本上达到无误码传输;在数据链路层只完成虚电路多路复用、链路层故障检测和帧转发功能,而将流量控制、纠错和确认等保证数据传送可靠性的功能委托给端节点完成。

9.4.2 帧中继技术的特点

1. 复用与寻址

帧中继在数据链路层采用统计复用方式,采用虚电路机制为每一个帧提供地址信息。通过不同编号的 DLCI(Data Line Connection Identifier,数据链路连接识别符)建立逻辑电路。一般来讲,同一条物理链路层可以承载多条逻辑虚电路,而且网络可以根据实际流量动态调配虚电路的可用带宽,帧中继的每一个帧沿着各自的虚电路在网络内传送。如图 9-8 所示。

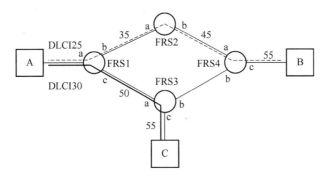

图 9-8　帧中继的复用与寻址

2. 带宽控制技术

帧中继的带宽控制技术既是帧中继技术的特点,更是帧中继技术的优点。帧中继的带宽控制通过 CIR(承诺的信息速率)、Bc(承诺的突发大小)和 Be(超过的突发大小)3 个参数设定完成。Tc(承诺时间间隔)和 EIR(超过的信息速率)与此 3 个参数的关系是:$Tc=Bc/CIR$;$EIR=Be/Tc$。在传统的数据通信业务中,用户申请了一条 64 kbit/s 的电路,那么他只能以 64 kbit/s 的速率来传送数据;而在帧中继技术中,用户向帧中继业务运营商申请的是承诺的信息速率(CIR),而实际使用过程中用户可以以高于 CIR 的速率发送数据,却不必承担额外的费用。举例来说,某用户申请了 CIR 为 64 kbit/s 的帧中继电路,并且与电信运营商签定了另外两个指标,Bc(承诺突发量)、Be(超过的突发量),当用户以等于或低于 64 kbit/s 的速率发送数据时,网络将确保此速率传送,当用户以大于 64 kbit/s的速率发送数据时,只要网络不拥塞,且用户在承诺时间间隔(Tc)内发送的突发量小于 $Bc+Be$ 时,网络还会传送,当突发量大于 $Bc+Be$ 时,网络将丢弃帧。所以帧中继用户虽然支付了 64 kbit/s 的信息速率费(收费依 CIR 来定),却可以传送高于 64 kbit/s的数据,这是帧中继吸引用户的主要原因之一。

9.4.3 帧中继的应用

帧中继业务是在用户与网络接口(UNI)之间提供用户信息流的双向传送,并保持原顺序不变的一种承载业务。用户信息流以帧为单位在网络内传送,用户与网络接口之间以虚电路进行连接,对用户信息流进行统计复用。帧中继还可以灵活地提供带宽,即按需要分配带宽。因为帧中继的主要应用是局域网互连,而局域网中业务流的大小是很难预测的，如果预定了固定的带宽，那么不管是否在传送数据都要付费，这是很不合算的。帧中继提供了超过预定的带宽传送突发性数据的能力。

帧中继在多协议环境下也很有用。尽管 IP 协议似乎一统天下，但它不是惟一在使用的协议，这是一个多协议共存的世界。例如，还有 SNA 网络，它使用 IBM 公司的同步数据链路控制协议（SDLC），全世界有 60 000 多家企业使用帧中继，还有一些主要以多媒体业务为主的企业使用 ATM，极少有客户仅使用一种协议。他们的网络中有多种协议，而帧中继可以处理所有这些协议，因为它只需要简单地将其他协议封装进帧中继的帧当中，然后在网络中传送，它并不关心所封装的内容。帧中继网络还提供封闭型用户群的功能，通过它你可以知道进网和出网的用户，而不像在公共的因特网中，在任一节点你都没有办法知道此刻有哪些人在网络上。使用帧中继还能够预测网络的性能组别，因为你可以设定服务参数。如果你所在的国家有很好的电信基础设施的话，这将是一个特别有吸引力的网络解决方案。

帧中继技术首先在美国和欧洲得到应用。1991 年末，美国第一个帧中继网——Wil-pac 网投入运行，它覆盖全美 91 个城市。在北欧，芬兰、丹麦、瑞典、挪威等国家在20 世纪 90 年代初联合建立了北欧帧中继网，以后英国等许多欧洲国家也开始了帧中继网的建设和运行。在我国，国家帧中继骨干网于 1997 年初初步建成，覆盖了各省会城市；从 1998 年以来，各省根据本省实际情况，逐步搭建了省 ATM/帧中继网，上海是提供国际帧中继业务的出口局。经过近几年的发展，中国电信已经在全国绝大部分重要城镇建立了帧中继网节点，并与 Internet 实现了互连。

9.5 ATM 网技术

9.5.1 ATM 概述

综合业务数字网 ISDN 是由电话综合数字网 IDN（Integrated Digital Network）为基础发展起来的通信网。电话网是各国主要的电信网，为了使模拟网发展成为数字网，首先要将大量模拟电话网改造成为能实现传输和交换的数字网，这就形成电话 IDN。而 IS-DN 不仅要利用 IDN 的数字交换和数字传输，而且要在用户终端之间实现端到端的双向数字传输，并把各种信息源的电信业务（电话、电报、传真、数据、图像）采用一个共同的接口，综合在同一网内进行传输和处理，统一计费，并可在不同的业务终端之间实现通信，使数字技术的综合和电信业务的综合互相结合在一起构成综合业务数字网。

1. ATM 技术的定义

ATM 是一种信元交换和多路复用技术。信元（Cell）实际上是分组，为了与 X.25 的分组有别，所以将 ATM 的信息单元命名为信元。ATM 信元具有固定长度，总共 53 个字节，前 5 个字节是信头（Header），其余 48 个字节是信息段。信头中有信元去向的逻辑地址、优先级、信头差错控制、流量控制等信息。信息段中装入被分解成数据块的各种不同业务的用户信息或其他管理信息，并透明地穿过网络。来自不同业务和不同源端发送的信息统一以固定字节的信元汇集一起，在 ATM 交换机的缓冲区排队，然后传送到线路上,由信息头中的地址来确定信元的去向。由于信元发自不同的速率,每个信道不像同步时分复用是对应于某个固定的时隙,而是由信头的标志来区分信息的方法叫异步时分复用,这种方法可使任何业务按实际需要占用资源,保证网络资源得到合理利用。

ATM 网络中的交换由 ATM 交换机完成,ATM 交换机中的连接可以分为永久虚拟电路(PVC)和交换虚拟电路(SVC)两种。PVC 是在源地址与目的地址之间的永久性硬件电路连接;SVC 是根据实时交换要求建立的临时交换电路连接。两者的最大区别是:PVC 不论是否有数据传输,它都保持连接;而 SVC 在数据传输完成后就自动断开。两者的应用区别是:在通常的 ATM 交换中,有一些 PVC 用于保持信号和管理信息通信,保持永久连接;而 SVC 主要用于大量的用户数据的传输。

2. ATM 技术与电路传送、分组传送技术的关系

ATM 是针对电路传送、分组传送两种传送方式的不足研究出的一种新的传送方式,是在光纤大容量传输媒体环境下新的分组传送方式。异步传送方式在信息格式、交换方式上与分组传送类似;而在网络的构成、控制方式上与电路传送类似。异步传送方式具有电路传送方式的低时延且时延固定以及分组传送方式的动态分配信道、使信道利用率高这两方面的优点,是一种对于电话通信网、数据通信网,对于实时、非实时业务都适用的传送方式。因此 ATM 技术也被认为是实现 B-ISDN 的技术基础。

ATM 可以看作是电路传送方式的演变结果:ATM 是面向连接的,这一点具有电路传送方式的特点。在电路传送方式的每个时隙中,放入 ATM 信元,依据信元的信头值区分不同用户,各用户数据所占用的时间位置不受约束,这样线路上的数据速率可在各个用户中间自由分配,不再受固定速率的限制,并且当用户不发送数据时,信道可供其他用户使用,从而解决了电路传送方式中信道利用率低和不适应突发业务的问题。

ATM 也可看作是分组传送方式的演变结果:因为 ATM 使用信元为信息传送单位,其信元长度都是固定长度,信元的信头部分包含了用于路由选择的信息,这类似于分组传送方式中的数据分组。ATM 可以采取利用空闲信元填充信道的措施,使得信道被分成等长的时间段。这就为提供固定比特率、固定时延的电信业务,如电话通信业务创造了条件。通信开始由用户在申请信道时,向系统提出业务质量要求,从而为用户选择是否使用统计复用提供了手段。ATM 系统不使用逐段反馈重发的方法,在必要时可使用端到端的差错控制。从以上特点看,可以说 ATM 传送方式是电路传送和分组传送的结合。

9.5.2 ATM 技术的特点

ATM 技术具有如下的特点:

(1) ATM 网中不进行逐段链路的差错控制和流量控制。由于光纤线路的可靠性很高(误码率$<10^{-8}$),故没有必要逐段链路进行差错控制;另外进行逐段链路的差错控制和流量控制也增加了网络操作的复杂性。因此,ATM 网络采用端到端的差错控制和流量控制。考虑到当 ATM 节点上流量较大时,应尽量减小信元的丢失率,因此采取了以下措施:

① 合理进行资源分配和设计队列容量,使队列溢出的概率很低,使信元丢失率降低到 10^{-10} 以下;

② 在呼叫建立时检查用户申请的带宽,网络有足够的资源时才接受这个呼叫,若网络资源不足或流入速率超过网络允许值时则拒绝用户接入。

(2) ATM 以面向连接的方式工作。为了提高处理速度,ATM 以面向连接的方式工作,但不是物理连接而是虚连接。通信开始时先建立虚电路,虚电路由虚通道和虚通路标识,用户将虚电路的标识写入信头的 VPI/VCI 中,网络根据虚电路标识将信息送往目的地。

(3) 简化信头功能。与 X.25 分组头相比,ATM 信头的功能被大大简化,从而使信头处理速度得以提高,使信元的排队时延大大降低。

(4) ATM 采用固定长度的信元,信息域的长度较小。长度小而固定的信元,可以利用硬件实现交换,使得网络传输和交换速度加快,从而减小交换节点内部缓冲器的容量,使信元的排队时延和时延抖动得以显著降低。因此,ATM 可以很好地应用于话音、活动图像等实时性业务。

(5) 采用透明的网络传输方式。ATM 网络以语义透明和时间透明的传输方式工作。所谓语义透明是要求网络在传送信息时不产生错误,或者说端到端的错误概率非常低,低到使业务能够接受,即不改变业务信息的语义。时间透明是要求网络用最短的时间将信息从发源地送到目的地,这个时间短到使业务能够接受,即不改变业务信息之间的时间关系。

(6) 提供一个简化的网络结构。ATM 除了提供 OAM(操作维护)信元、信令信元等特殊信元外,只关心 53 个字节中的前 5 个信元头字节,而对 48 个字节的信元净荷内容不加处理。

(7) ATM 广泛适应各类业务的要求。ATM 技术对业务类型进行了划分并进行行业务量管理,使 ATM 可以广泛适应各类业务的要求,而不问业务的信息速率、业务的突发性、实时性。业务划分为 5 种类型,根据业务向网络呈现的业务量参数、对网络要求的服务质量参数,相应的在业务层与 ATM 信元之间设计了 5 种 ATM 适配层(AAL,ATM Adaptation Layer)。

9.5.3 ATM 的网络参考模型

1. ATM 协议参考模型

在 ITU-T 的 I.321 建议中定义了 B-ISDN 协议参考模型,如图 9-9 所示。它包括三个平面:用户平面、控制平面和管理平面,而在每个平面中又是分层的,分为物理层、ATM 层、ATM 适配(AAL)层和高层。

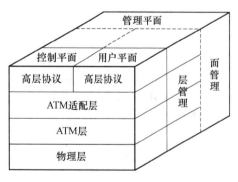

图 9-9　ATM 协议参考模型

协议参考模型中的三个平面分别完成不同的功能。

(1) 用户平面:采用分层结构,提供用户信息流的端到端传送,同时也具有一定的控制功能,如流量控制、差错控制等。用户平面包括物理层、ATM 层、AAL 层、高层,共四层。

(2) 控制平面:采用分层结构,完成呼叫控制和连接控制功能,利用信令实现呼叫和连接的建立、监视和释放、寻址与路由选择等功能。

（3）管理平面：提供操作和管理功能，包括层管理和面管理。其中层管理采用分层结构，完成与各协议层实体的资源和参数相关的管理功能，如元信令，同时层管理还处理与各层相关的 OAM 信息流；面管理不分层，它完成与整个网络相关的管理功能，并对所有平面起协调作用。目前只规定了物理层和 ATM 层的管理。

2. 物理层

ATM 的物理层利用通信线路的比特流传送功能，实现 ATM 信元流的传送。ATM 的物理层包括两个子层，即物理介质子层（PM）和传输会聚（TC）子层。其中物理介质子层提供比特传输能力，对比特定时和线路编码等方面作出了规定，并针对所采用的物理介质（如光纤、同轴电缆、双绞线等）定义其相应的特性；传输会聚子层的主要功能是实现物理层汇聚协议（PLCP），完成比特流和信元流之间的转换，确保整个物理链路上信息的有效传输和接收。

3. ATM 层

ATM 层负责生成信元，它接受来自 AAL 的 48 字节用户数据并附加上相应的 5 字节信元标头。ATM 层支持连接的建立，并汇集到同一输出端口的不同应用的信元，同样也分离从输入端口到各种应用或输出端口的信元。当 ATM 层看到信元载体时，它并不知道、也不关心载体的内容，载体只不过是要被传输的 0 或 1 信息符号。因为 ATM 层不管载体的内容，所以与服务无关，只负责为载体生成信元标头并附给载体，以形成信元标准格式。跨越 ATM 层到物理层的信息单元只能是 53 个字节的信元。ATM 支持点对点、一点对多点以及多点对多点的连接。

4. ATM 适配（AAL）层

ATM 适配层负责适配从用户平面来的信息，以形成 ATM 网可利用的格式。送给 ATM 的信息可有多种格式，ATM 网可以传输数据、语音以及视频信息，每一种都要求 ATM 网络有不同的适配。ATM 层利用 53 个字节中的 5 个字节提供网络服务（路由、优先级以及阻塞控制），只有 48 个字节作为用户信息载体。因此，ATM 适配层必须将大的 IP 包适配成 ATM 网络可接受的格式。AAL 将 IP 包分割成 48 字节的单元来作为信元的载体部分，信元载体信息再提交给 ATM 层，作为信元的一部分。以常见的 TCP/IP 协议为例，TCP/IP 协议将交给 ATM 适配层一个 IP 数据包，这个包可能非常大，其长度也许是几百或几千字节，因此，AAL 必须为 IP 包进行分割处理，然后将其分割成 ATM 层可接受的单元。

ATM 中定义了不同类型的 AAL 业务。AAL 的目标是向应用提供有用的业务，并将它们与在发送端将数据分割为信元、在接收端将信元重新组织为数据的机制隔离开来。

5. 高层协议

高层提供与特定业务相关的通信功能。用户平面的高层协议是与业务类型密切关联的；控制平面的高层协议是信令协议。

9.5.4 ATM 技术的应用

20 世纪 80 年代至 90 年代中期，ATM 技术曾经有过辉煌的历史，绝大部分电信专家认为 ATM 可以一统天下。事实上,在技术层面 ATM 也的确做到了实时业务和非实时业务、宽带业务和窄带业务的完全综合(至少在实验网的范畴内)。应该说 ATM 技术的本身是成功的,如果继续沿着这条路走下去,且不考虑外界的一些商业因素的话,ATM原本是可能成功的,但 ATM 核心网的设计可能要作较大的变动。

但是电信历史的发展并不以人们的意志为转移,ATM 在其发展过程中,外部环境发生了突变,使得它赖以发展的条件(设计 ATM 技术的前提条件是:传输资源紧缺,传输资源价格昂贵,用提高节点设备 ATM 交换机的复杂度来克服传输带宽不足的问题)已不复存在。随着光纤通信技术的发展特别是 DWDM 技术的出现,传输资源已不再稀缺,也不再昂贵,因而为了节省这些传输资源而使节点设备(即 ATM 交换机)极大地复杂化,显然是得不偿失的,这是 ATM 未能获得预想中的大规模应用的一个十分重要的原因,也是导致 ATM 不能成为下一代网核心技术的主要原因之一。

从实际应用状况来看,由于 ATM 的终端和信令复杂,实现端到端的 ATM 连接(桌面到桌面)的想法已基本落空,其原因是在用户驻地网支持话音业务不如 PSTN,支持数据业务不如千兆以太网。然而,在用于核心网和边缘接入网时,ATM 技术仍然有其特定的优势,在这里 ATM 作为多业务平台的优势可以得到充分发挥。此外,ATM 与 IP 的结合将增加 ATM 的竞争能力。因此,ATM 的应用领域目前主要有以下几个方面:

(1) 支持现有电信网逐步从传统的电路交换技术向分组(包)交换技术演变。

① 支持现有电话网(如 PSTN、ISDN)的演变,并作为其中继汇接网;

② 支持并作为第三代移动通信网(需支持移动 IP)的核心交换与传输网;

③ 支持现有数据网(FR/DDN)的演变,作为数据网的核心,并提供租用电路,利用ATM 实现专网或企业网间的互连。

(2) 用于 Internet 骨干网,构建核心路由器,支持 IP 网的持续发展。

(3) 与 IP 技术结合,利用 ATM 网络为 IP 用户提供高速直达数据链路,使 ATM 网络运营部门充分利用 ATM 网络资源,发展 ATM 网络上的 IP 用户业务,又可以解决Internet网络发展中遇到的瓶颈问题,推动 IP 业务的进一步发展。

互 联 网

10.1　互联网概述

为了使计算机用户能够利用超出单个系统范围的资源,分组交换网络和分组广播网络应运而生。同样,单个网络内的资源也经常无法满足所有用户的需求,在一个网络上的用户经常需要和另一个网络上的用户通信。前面所讲的每种网络技术被设计成符合一套特定的限制,适合特定的功能。例如,局域网技术被设计用于在短距离内提供高速信道,而广域网技术被设计用于在广大范围内提供通信。因而目前为止没有某种单一的网络技术对所有的需求都是最好的。

使用多个网络所导致的主要问题是:连接于特定网络的计算机只能与连接于同一网络的其他计算机通信。为了使连接在不同网络上的任意两台计算机之间能够进行通信,可以采用多种方法。但由于世界上有许多网络,而且这些网络常常具有不同的特性,使用不同的硬件和软件,因此将所有的特性合并到一个网络中的做法并不合理。确切地说,我们所要求的是将各种不同类型的网络互相连接起来的能力,使得位于任何网络上的两个站点之间能够互相通信。从用户的角度来看,一组相互连接的网络可以简化成一个大网络。

如果每个网络成员都保持它自身的特性,并且需要使用一些特殊的机制来完成经过多个网络间的通信,那么这整个网络配置通常就被称为是一个互联网。图 10-1 是一种常见的互联网结构。

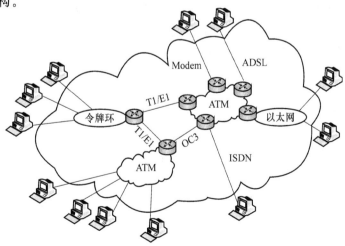

图 10-1　互联网结构

互联网中的每个成员网络都能支持与该网络相连的设备之间的通信,这些设备被称为端系统或主机。另外,网络和网络之间通过称为中间系统的设备相连接。中间系统提供了通信路径,并执行必要的中继和路由选择功能,以使连接到互联网的不同网络上的设备之间能够交换数据。两种具有特殊用途的中间系统分别是网桥和路由器,它们之间的不同之处在于使用了不同类型的协议来实现网际互联逻辑。表 10-1 列出了一些与网际互联相关的术语。

表 10-1　网际互联相关术语

互联网	通过网桥或路由器相互连接的通信网络的集合。
内联网(Intranet)	指的是一个相互合作的网络。一个内联网在一个组织内运作,以满足内部需求,存在方式可以是一个独立的、自包容的互联网,也可以具有连接到因特网的链路。
因特网(Internet)	一个起源于美国的、覆盖范围遍及全球的互联网。
端系统(主机)	与互联网中的某个网络相连接的设备,用于支持端用户的应用或服务。
中间系统	用于连接两个网络的设备,支持与不同网络相连的端设备之间的通信。
网　桥	一种中间系统,用于连接两个使用相同局域网协议的局域网。网桥的作用就像是一个地址过滤器,从一个局域网中选取那些希望到达另一个局域网上的某个目的地的分组,并转发这些分组。网桥的操作处于 OSI 模型的第 2 层。
路由器	一种中间系统,用于连接两个可能相同也可能不相同的网络。路由器的作用是在不同的网络之间为分组选择路由。路由器的操作处于 OSI 模型的第 3 层。

10.2　互联网的基本原理与关键技术

10.2.1　IP 地址与域名

为了在网络环境下实现计算机之间的通信,网络中任何一台计算机必须有一个地址,而且该地址在网络上是惟一的。用这个地址可以在这个网络中惟一地标识出这台计算机。在进行数据传输时,通信协议必须在所传输的数据中增加发送信息的计算机地址(源地址)和接收信息的计算机地址(目标地址)。

1. IP 地址

互联网中为每个计算机分配了一个惟一识别的地址,该地址称为"IP 地址"。IP 地址是互联网主机的一种数字型标识,它由网络标识(Net ID)和主机标识(Host ID)组成 。

目前使用的互联网网际层协议 IP 协议版本(IPv4)的规定是:IP 地址的长度为 32 位(bit)。整个互联网的地址空间可以分为 A 类网络地址空间、B 类网络地址空间和 C 类网络地址空间三个子空间。A 类网络地址空间包括 126 个网络地址,每个 A 类网络中最多可以有 16 387 064 台主机;B 类网络地址空间包括 16 256 个网络地址,每个 B 类网络中最多可以有 64 516 台主机;C 类网络地址空间包括 2 064 512 个网络地址,每个 C 类网络中最多可以有 254 台网络主机,如图 10-2 所示。整个 Internet 的 IP 地址空间包括 200 多万个各类网络,最多可包括 36 亿台主机。A 类网络适用于主机较多的大型网络,B 类网络适用于中等规模网络,C 类网络适用于主机较少的小型网络。

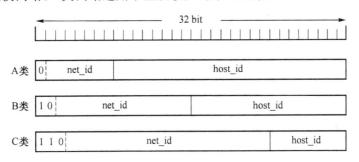

图 10-2　IP 地址类型

目前出现了 IP 地址不够用的现象,一方面是因为 IP 地址被大量分配,另外一个重要的原因在于许多地址已分配给申请者而没有充分利用。因此,合理地使用地址资源是每个用户必须注意的问题。

2. 域名

上面所讲到的 IP 地址是一种数字型网络和主机标识。数字型标识对使用网络的人来说有不便记忆的缺点,因而提出了字符型的域名标识。目前因特网上使用的域名是一种层次型命名法,它与因特网的层次结构相对应。域名使用的字符包括字母、数字和连字符,而且必须以字母或数字开头和结尾。整个域名总长度不得超过 255 个字符。在实际使用中,每个域名的长度一般小于 8 个字符。

由于因特网起源于美国,所以美国通常不使用国家代码作为第一级域名,其他国家一般采用国家代码作为第一级域名。因特网地址中的第一级域名和第二级域名由网络信息中心(NIC)管理。我国国家域名的国家代码是 cn。因特网目前有三个网络信息中心,IN-TERNIC 负责北美地区,APNIC 负责亚太地区,还有一个 NIC 负责欧洲地区。第三级以下的域名由各个子网的 NIC 或具有 NIC 功能的节点自己负责管理。

一台计算机可以有多个域名(一般用于不同的目的),但只能有一个 IP 地址。一台主机从一个地方移到另一个地方,当它属于不同的网络时,其 IP 地址必须更换,但是可以保留原来的域名。

域名采用层次结构,每一层构成一个子域名,子域名之间用圆点隔开,自左至右分别为计算机名、网络名、机构名、最高域名。例如:www.bupt.edu.cn,该域名表示中国(cn)教育科研单位(edu)北京邮电大学(bupt)的一台 Web 服务器(www)。

3. 地址解析与域名解析

(1)地址解析

IP 地址不能直接用来通信,这是因为 IP 地址只是主机在抽象的网络层中的地址,不能直接在链路层寻址,若要将网络层中传送的 IP 数据报交给目的主机,还需要传送到链路层转换为帧后才能发送到实际的网络上(IP 数据报的传输过程参见本书 10.2.2 节内容),将 IP 报转换为物理地址(或 MAC 地址)的过程称为地址解析。

地址解析采用的具体方法因底层网络的不同而不同,当链路层为以太网时,因特网采用的地址解析协议是 ARP 协议。

（2）域名解析

用户不愿意使用难于记忆的主机号,愿意使用易于记忆的主机名字（域名）,故需要在主机域名和 IP 地址之间进行转换,域名到 IP 地址的转换过程称为域名解析。

把域名翻译成 IP 地址的软件称为"域名系统"（DNS,Domain Name System）。DNS的功能相当于一本电话号码簿,已知一个姓名就可以查到一个电话号码,号码的查找是自动完成的。完整的域名系统可以双向查找,即可以完成域名和 IP 地址的双向映射。装有域名系统的主机叫做域名服务器。

虽然从理论上讲,可以只使用一个域名服务器,使它装入因特网上所有的主机名,并回答所有对 IP 地址的查询。但这种方法不可取,因为随着互联网规模的扩大,服务器的负载会过大,而且一旦服务器出现故障,整个网络都将瘫痪,因此采用分布式的层次结构的命名树作为主机的域名,将域名系统设计成为一个联机分布式数据库,这样由于系统是分布式的,因此即使单个计算机出现故障,也不会妨碍整个系统的正常运行。图 10-3 是主机域名、主机物理地址和主机 IP 地址之间转换的一个例子。

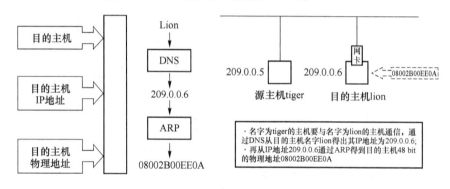

图 10-3　主机域名、IP 地址以及物理地址之间的转化示意图

其中,目的主机的域名为 lion,IP 地址为 209.0.0.6,网卡上的物理地址为08002B00EE0A。当源主机 tiger 想要寻找 lion 主机时,tiger 主机首先要将域名 lion 发给DNS 服务器,DNS 服务器将域名 lion 翻译成为目的主机的 IP 地址:209.0.0.6。然后利用这个 IP 地址,寻找到目的主机所在的网络。在这个局域网中,通过 ARP 协议将目的主机的 IP 地址翻译成为目的主机网卡的物理地址,根据这个物理地址就可以在局域网中寻找到目的主机。

10.2.2　IP 网络的基本原理

1. IP 服务的特点

在 IP 网络中,提供的服务主要有以下特点:

① 不可靠的。不能保证投递,分组可能丢失、重复、延迟或不按序投递,服务不检测分组是否正确投递,也不提醒收发双方。

② 无连接的。每个分组独立选路,乱序到达。

③ 尽力投递的。互联网软件并不随意放弃分组,只有当资源用尽或底层网络出现故障时才可能出现不可靠性。

IP 提供无连接的服务,这种无连接方式有许多好处:

① 无连接的互联网设施是灵活的。它可以处理各种各样的网络,其中有一些网络本身就是无连接的。基本上 IP 对网络成员的要求非常少。

② 无连接互联网的服务可能是高度健壮的。由于使用无连接的数据报传递方式,如果一个节点出现故障,那么其后的分组可以找到一条替换路由,从而绕过该节点。

2. IP 数据报的封装与传输

(1) 独立于底层的虚拟数据报

IP 包的格式如何定义?由于路由器需要连接异构物理网络,而不同类型(异构)的物理网络的帧格式不同(例如有可能两个物理网络使用不兼容的格式)。所以为了克服异构性,互联网络协议软件(IP 协议)定义了一种独立于底层硬件的通用的、虚拟的数据包,该包可以无损地在底层硬件中传输。

(2) 封装

主机或路由器处理一个数据报时,IP 软件首先选择数据报发往的下一站 N,然后通过物理网络将数据报传给 N。但由于网络硬件不了解 IP 数据报的格式和因特网的寻址,在这种情况下底层物理网络通过底层封装来传送 IP 数据报。底层封装过程如图 10-4 所示。

图 10-4　IP 包的封装过程示意图

① 将 IP 数据报封装入物理网络帧的数据区内;

② 发送方与接收方在帧的类型域中的值达成一致,以标识该帧的数据区为一个 IP 数据报;

③ 将下一站的 IP 地址解析成物理地址,添入帧头的目的地址域。

(3) 传输

IP 数据报在互联网络中的传输过程如图 10-5 所示。

在通过互联网的整个过程中,帧头未累加,只有在 IP 数据报要通过一个物理网络时才进行底层封装,封装后的帧携带 IP 数据报通过物理网络到达下一站(路由器或主机)后,从帧中取出数据报同时丢弃帧头,路由并重新封装到一个输出帧。

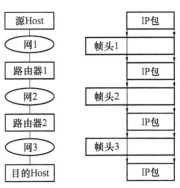

图 10-5　IP 数据报在互联网络中的传输过程

图 10-6 所描绘的是 IP 的一个典型的例子,其中两个局域网通过一个帧中继分组交换广域网互相连接起来。图中描绘了用于实现主机 A 和主机 B 之间经过广域网数据交换的网际协议(IP)的操作过程,其中主机 A 位于一个局域网 1 上,而主机 B 位于局域网 2 上。图中还显示了各阶段数据单元的格式。

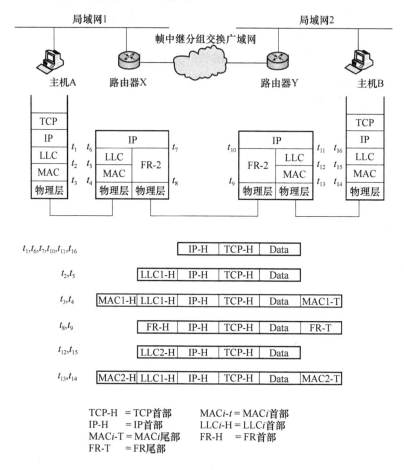

TCP-H ＝TCP首部　　　MAC*i-t* ＝MAC*i*首部
IP-H ＝IP首部　　　　LLC*i*-H ＝LLC*i*首部
MAC*i*-T ＝MAC*i*尾部　　FR-H ＝FR首部
FR-T ＝FR尾部

图 10-6　IP 数据包在互联网络中的传输实例

A 上的 IP 层接收来自 A 的高层软件的数据块,并且将这些数据块发送到 B。IP 层在这个数据块上附加一个首部,以指定 B 的全球互联网地址(IP 地址)以及其他一些信息。IP 首部与上层数据合起来称为网际协议数据单元或 IP 数据报。然后这个数据报由局域网 1 的协议进行封装,并发送到路由器上,路由器剥掉局域网字段以便读取 IP 首部。接着这个数据报被路由器用 FR 协议字段进行封装,并通过广域网将其传递到另一个路由器上。这个路由器剥去 FR 字段得到原始 IP 数据报,然后再用局域网 2 的协议进行封装,并将这个数据报发送到 B。

下面详细介绍一下当主机 A 有一个数据报要发送到主机 B 的整个过程:

这个数据报包含了主机 B 的互联网地址(IP 地址)。A 上的 IP 模块通过查路由表识别出目的地 B 在另一个网络上,且需要将该数据报发往路由器 X。为了做到这一点,IP

模块将这个数据报向下传递到下一层(这里就是 LLC 层),并命令这一层将数据报发送到路由器 X。然后 LLC 将这个信息向下传递给 MAC 层,它在 MAC 首部中插入了路由器 X 的 MAC 地址。因此,数据块在局域网 1 上传输的分组包括来自 TCP 层或 TCP 层之上的数据,再加上一个 TCP 首部、一个 IP 首部、一个 LLC 首部以及一个 MAC 首部和尾部(图 10-6 中的 t_3 时刻)。

接下来,这个分组经过局域网 1 到达路由器 X。路由器剥掉 MAC 和 LLC 字段,并对 IP 首部进行分析,以判断该数据的最终目的地(在这种情况下就是 B)。现在路由器必须做出路由选择判断,有三种可能性:

(1) 目的站 B 与该路由器相连的某个网络直接连接。在这种情况下,路由器直接向目的站发送这个数据报。

(2) 为了到达目的站,必须还要经过一个或多个路由器。在这种情况下,必须做出路由选择判断(通过查路由表)——该数据报应当被发送到哪一个路由器上?不管是在情况 1 还是情况 2 中,路由器的 IP 模块均需要将带有目的网络地址的数据报传递给下一层。

(3) 路由器不认识这个目的站地址。在这种情况下,路由器向这个数据报的源站点返回错误报告。

在这个例子中,数据在到达目的地之前必须要经过路由器 Y。于是,路由器 X 在 IP 数据单元上附加一个 FR 首部来构成一个新的分组,在这个首部中含有路由器 Y 的地址。当这个分组到达路由器 Y 时,分组的首部被剥掉。该路由器判断出这个 IP 数据单元的目的地 B 与该路由器连接的某个网络直接相连,因此,这个路由器创建一个第 2 层目的地址为 B 的帧,并将其发送到局域网 2 上。这个数据最终到达 B,在这里局域网首部和 IP 首部才可以被剥掉。

在每个路由器转发这个数据分组之前,路由器可能需要将数据单元进行分片,以适应输出网络上的可能比较小的最大分组长度的限制。这个数据单元被分割成两个和多个数据段,每个数据段都变成独立的 IP 数据单元。每个新数据单元被包装成下层分组,并排队等待传输。路由器可能还会限制与其相连的每个网络的队列长度,以避免因某个速度较慢的网络而影响了速度较快的网络。一旦达到了队列长度的极限,更多的数据单元将被简单地丢弃掉。

上述过程将在数据单元到达它的目的地之前所经过的所有路由器上不断重复。与路由器一样,主机系统从该 IP 模块将收到的网络包装中恢复该数据单元。如果发生过分片的情况,那么目的主机的 IP 模块将收到的数据缓存起来,直至能够重装成完整的原始数据字段。然后,这个数据块在目的主机中被交付给高层软件。

3. IP 数据报的转发过程

路由选择(选路)指选择一条路径发送分组的过程,其中分为直接投递和间接投递。

(1) 直接投递:指在一个物理网络上,数据报从一台机器上直接传送到另一台机器,只有当两台机器连到同一底层物理传输系统时才能进行直接投递。

直接投递有两种情况:

① 源站点与目的站点在同一个物理网络上,直接投递数据报;

② 在数据报从源站点到目的站点的路径上的最后一个路由器上,该路由器与目的站点在同一个物理网络上,故最后一个路由器使用直接投递来投递数据报。

（2）间接递投：是当目的网点不在一个直接连接的网络上时进行的投递，发送方必须把数据报发给一个路由器才能投递数据报。

在路由表中，主要包括两项基本内容：目的网络地址，下一跳地址。路由器根据目的网络地址来确定下一跳路由器，这样我们可以将整个 IP 数据报的转发过程划分为两个子过程：

- 间接交付过程。IP 数据报根据目的地址设法找到目的主机所在的目的网络上的路由器。
- 直接交付过程。目的网络上的路由器将 IP 数据报传送到目的主机。

因特网在多数情况下是基于目的主机所在网络的路由，但也支持特定主机路由。所谓特定主机路由是指对特定的目的主机指明一个路由。另外，路由器也可采用默认路由来减少路由表表项。IP 选路软件首先在选路表中查找目的网络，如果表中没有匹配的路由项，则把数据报发送到一个默认路由器上。

在因特网中某一个路由器的 IP 协议所执行的分组转发算法如下：

① 从数据报的首部提取目的站的 IP 地址 D，得到目的网络地址 N；

② 如果 N 就是与此路由器直接连接的某网络的地址，则进行直接投递，将目的地址进行地址解析得到相应的物理地址，将数据报封装在链路层的帧中传给目的主机；否则就是间接投递，执行③；

③ 若路由表中有目的地址为 D 的特定主机路由，则将数据报传送给路由表中所指明的下一跳路由器，否则，执行④；

④ 若路由表中有到达网络 N 的路由，则将数据报传送给路由表中所指明的下一跳路由器，否则，执行⑤；

⑤ 若路由表中有一个默认路由，则将数据报传送给路由表中所指明的默认路由器，否则，执行⑥；

⑥ 报告转发分组出错。

下面就举一个例子来具体说明 IP 数据报是如何在网络中传输的。

例 10.1 路由器转发过程

网络的结构如图 10-7 所示，由路由器 Router1 和 Router2 连接了三个网络：202.112.12.0/24 和 202.112.13.0/24 以及 202.112.27.0/24。

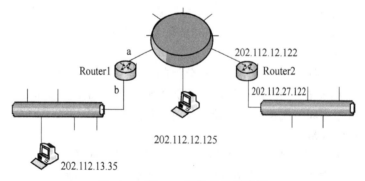

图 10-7 例 10.1 网络结构示意图

Router1 的路由表配置情况如表 10-2 所示：

表 10-2　Router1 的路由配置

目的地址/网络前缀	下一跳	输出端口
202.112.12.0/24	直连	a
202.112.13.0/24	直连	b
0.0.0.0/0(默认路由)	202.112.12.122	a

说明：

(1) 该路由器直接连接两个网络：202.112.12.0/24 和 202.112.13.0/24；

(2) 该路由器的默认路由为 202.112.12.122，因为任何 IP 地址均与 0.0.0.0/0 地址匹配，且由于其网络前缀为 0，按照最长匹配原则，只有当其他所有表项均不匹配的时候，才选择该路由项。

Router1 转发 IP 数据报的过程如下：

(1) 当 IP 数据报的目的地址为 202.112.13.35 时，匹配的表项为 202.112.13.0/24 和 0.0.0.0/0，按照最长匹配的原则，选择 202.112.13.0/24；由于"下一跳"是直接连接，故将 202.112.13.35 解析为相应的物理地址并封装为帧从端口 b 发送出去（直接投递）；

(2) 当目的 IP 地址为 202.112.16.5 时，匹配的表项为 0.0.0.0/0，"下一跳"为 202.112.12.122（即默认路由），故将 202.112.12.122 解析为相应的物理地址并封装为帧从端口 a 发送出去（间接投递）。

10.2.3　互联网的关键技术

1. 路由选择

为了实现路由选择，每个主机和路由器上维持一张路由选择表，这张路由选择表为每个可能到达的目的网络给出了互联网数据报应当被发送的下一段路由。

路由选择表可能是静态的，也可能是动态的。使用静态路由表的网络，需要在路由表中包含替换路由，以便在某个路由器无效时进行替换。动态路由表更加灵活，可以响应差错控制和拥塞的状态。例如，在因特网中，当某个路由器发生故障时，它所有的邻站都会发出一个状态报告，以使其他路由器和站点更新各自的路由选择表。

路由选择表还可能用来支持其他网际互联服务，比如那些管理安全性和优先级的服务。例如，某个网络可能会在分类后以给定的安全级别进行数据的处理。路由选择机制必须确保特定安全级别的数据不允许经过某些没有通过安全审查的网络传输。

另外一种路由选择技术是源站选路。源站点通过在数据报中包含一个路由序列表来指定路由。这种方式同样对安全性或优先级的要求有所帮助。

2. 数据报生存期

如果使用了动态的路由选择技术，那么数据报就有可能会循环经过相同的互联网络。这种情况是我们不希望发生的。因为：

① 一个无休止循环的数据报会浪费网络资源；

② 上层传输协议可能需要数据报生存期有一个上限（比如 TCP）。

为了避免这些问题,每个数据报都标有一个生存期,一旦超出了生存期,这个数据报就会被丢弃。

实现生存期的一种简单方法是使用跳数计数器。每当数据报传递经过一个路由器时,这个计数器就递减。另一种方法是,生存期可以是真正的时间测度。这就要求路由器多少应该知道这个数据报或数据块在上一次通过路由器后已经经过了多少时间,从而才能知道应当将它的生存期字段减去多少。这可能会需要某种全局时钟机制,实现比较复杂,但其优点是可用于重装算法。

3. 分片与重装

一个互联网中的各个网络所定义的最大分组长度可能不同。如果试图在全网中强制使用统一的分组长度,那将会是低效率且难以操作的。因此,路由器可能需要将收到的数据报分割成较小的数据块,成为分段或分片,然后再将其传输到下一个网络上。

如果数据报在它们的传输途中可以被分片(可能多于一次),那么带来的问题是它们应当在什么地方重装。最简单的答案是仅仅在目的主机处执行重装过程。这种方式的主要缺点是,随着数据在互联网中的不断前进,数据段只会越分越小,而这将会损害某些网络的效率。然而,如果允许中间路由器重装,又会带来如下问题:

- 路由器需要很大的缓存空间,并且存在所有的缓存空间都被用来保存不完整的数据段的危险;
- 一个数据报的所有分片必须通过相同的路由器,因而排除了动态路由选择的使用。

在IP中,采用的策略是数据报分片在目的主机重装。为了重装数据报,在发生重装的地点必须有足够的缓存空间。当属于同一个被分割分组的IP数据报到达时,它们的数据字段被插入到缓存中适当的位置上,直至完整的数据字段被重装。在进行重装时,必须考虑到的一种偶然事件是有一个或多个数据段没有能够通过网络,这是因为IP服务并不保证传递的成功。因此需要某些方法来决定是否应当放弃重装的尝试,以释放缓存空间。

4. 差错控制

网际互联设施并不保证每个数据报的成功传递。当一个数据报被路由器丢弃时,如果可能的话,路由器应该试图向数据源返回一些信息,数据源可以利用这些信息来改变它的传输策略,并且它也能够据此来通知上层软件。数据报被丢弃的可能有很多原因,包括生存期超时、拥塞以及差错。在最后一种情况下,由于源地址字段可能被破坏,因此无法返回通告信息。

10.3 因 特 网

因特网(Internet)是一个典型的互联网,是一个世界范围的互联网,它被广泛地用于连接大学、政府机关、公司和个人用户。因特网是成千上万信息资源的总称,这些资源以电子文件的形式,在线地分布在世界各地的计算机上;因特网上开发了许多应用系统,供接入网上的用户使用,网上的用户可以方便地交换信息,共享资源。因特网是各种使用TCP/IP协议(传输控制协议/网间协议)互相通信的数据网络的集合。

10.3.1　因特网概述

因特网是起源于美国,现在已连通全世界的一个超级计算机互联网络。因特网在美国分为三个层次:底层为大学校园网或企业网,中间层为地区网,最高层为全国主干网,如国家自然科学基金网(NSFNET,National Science Foundation Network)等主干网,它们连通了美国东西海岸,并通过海底电缆或卫星通信等手段连接到世界各国。因特网是近几年来最活跃的领域和最热门的话题,而且发展势头迅猛,成为一种不可抗拒的潮流。

因特网是一个网络,凡是采用 TCP/IP 协议并且能够与因特网中的任何一台主机进行通信的计算机,都可以看成是因特网的一部分。因特网的网络空间可以看作是受计算机控制的空间。因特网采用了目前分布式网络最为流行的客户机/服务器方式,大大增强了网络信息服务的灵活性。

因特网最初的宗旨是为大学和科研单位服务。由于其信息丰富、收费低廉,目前已不但成为服务于全社会的通用信息网络,而且已明显地出现了商业化的趋势。美国在因特网骨干网的经营方面也有此趋势。美国国家科学基金会把 NSFNET 的经营权交给了美国最大的三家电信公司,即 SPRINT,MCI 和 ANS。NSFNET 也将分成 SPRINTNET,MCINET 和 ANSNET 三部分,由上述三家公司管理和经营,并建立一系列的网络接入点(Network Access Point),它实际上是一个集中存放路由器的路由服务站,可为客户提供入网服务。

10.3.2　因特网的接入

所谓接入因特网就是指将主机连接到因特网的边缘路由器的物理链路,边缘路由器是主机到任何其他远程主机的路径上的第一台路由器。图 10-8 显示了从主机到边缘路由器的几种类型的接入链路,图中的这些接入链路用粗线表示。

因特网接入技术大致分为三种类型。

① 拨号接入:通过拨号方式将主机与因特网连接,常用于家庭住宅主机上网使用,如电话线上网、ISDN 上网、ADSL 上网和 Cable Modem 上网;

② 局域网接入:将局域网上的主机与因特网连接,常用于公司和大学校园主机上网使用;

③ 无线接入:将主机通过无线链路与因特网连接。

用户选择接入方式时,需要考虑用户所处的位置和通信条件、使用者数量、通信量、希望访问的资源、要求响应的速度、设备条件以及资金投入等因素。下面介绍我国使用的几种接入因特网的方式。

1. 拨号接入

拨号接入技术主要包括:电话线上网、ISDN 上网、ADSL 上网和 Cable Modem 上网。其中电话线上网是使用普通电话调制解调器(Modem)和电话线接入因特网的方式,是早期接入因特网的一种方式,速率较低。用户可以在一条电话线上(一个用户号码)实现两路不同方式的同时传输,可以一边网上冲浪,一边电话聊天。ADSL 是一种在同一铜线上分别传送数据和语音信号,支持上行速率为 640 kbit/s～1 Mbit/s,下行速率 1～8 Mbit/s,有效传输距离 3～5 km 的宽带接入技术。使用 ADSL，需在用户线两端各安装一个 ADSL 调制解调器。Cable Modem 是一种允许用户通过有线电视网进行高速数据接入（如接入因特网）的设备，在 50 MHz 以上的频段（多在 550 MHz）用电视的 6 MHz 带宽提供一个下行信道，在 5～50 MHz 频段开辟一个上行通道。利用 Cable Modem 接入因特网面临的最大问题是大部分有线电视网不具有双向能力。因而运营公司需要改造甚至重建其原有的有线电视系统，费用十分高昂。

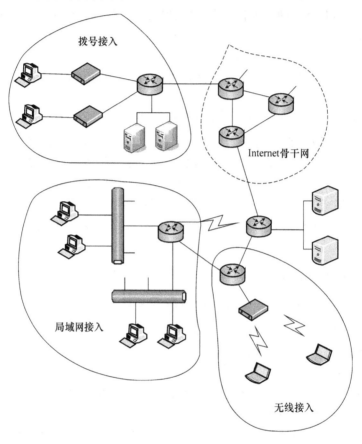

图 10-8 接入因特网

2．以太网接入技术

以太网接入利用了以太网具有的简单、低成本、可扩展性强、与 IP 网络和业务融合性好等特点。但由于以太网本质上是一种局域网技术，用于公用电信网的接入领域时，在认证计费和用户管理、用户和网络安全、服务质量控制、网络管理等方面需要发展和完善；此外，由于以太网接入需要进行综合布线，初期投资成本高，在实装率低时经济效益较差。

3．无线接入

无线接入是继有线接入之后发展起来的另一种互联网的接入方式，借助无线接入技术，无论在何时、何地，人们都可以轻松地接入互联网。

典型的无线接入技术主要有 GPRS 接入、固定无线宽带（LMDS）接入和无线局域网接入。其中 GPRS 是一种拨号的分组交换数据传送技术。使用 GPRS 上网下载资料和通话是可以同时进行的,是目前比较普遍使用的一种无线上网方案。GPRS 的用途十分广泛,包括通过手机发送及接收电子邮件,在互联网上浏览等。LMDS 是一种微波的宽带技术,由于工作在较高的频段(24～39 GHz),因此可提供很宽的带宽(达 1 GHz 以上),又被喻为"无线光纤"技术。它可在较近的距离实现双向传输话音、数据图像、视频、会议电视等宽带业务。无线局域网(WLAN)不受电缆束缚,可移动,能解决因有线网布线困难等带来的问题,并且具有组网灵活、扩容方便、与多种网络标准兼容以及应用广泛等优点。无线局域网接入主要面向个人用户,一般部署在商旅人士经常出入的场所或数据业务需求较大的公共场合,呈"岛形覆盖"或"热点覆盖",如机场、会议中心、展览馆、宾馆、咖啡屋或大学校园等。另外还可以将 ADSL 用户端设备和无线局域网的 AP(Access Point)集成到一起,采用 ADSL＋WLAN 的模式,解决一个家庭多个终端接入的问题。

10.3.3　因特网的技术特点

1. 自适应路由算法

因特网采用自适应(即动态的)、分布式路由选择协议。由于因特网规模大且部分用户不希望外界了解自己单位网络的布局细节等信息,因此因特网采用了层次路由选择方法。因特网将整个互联网划分为许多较小的自治系统,简称 AS。一个自治系统有权自主地决定在本系统内应采用何种路由选择协议。这样,因特网的协议就分为两大类:

(1) 内部网关协议(IGP)。在一个 AS 内部使用的路由选择协议,这与在互联网中的其他 AS 选用什么路由选择协议无关。目前这类路由协议有 RIP 和 OSPF。

(2) 外部网关协议(EGP)。若源结点和目的结点处在不同的 AS 中,当数据报传到本节点所在 AS 的边界时,就需要使用一种协议将路由选择信息传递到另一个 AS 中。这类协议称为外部网关协议。目前这类路由协议使用得最多的是 BGP-4。

内部网关协议和外部网关协议的关系如图 10-9 所示。

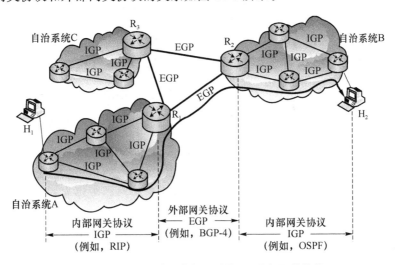

图 10-9　自治系统和内部网关协议、外部网关协议

2. 应用层服务模式

（1）Client/Server 模式

Client/Server 模式的风行和因特网的普及有密切关系。特别是在广域网通讯进入实用阶段后，人们发现，通讯量的大小和效率的高低往往是决定一个系统整体运行效率的主要因素。应用层直接为用户的应用进程提供服务。计算机的进程就是运行着的计算机程序。应用层的具体内容就是规定应用进程在通信时所遵循的协议。目前因特网最流行的计算模式是客户机/服务器模式，其结构如图 10-10 所示。

客户机和服务器是指通信中所涉及的两个应用进程。客户机/服务器模式所描述的是进程之间服务和被服务的关系。简单地说，客户机/服务器模式是指将网络中需要处理的工作任务分配给客户机端和服务器端共同完成。将应用分解，将较复杂的计算和重要资源交给网络上的服务器进程，而把一些频繁与用户打交道的计算任务交由较简单的客户端进程来完成。

在客户机/服务器模式下，客户机是服务请求方，服务器是服务提供方，例如当进程 A 需要进程 B 的服务时，就主动呼叫进程 B，在这种情况下，A 是客户机而 B 是服务器。

客户机与服务器的通信关系一旦建立，通信就是双向的，客户和服务器都可以发送和接收信息。客户机与服务器建立通信关系包括两个主要步骤：

- 首先客户机发起连接建立请求；
- 然后服务器接受连接建立请求，并建立起连接。

如图 10-11 所示，一对客户/服务器进程使用 TCP/IP 协议在互联网上通信，客户和服务器分别使用传输协议进行交互。

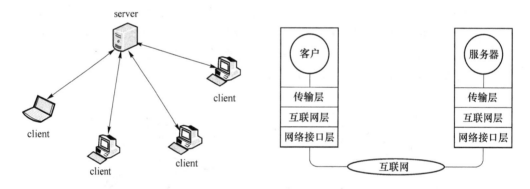

| 图 10-10　Client/Server 模式 | 图 10-11　客户/服务器通过互联网通信 |

客户机/服务器系统比文件服务器系统能提供更高的性能，因为客户端和服务器端将应用的处理要求分开，同时又共同实现其处理要求，对客户端程序的请求实现"分布式应用处理"。服务器为多个客户端应用程序管理数据，而客户端程序发送、请求和分析从服务器接收的数据。

在 Client/Server 结构中，客户机和服务器之间传递的是服务请求和服务的结果，不仅实现了客户机和服务器的合理分工和协作，充分发挥各自的处理能力，而且极大地减少了网络通信量，综合提高了网络的性能。同时这种方式对客户端的要求不高，能够很好地适应因特网网络中客户端多样化的特点,使得通过简单的终端就可以完成复杂的工作。

随着信息的全球化,区域的界限已经被打破,电子商务作为因特网的强大的驱动力,迫使客户机/服务器模式从局域网(LAN)向广域网(WAN)延伸。如今,因特网已经成为全球最大的网络互联环境,在因特网的环境下实现数据的客户机/服务器模型正是目前的流行趋势。

(2) P2P 模式

P2P 是英文 peer to peer 的缩写,称为对等网或点对点技术。P2P 是一种网络模型,在这种网络中所有的节点是对等的(称为对等点),各节点具有相同的责任与能力并协同完成任务。对等点之间通过直接互连共享信息资源、处理器资源、存储资源甚至高速缓存资源等,无需依赖集中式服务器或资源就可完成,P2P 模式的结构如图 10-12 所示。这种模式与当今广泛使用的客户端/服务器(Client/Server)的网络模式形成鲜明对比,Client/Server 模式中服务器是网络的控制核心,而 P2P 模式的节点则具有很高的自治性和随意性。

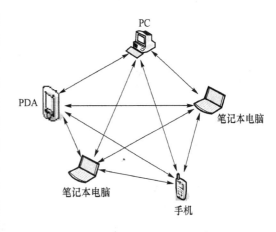

图 10-12　P2P 模式

P2P 模式相对于 Client/Server 模式的主要优点包括:

① P2P 模式最主要的优点就是可以做到对资源的高度利用。在 P2P 网络上,闲散资源有机会得到利用,所有节点的资源总和构成了整个网络的资源,整个网络可以被用作具有海量存储能力和巨大计算处理能力的超级计算机。Client/Server 模式下,纵然客户端有大量的闲置资源,也无法被利用。

② 随着节点的增加,Client/Server 模式下,服务器的负载就越来越重,形成了系统的瓶颈,一旦服务器崩溃,整个网络也随之瘫痪。而在 P2P 网络中,每个对等体都是一个活动的参与者,每个对等点都向网络贡献一些资源,所以,对等点越多,网络的性能越好,网络随着规模的增大而越发稳固。

③ 信息在网络设备间直接流动,高速及时,降低中转服务成本。

④ Client/Server 模式下的互联网是完全依赖于中心点——服务器的,没有服务器,网络就没有任何意义。而 P2P 网络中,即使只有一个对等点存在,网络也是活动的,节点所有者可以随意地将自己的信息发布到网络上。

但是,P2P 也有不足之处。首先,P2P 不易于管理,而对 Client/Server 网络,只需在中心点进行管理;其次是 P2P 网络中数据的安全性难于保证,因此,在安全策略、备份策略等方面,P2P 的实现要复杂一些。另外,由于对等点可以随意地加入或退出网络,会造成网络带宽和信息存在的不稳定。

10.3.4 因特网的应用

因特网能为用户提供的服务项目很多,主要包括电子邮件(E-mail)、远程登录(Telnet)、文件传输(FTP)以及信息查询服务,例如用户查询服务(Finger)、专题讨论(Usenet News)、查询服务(Gopher)、广域信息服务(WAIS)和万维网(WWW),这里着重介绍电子邮件、文件传输和万维网。

1. 电子邮件

(1) 基本概念

电子邮件(E-mail)是因特网中可利用的最流行的服务之一,在因特网的初期,E-mail就已经成为研究人员、科学家、高技术领域和学术界人们相互通信的一种廉价而有效的手段。电子邮件是因特网的一个基本服务。通过电子邮件,用户可以方便快速地交换信息,查询信息。用户还可以加入有关的信息公告,讨论与交换意见,获取有关信息。

电子邮件信息由 ASCII 文本组成,包括两部分:第一部分是一个头部,包括有关发送方、接收方、发送日期、主题和抄送;第二部分是正文,包括问候、正文和签名三部分。

(2) 电子邮箱与地址

电子邮件系统中使用了许多传统办公室中的术语和概念。在可以接收电子邮件前,每个人必须拥有一个电子邮箱。通常,电子邮箱就是邮件服务器磁盘上的一块存储空间。与传统的邮箱一样,电子邮箱是私有的——邮件软件可以往任何一个邮箱中加一条信息,但只有邮箱所有者才能检查、阅读和删除该信息。

每个电子邮箱有一个惟一的电子邮件地址。当人们发送电子邮件时,用电子邮件地址来标识接收方。完整的电子邮件地址包括两部分:第一部分用来标识用户的邮箱;第二部分用来标识邮箱所在的计算机,这两部分常用"@"隔开。例如:

当人们发送电子邮件时,用电子邮件地址来说明 mailbox@computer。

其中,mailbox 是一个指明用户邮箱的字符串,computer 是一个指明邮箱所在的计算机的字符串(即域名)。

(3) 基本工作原理和相关协议

我们可以把邮寄一封信的过程分为三个阶段,在第一阶段进行写信、填信封地址、贴邮票、并把信投入邮筒里。在第二阶段中,邮递员按固定的时间表从邮箱中取出信,如果地址正确,邮资符合,最终信件就被发送到目的信箱。在第三阶段,收信人检查信箱,并从信箱中取出信件,阅读信件。在 E-mail 中也需要执行类似的步骤。

① E-mail 邮件系统的基本组成

E-mail 邮件系统的工作需要三个主要组成部分(邮件程序、邮件服务器和电子邮箱),实际系统更加复杂。

- 邮件程序是一个软件,用来管理、阅读和撰写邮件,使用它的功能可以完成与传统邮件第一阶段相同的任务;
- 邮件服务器是一台计算机,它的功能是接收、存储、邮递 E-mail;
- 电子邮箱是一个保存电子邮件及其信息的被特殊格式化的磁盘文件,通常在第一次申请建立账号时由系统管理员创建;邮箱是私有的,只有其所有者可以从中读取信件,其他任何人只能向它发送电子邮件。

② 电子邮件的相关协议

SMTP 简单邮件传输协议:当邮件程序与远程计算机通信时使用该协议,它允许发送方说明自己,指定接收方,以及传送电子邮件信息。SMTP 要求可靠的传递,即发送方必须保存一个邮件信息的副本直到接收方将一个副本放在不易丢失的存储器(磁盘)。SMTP 协议运行在邮件服务器上。

POP 邮箱协议:POP 协议是一个对电子邮件信箱进行远程存取的协议,该协议允许用户从另一台计算机对邮箱内容进行存取。这需要在邮箱所在的计算机上再运行一个服务器,这个服务器使用 POP 协议。用户运行的电子邮件软件成为该 POP 服务器的客户,对邮箱的内容进行存取。

③ 电子邮件存储转发过程

下面我们用一个具体的例子来说明电子邮件的传输过程,如图 10-13 所示。

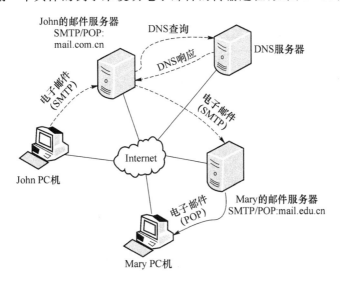

图 10-13 电子邮件系统举例

假设 John 使用 E-mail 邮件客户程序给 Mary 发送电子邮件,John 的邮箱地址为:John@mail.com.cn(帐号对应的 SMTP 服务器和 POP3 服务器均为 mail.com.cn);Mary 的邮箱地址为 Mary@mail.edu.cn(帐号对应的 SMTP 服务器和 POP3 服务器均为 mail.edu.cn)。John 给 Mary 发送电子邮件的过程如下所述:

- John 的计算机通过 SMTP 协议将该邮件传送到 John 的外发邮件服务器 mail.com.cn;
- John 的 SMTP 服务器向 DNS 服务器查询 Mary 的 POP3 服务器 mail.edu.cn 的 IP 地址;
- DNS 服务器回答 mail.edu.cn 的 IP 地址给 John 的 SMTP 服务器 mail.com.cn;
- John 的 SMTP 服务器 mail.com.cn 通过 SMTP 协议将邮件传给 Mary 的 POP3 服务器 mail.edu.cn;
- Mary 的 POP3 服务器 mail.edu.cn 收到邮件后,将邮件存储到 Mary 的专用文件夹(信箱)中；

- Mary 登录到自己的 POP3 服务器 mail. edu. cn，通过 POP3 协议下载和阅读邮件。

2. 文件传输

(1) 基本概念和特点

文件传输是一个应用程序，支持在因特网或同一网络上的两台计算机之间传输文件。文件传输提供的两个基本功能是：

- 从另一台计算机拷贝一个文件到自己的计算机；
- 从自己的计算机发送一个文件到另一台计算机。

图 10-14 描述了这种过程的直观概念。在图中，文件 A 驻留在计算机 H_1 上，到计算机 H_2 的一个文件连接被打开，然后使用文件传输，把文件 A 通过网络传送到计算机 H_2，图中显示文件 A 已经到达计算机 H_2。

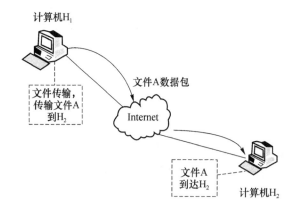

图 10-14　文件传输举例

除了最基本的文件传输功能外，文件传输还提供登录、目录查询、文件操作、命令执行及其他会话控制功能。

文件传输服务的特点是：若要存取一个文件，就必须先获得一个本地的文件副本。如果要修改文件，只能对文件的副本进行修改，然后再将修改后的文件副本传回到原节点。

为了保护用户资源，客户程序在请求连接时，文件传输服务器会要求用户输入用户码和通行密码。如果用户自愿将资料提供给网络上公用，则应该开放一个公用的账号。因特网约定，FTP 的公用账号是 anonymous，密码是用户的 E-mail 地址。因特网中使用 anonymous 公开账号的 FTP 服务器，为网络中数以千万计的客户提供文件共享服务。我们称因特网提供的这种服务为匿名(Anonymous)FTP 服务。

文件拷贝通过 FTP，你既能将文件从远地计算机拷贝到本地机上，也能将本地文件拷贝到远地计算机，前者叫下载(Down Load)，后者叫上载(Up Load)。

(2) 基本工作原理和相关协议

文件传输协议(FTP,File Transfer Protocol)是因特网上使用得最广泛的文件传送协议。文件传输服务提供了将整个文件副本从一台计算机传送到另一台计算机的功能。

FTP 的工作原理并不复杂,它采用 Client/Server 模式,FTP 客户机是请求端,FTP 服务器为服务端,FTP 客户机根据用户需求发出文件传输请求,FTP 服务器响应请求,两者协同完成文件传输作业。

3. 万维网

(1) 基本概念和特点

万维网(WWW,World Wide Web),简称 Web,是全球网络资源。万维网并非某种特殊的计算机网络,而是一种特殊的结构框架,是一个大规模的、联机式的信息储藏所。

Web 最初是由欧洲核子物理研究中心 CERN(the European Laboratory for Particle Physics)的物理学家 Tim Berners-Lee 于 1989 年 3 月提出的,是近年来因特网取得的最为激动人心的成就。由于遍布在全球的研究人员在从事科学研究工作时往往需要进行协作式工作,需要经常收集时刻变化的报告、绘制图、照片和其他文献等,万维网的研制正是出于这个需求。

Web 最主要的两项功能是读超文本(Hypertext)文件和访问因特网资源。

① 读超文本文件

Web 将全球信息资源通过关键字方式建立链接,使信息不仅可按线性方式搜索,而且可按交叉方式访问。在一个文档中选中某关键字,即可进入与该关键字链接的另一个文档,它可能与前一个文档在同一台计算机上,也可能在因特网的其他主机上。Windows Help 文档就是一个超文本文件,只不过 Windows 的所有 Help 文档都在同一台 PC 机上,而 Web 的超文本文件分布在整个因特网上。

在超文本文件世界中,我们用超媒体(Hypermedia)一词来指非文本类型的数据文件,例如声音、图像等。Web 是一个交互式超媒体系统,它由以链接方式相互连接的多媒体文件组成。用户只要选中一个链接,就可以访问相关的多媒体文件。

② 访问因特网资源

Web 的第二项功能是,它可连接任何一种因特网资源,启动远程登录,浏览 Gopher,参加 Usenet 专题讨论等。例如,当 Web 连接到 Telnet,便会自动启动远程登录,用户甚至不必知道主机地址、端口号等细节。若连接到 Usenet,Web 将以简明的超文本格式让你阅读专题文章。Web 的奇妙之处还在于资源(不论是文件还是服务工具)是自动取得的,你无需知道这些资源究竟存放在什么地方。

总之,Web 试图将因特网的一切资源组织成超文本文件,然后通过链接让用户方便地访问它们。通过阅读文本文件的方式,Web 确实可以使你访问到因特网上的许许多多资源。

(2) 基本工作原理和协议

万维网的目的是为了访问遍布在因特网中计算机上的链接文件。使用链接的方法一个站点能非常方便地访问另一个站点(也就是所谓的"链接到另一个站点"),主动按需获取各种信息。如图 10-15 所示。

正是由于万维网的出现,使因特网从仅由少数计算机专家使用变为普通百姓也能利用的信息资源,万维网的出现使网站数按指数规律增长。

同因特网上的许多其他服务一样,Web 使用客户机/服务器模式。客户端使用的程

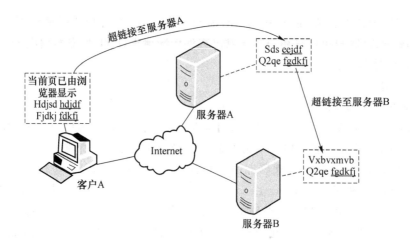

图 10-15   万维网举例

序叫作浏览程序,这是 Web 的用户窗口。从 Web 的观点看,世界上每样东西,或者是文档,或者是连接。所以,浏览程序的基本任务就是读文档和跟随连接走。浏览程序懂得怎样访问因特网的资源和每一项服务,例如怎样启动 Telnet,怎样阅读专题讨论文章等。浏览程序最重要的功能是它懂得怎样连接到 Web 服务器上,因为实际的搜索是由 Web 服务器完成的。

综合业务和多媒体通信

11.1 综合业务数字网

11.1.1 综合业务数字网概述

1. 定义

综合业务数字网,即 ISDN,其英文全称是 Integrated Services Digital Network。CCITT(ITU-T 前身)对 ISDN 是这样定义的:"ISDN 是以综合数字电话网(IDN)为基础发展演变而成的通信网,能够提供端到端的数字连接,用来支持包括话音在内的多种电信业务,用户能够通过有限的一组标准化的多用途用户-网络接口接入网内。" ISDN 是基于公共电话网的数字化网络、专为高速数据传输和高质量语音通信而设计的一种高速、高质量的通信网络。它能够利用普通的电话线双向传送高速数字信号,广泛地进行各项通信业务,包括话音、数据、图像等。因为它几乎综合了目前各单项业务网络的功能,所以也被形象地称作"一线通"。

2. 特点与主要优势

ISDN 技术的主要特点包括:

(1) 费用低廉。由于使用单一的网络来提供不同的业务,而无需为每种业务单独建网,ISDN 可大大提高网络资源的利用率,尽管用户应用的业务不同,但却可以使用统一的接口。

(2) 使用灵活方便。用户只需一个入网接口,使用一本统一的号码簿,就能从网络得到各种所需业务。

(3) 数据高速传输。ISDN 中最常用的 B 信道速率为 64 kbit/s,可以多个信道复用,以 2B+D 为例,比现有数据网或电话网中的数据速率提高了 3~6 倍左右。

(4) 传输质量高。由于采用端到端的数字连接,传输质量大大提高,语音失真小,数据误码特性比使用电话网有很大改善。

(5) 用户接口统一。ISDN 提供多种标准化的用户-网络接口,便于各种类型的用户终端接入。

(6) 丰富的业务。在话音通信方面,ISDN 比传统模拟电话网能提供更多、更方便实现的业务,由于 ISDN 提供综合业务能力,能应用于更多的领域。

(7) 网络互通性强。ISDN 能与电话网、分组交换网、因特网、局域网等多种网络进行互连互通。

11.1.2　ISDN 的网络参考模型与网络结构

1. ISDN 的网络结构

ISDN 的网络基本结构如图 11-1 所示，由该图可以看到 ISDN 的用户-网络接口、网络功能以及 ISDN 的信令系统。

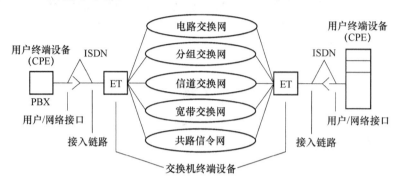

图 11-1　ISDN 的网络结构

ISDN 终端设备通过标准的用户-网络接口接入 ISDN 网络。窄带 ISDN 有两种不同速率的标准接口：一种是基本速率接口（Basic Rate Access），速率为 144 kbit/s；另一种是基群速率接口（Primary Rate Access），其速率和 PCM 一次群速率相同（2 048 kbit/s 或 1 544 kbit/s）。这两种接口都可以用双绞线电缆作为传输媒体。宽带 ISDN 的用户-网络接口上传输速率高于 PCM 一次群速率，可达到几百兆比特每秒，因此必须改用光纤来进行传输。

ISDN 网络具有多种能力，包括电路交换能力、分组交换能力、无交换连接（或称非交换连接）能力和公共信道信令能力。在一般情况下，ISDN 网络只提供低层（即 OSI 模型 1~3 层）功能。当一些增值业务需要网络内部的高层（OSI 模型 4~7 层）功能支持时，这些高层功能可以在 ISDN 网络内部实现，也可以由单独的业务服务器来提供。

ISDN 具有三种不同的信令：用户-网络信令，网络内部信令和用户-用户信令。这三种信令的工作范围不同：

（1）用户-网络信令是用户终端设备和网络之间的控制信号；

（2）网络内部信令是交换机之间的控制信号；

（3）用户-用户信令则透明地穿过网络，在用户之间传送，是用户终端设备之间的控制信号。

ISDN 的全部信令都采用公共信道信令方式，因此在用户-网络接口及网络内部都存在单独的信令信道，和用户的信息信道完全分开。

2. ISDN 中的信道类型

ISDN 中的信道是提供业务承载的具有标准传输速率的传输信道。在对承载业务进行标准化的同时，需要相应地对用户-网络接口上的信道加以标准化。信道有两种主要类型，一种类型是业务信道，为用户传送各种业务信息；另一种是信令信道，它是为了进行呼叫控制而传送信令信息。根据 CCITT 的建议，在用户-网络接口处向用户提供的信道有以下几种类型：

（1）B 信道，是业务信道，用来传送话音、数据等用户信息，传输速率是 64 kbit/s。一个 B 信道可以包含多个低速的用户信息（即多个子信道），但是这些信息必须是传往同一目的用户。这就是说，B 信道是电路交换的基本单位。

（2）D 信道，D 信道具有两个用途，首先，它可以用于传送公共信道信令，而这些信令用来控制同一接口的 B 信道上的呼叫；其次，当没有信令信息需要传送时，D 信道可用来传送分组数据或低速的（如数百比特每秒）遥控遥测数据。D 信道的传输速率是 16 kbit/s 或 64 kbit/s。

（3）H 信道，H 信道用来传送高速的用户信息。用户可以将 H 信道作为高速干线或者根据各自的时分复用方案将其划分使用。H 信道典型的应用例子包括，高速传真、图像、高速数据、高质量音频信号、由低速数据复用而成的高速信息流，以及分组交换信息等。

3. ISDN 的网络能力

由 ISDN 的网络基本结构可以看出，ISDN 网络具有低层和高层两方面的能力。这些能力可以由 ISDN 网内的设备来提供，也可以通过 ISDN 和其他网络的接口由其他网络来提供。

（1）ISDN 网络的低层能力：ISDN 网络的低层能力包括了 7 个主要的交换和信令功能。

① 本地连接功能（对应于本地交换机或其他类似设备的功能，如用户-网络信令、计费等）；

② 64 kbit/s 电路交换功能；

③ 64 kbit/s 无交换电路功能；

④ 分组交换功能；

⑤ 交换机之间的公共信道信令功能（例如 CCITT NO.7 信令系统）；

⑥ 大于 64 kbit/s 的交换功能；

⑦ 大于 64 kbit/s 的无交换功能。

其中，ISDN 网络的交换能力又可以分为电路交换、分组交换两类。

① 电路交换能力：电路交换能力提供 64 kbit/s 和大于 64 kbit/s 的电路交换连接，用于用户信息的传送，64 kbit/s（和小于 64 kbit/s）的信息传送在用户-网络接口的 B 信道上进行，并被网络中的电路交换实体以 64 kbit/s 的速率进行交换。和电路交换相关的控制信令在用户-网络接口的 D 信道上传送，然后由本地连接功能处理。用户-用户信令还要由网络中的公共信道信令功能实体来进行转发。

② 分组交换能力：ISDN 的分组交换能力可以由 ISDN 本身提供，也可以通过 ISDN 和专门的公用分组交换数据网的网间互连由后者提供。

（2）ISDN 网络的高层能力：一般来说，通信中的高层功能是由终端设备来提供的，但是为了支持某些特殊的业务，ISDN 网络中的某些节点也可以提供高层功能。这些节点可能属于公用通信网，也可能是通过用户-网络或网间接口连接到 ISDN 中的一些专用的业务服务器。

11.1.3 ISDN 中的用户-网络接口

1. 用户-网络接口的基本功能

ISDN 用户-网络接口的作用是使用户终端与 ISDN 网络之间或网络与用户之间能够相互交换信息,该接口主要具有以下功能:

(1) 具有利用同一接口提供多种业务的能力。根据用户需求,在呼叫建立的基础上,选择信息的比特速率、交换方式或编码方式等。

(2) 具有多终端配置功能。多个终端可以连接在同一个接口上,允许同时使用这些不同的终端。

(3) 具有终端的移动性。利用标准插座,使终端能够在通信过程中移动和重新恢复通信的连接。

(4) 在主叫用户和被叫用户终端之间进行兼容性检查。为了检验主叫与被叫终端能够相互通信,例如保证电话与电话终端、传真与传真终端等高层的一致性,需要具有兼容性检查的功能。

2. 用户-网络接口的参考配置

用户-网络接口是用户设备与通信网的接口。用户-网络接口的参考配置是为对上述接口进行标准化而建立的一种抽象化的接口安排,它给出了需要标准化的参考点(R、S、T)和与之相关的各种功能群体(NT1、NT2、TE1、TE2、TA)。功能群是在 ISDN 用户接入口上可能需要的各种功能的组合。在实际的应用中,用户-网络接口的配置根据用户的要求可能是多种多样的,若干个功能群可能由一种设备来实现。参考点是划分功能群的概念性参照点,它可以是用户接入中各设备单元间的物理接口。当多个功能群组合在一个设备中实现时,它仅在概念上存在,而实际上没有物理接口存在。功能群和参考点都是抽象的概念,它们可能映射到实际的物理结构中,但又不同于物理的设备和接口。用户-网络接口的参考配置如图 11-2 所示。

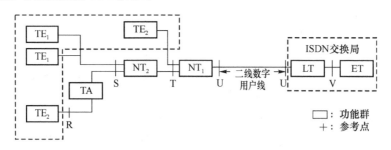

图 11-2 用户-网络接口的参考配置

在图 11-2 的用户-网络接口上的参考点中,NT1 与 NT2 之间的参考点 T 是用户与网络的分界点,T 点右侧的设备归网络运营商所有,左侧的设备归用户所有;参考点 S 对应于单个 ISDN 终端入网的接口,它将用户终端设备和与网络有关的通信功能分开;参考点 R 提供非 ISDN 标准终端的入网接口,使不符合 ISDN 标准的设备能够经过终端适配器的转换之后接到 ISDN 的承载业务接入点,它位于 TE2 和 TA 之间;参考点 U 对应于用户线,这个接口用来描述用户线上的双向数据信号。

各功能群的功能说明如下。

(1) 网络终端 1(NT1,Network Termination 1):NT1 包含 OSI 第一层的功能,即用户线传输终端的有关功能。NT1 是 ISDN 网在用户处的物理和电气终端装置。NT1 可能属于网络运营商所有,是网络的边界,这个边界使用户设备不受用户线上传输方式的影响。NT1 负责线路的维护,例如环路测试和性能监视等。NT1 还支持多个信道(如 2B+D)的传输,这些信道的信息在第一层上用同步时分复用方法复用成统一的数字比特流。最后,NT1 还以点对点的方式支持多个终端设备同时接入,以四线的方式与用户设备相连。这时,NT1 具有解决 D 信道竞争的能力。

(2) 网络终端 2(NT2,Network Termination 2):NT2 又叫做智能网络终端。它可以包含 OSI 1~3 层的功能。NT2 可以完成交换和集中的功能。NT2 的例子有数字用户交换机(PBX),用户集中器和局域网网关。数字用户交换机和局域网网关可以将一定数量的终端设备连接成局部地区的专用网络,提供本地交换功能,并经过 T 参考点和 NT1 将局部网络和 ISDN 沟通。用户集中器不能进行本地交换,但是它将一群本地终端的通信业务量集中起来,再和 ISDN 相连,以提高用户-网络接口上信道的利用率。

(3) 1 类终端设备(TE1,Terminal Equipment Type 1):TE1 又叫做 ISDN 标准终端设备。它是符合 ISDN 接口标准(S 参考点上的标准)的用户设备,例如数字电话机和 4 类传真机。TE1 完成用户侧 1~3 层的功能以及面向某种应用的高层功能。

(4) 2 类终端设备(TE2,Terminal Equipment Type 2):TE2 又叫做非 ISDN 标准终端设备,是不符合 ISDN 接口标准的用户设备。它包含了现有通信网中的终端设备,例如,具有 RS-232 物理接口的终端和具有 X.25 接口的终端;也可以是其他任何非标准设备。TE2 需要经过终端适配器 TA 的转换,才能接入 ISDN 的标准接口(S 参考点)。TE2 完成面向某种应用的高层功能以及和非标准接口(R 参考点)有关的低层功能。

(5) 终端适配器(TA,Terminal Adaptor):TA 完成适配功能(包括速率适配及协议转换),使 TE2 能接入 ISDN 的标准接口。TA 具有 OSI 第一层的功能以及部分高层功能。

在参考配置的基础上,用户-网络接口的实际配置可能是多种多样的。五个功能群可以分别作为一种设备来实现,这时三种参考点都将作为物理接口而实际存在。但这不是必须的,可以将某些或全部功能群组合在一个设备中实现。例如,可以将 NT2 和 NT1 组合在一个设备中实现,这时 T 参考点在物理上将不复存在;也可以将 TA 和 NT2 组合在一起来实现,这时 S 参考点在物理上将不存在。NT2 是用户的网络设施,不是所有用户都需要用户交换机或局域网等网络设施。当用户不需要 NT2 时,可以将用户终端直接与 NT1 相接,这样,工作于同一速率上的 S 接口和 T 接口的特性在规范上是完全相同的。S 接口与 T 接口将重叠在一起,称为 S 或 T 接口。ISDN 的用户-网络接口参考配置对设备的数量也未作限制。用户可以有多个 NT1,一起供 NT2 使用。至于用户终端的数量,可以从一直至成千上万个。

3. 用户-网络接口的接口结构

已经标准化的 ISDN 用户-网络接口有两类,一类是基本速率接口,另一类是基群速率接口。

（1）基本速率接口：基本速率接口是把现有电话网的普通用户线作为 ISDN 用户线而规定的接口，它是 ISDN 最常用、最基本的用户-网络接口。它由两个 B 信道和一个 D 信道（2B+D）构成。B 信道的速率为 64 kbit/s，D 信道的速率为 16 kbit/s。所以用户可以利用的最高信息传递速率是（64×2+16）kbit/s＝144 kbit/s。这种接口是为大多数个人用户使用 ISDN 而设计的。它与用户线二线双向传输系统相配合，可以满足个人用户或小型商业用户对 ISDN 业务的需求。使用这种接口，用户可以获得各种 ISDN 的基本业务和补充业务。

（2）基群速率接口：基群速率接口的传输速率与 PCM 的基群相同。由于国际上有两种规格的 PCM，即 1.544 Mbit/s 和 2.048 Mbit/s，所以 ISDN 用户-网络接口的基群速率接口也有两种速率。

11.1.4　ISDN 的业务与应用

1. ISDN 的业务能力与分类

ISDN 能够支持的业务种类有很多，而且其业务能力是发展的。ISDN 的业务在进行分类时遵循了以下原则：

（1）ISDN 应该能够继续提供现有网络，包括公用交换电话网、分组数据网、用户电报网等所能够提供的用户需求的所有业务；

（2）ISDN 的业务应该考虑到 ISDN 与现有网络的互通与兼容；

（3）ISDN 的业务需要充分估计到用户的新业务需求，包括不久的将来可能会出现的新的通信需求。

ISDN 电信业务可以分为提供基本传输功能的承载业务（bearer services）和包含终端功能的用户终端业务（teleservices）。除了这两种基本业务外，还规定了变更或补充基本业务的补充业务（supplementary services）。利用这些补充业务，可以为用户的通信带来很大的方便。承载业务提供在用户之间实时传递信息的手段，而不改变信息本身所包含的内容，这类业务对应于开放系统互连参考模型的低层功能。用户终端业务把传输功能和信息处理功能结合起来，不仅能够提供低层传输功能，也能够提供高层功能。如果说承载业务定义了对网络功能的要求，并且由网络功能来提供这类业务，那么用户终端业务既包括了终端能力，又包括了网络能力。承载业务和用户终端业务两者都可以配合补充业务一起为用户提供，但是补充业务只能和一种或多种承载业务或用户终端业务相结合，不能单独使用。

2. 承载业务

在承载业务中，网络向用户提供的只是一种低层的信息传递能力，因此可以把承载业务理解为从 S 或 T 参考点向网络方向看、ISDN 网络所具有的信息传递能力。承载业务仅说明了通信网的通信能力，而与终端的类型无关。因此各种类型不同的终端可以使用相同的承载业务。承载业务采用与 S 或 T 参考点有关的七层模型中的第 1～3 层。承载业务分为三类，第一类是电路交换方式的承载业务；第二类是分组交换方式的承载业务；第三类是帧方式的承载业务。

（1）电路交换承载业务

电路交换承载业务包括以下几种类型：

① 3 kHz 结构，应用不受限的 64 kbit/s 承载业务，主要用于承载话音、3.1 kHz 音频信号、复合的低速数字流和透明接入 X.25 公用网等。此外，G4 类传真终端、PC 机等多种终端间的通信都要利用这种承载业务。其中的 3 kHz/8 kHz 结构，是指在用户之间传送信息的同时，另外传送一个 3 kHz/8 kHz 的定时信息。

② 8 kHz 结构，用于话音传送的 64 kbit/s 承载业务，这类业务用于语音信息的传递。所有在 ISDN 网络中传递的语音信息，都适用于这类业务。

③ 8 kHz 结构，用于 3.1 kHz 音频信息传送的 64 kbit/s 承载业务，这类业务对应于目前公用电话网所提供的业务，它传递的用户信息是语音与 3.1 kHz 带宽的音频信息。3.1 kHz 带宽的信息包括调制解调器产生的话音频带数据、G2 或 G3 类传真机的信息。这种业务是为模拟电话网向 ISDN 过渡而设置的。

④ 8 kHz 结构，可交替用于语音与不受限的 64 kbit/s 承载业务，这类业务可以在同一次呼叫中，向用户既提供语音信息的传递，又提供不受限 64 kbit/s 承载业务的应用，用户可以在两者中按需要选用。

⑤ 8 kHz 结构，不受限的 2×64 kbit/s 承载业务，这类业务在用户-网络接口上提供两个 64 kbit/s 用户信息的透明传递。该业务可以使用户同时占用两条 B 信道。典型的应用是可视电话。

⑥ 8 kHz 结构，不受限的 384 kbit/s 承载业务，这类业务在用户-网络接口上的 S 或 T 参考点之间，以传输容量为 384 kbit/s 的信道传送用户信息。典型的应用是传送会议电视的信息。

⑦ 8 kHz 结构，不受限的 1 536 kbit/s 承载业务，这类业务在用户-网络接口上的 S 或 T 参考点之间，以传输容量为 1 536 kbit/s 的信道传送用户信息。典型的应用是传送高速数据及电视图像。

⑧ 8 kHz 结构，不受限的 1 920 kbit/s 承载业务，这类业务在用户-网络接口上的 S 或 T 参考点之间，以传输容量为 1 920 kbit/s 的信道传送用户信息。通常使用一次群信道，用于传输高速数据及图像业务。

⑨ 多速率不受限的 8 kHz 结构，该业务允许用户请求建立和释放多个 64 kbit/s 电路交换的连接，使用户能够透明传送用户信息，这项业务扩展了用户终端仅使用 64 kbit/s 信道的能力。

（2）分组交换承载业务

分组交换的承载业务有以下三种：

① 虚呼叫和永久虚电路承载业务，这类业务在 S 或 T 参考点，通过 B 信道或 D 信道建立虚电路，以分组的方式透明地传送用户信息；

② 无连接的分组承载业务，这种承载业务是利用用户-网络接口上的 D 信道以分组方式透明地传送用户信息，由于不在 D 信道上建立虚呼叫，所以它适用于传送较短的信息；

③ 用户-用户信令承载业务，用户-用户信令承载业务是通过信令信道，即通过用户-网络接口上的 D 信道和网内的共路信令网在发送和接收两端接口的 S 或 T 参考点之

间透明地传送用户信息,也就是说用户端到端的信息可以在信令信道而不是在信息信道上透明传送。

(3) 帧方式承载业务

帧方式承载业务分为帧中继和帧交换两种业务。帧中继业务可以减少网路中间节点的系统存储和处理过程,简化协议的处理以减少时延,主要应用于数据通信。帧交换业务的基本特征与帧中继业务相同,但是仍然采用证实操作方式,具有差错恢复的能力。

3. 用户终端业务

ISDN 中的用户终端业务包括:

(1) 数字电话,特点是信噪比大、传输质量和通话清晰度均较好,其传输距离不受限制;

(2) 智能用户电报,通过 ISDN 网络,在自动存储的基础上,使用户间可发送采用编码信息的智能用户电报文件,进行办公室自动化通信;

(3) G4 类传真,G4 类传真可使用户经 ISDN 网络,以含有编码信息的传真文件形式进行通信;

(4) 可视图文,利用可视化终端为用户提供文字、图形、数据等信息;

(5) 用户电报,提供交互型的文电通信;

(6) 数据通信,提供 64 kbit/s 速率的数据传输;

(7) 视频业务,包括静止图像传输、慢扫描图像(每隔 6～8 秒钟变换一个画面)、视频会议等;

(8) 远程控制,包括告警系统、远程监测、遥控及遥测等。

4. 补充业务

ISDN 中的补充业务包括:

(1) 号码识别类补充业务

① 直接拨入;

② 多用户号码;

③ 主叫线号码显示(CLIP,Calling Line Identification Presentation);

④ 主叫线号码限制(CLIR,Calling Line Identification Restriction);

⑤ 被接线号码显示(COLP,Connected Line Identification Presentation);

⑥ 被接线号码限制(COLR,Connected Line Identification Restriction);

⑦ 子地址(SUB,Subaddressing);

⑧ 恶意呼叫识别(MCI,Malicious Call Identification)。

(2) 呼叫提供类补充业务

① 呼叫转换(CT,Call Transfer);

② 呼叫转送(CF,Call Forwarding);

③ 寻线(LH,Line Hunting)。

(3) 呼叫完成类补充业务

① 呼叫等待(CW,Call Waiting);

② 呼叫保持(HOLD);

③ 对忙用户的呼叫完成(CCBS,Completion of Calls to Busy Subscribers)。

（4）多方通信类补充业务

① 会议呼叫（CONF，Conference Calling）；

② 三方通信（3PTY，Three Party Service）。

（5）社团性补充业务

① 封闭用户群（CUG，Closed User Group）；

② 多级优先（MLPP，Multi Level Procedence and Preemption）。

（6）计费类补充业务

① 信用卡呼叫（CRED）；

② 收费通知（ADC，Advice of Charge）。

（7）附加的信息传递业务

用户-用户信令（UUS，User-User Signalling）。

11.1.5　宽带综合业务数字网（B-ISDN）

1. B-ISDN 的发展背景

前面介绍的 ISDN 是只能提供基群速率以内的电信业务的综合业务数字网，更精确的应被称为窄带 ISDN（N-ISDN）。N-ISDN 是以电话通信网为基础发展起来的，基本保持了电话通信网的结构和特性，其主要业务是 64 kbit/s 的电路交换业务，虽然它综合了分组交换业务，但这种综合仅在用户-网络接口上实现，其网络内部仍由独立分开的电路交换和分组交换实体来提供不同的业务。N-ISDN 通常只能提供 PCM 基群速率以内的电信业务，这种业务的特点使得 N-ISDN 对技术的发展适应性较差，也使得 ISDN 存在固有的局限性，具体表现在以下几方面：

（1）N-ISDN 采用传统的铜线来传输，使用户接入网络处的速率不能高于 PCM 基群速率，这种速率不可能用于传送高速数据或图像业务（如视频信号等），因此不能适应新业务发展的需求；

（2）N-ISDN 的网络交换系统相当复杂，虽然它在用户-网络接口上提供了包括分组交换业务在内的综合业务，其网络内部实际上是电路交换和分组交换并存的单一网络，在用户环路只能获得 B 信道和 D 信道两种标准通信速率以及它们的组合；

（3）N-ISDN 对新业务的引入有较大的局限性，由于 N-ISDN 只能以固定的速率（如 64 kbit/s、84 kbit/s、920 kbit/s 等）来支持现有的电信业务，这将很难适应未来电信业务的突发特性、可变速率的特性以及多种速率的要求。

此外，随着社会经济的发展和人们物质生活水平的不断提高，用户对各种通信业务的需求日益增加，对通信质量的要求也不断提高；同时先进的用户终端设备已具有较强的数据、图像处理能力，这一切均使得现有的网络和基于 64 kbit/s 的 N-ISDN 已无法满足用户的需求。

2. B-ISDN 的基本概念

为了克服 N-ISDN 的局限性，人们开始寻求一种新型的网络，这种网络既可以提供 PCM 基群速率的传输信道，也可以适应全部现有的和将来可能出现的业务，无论速率低至几比特每秒、或高到几百兆比特每秒的业务，都以同样的方式在网络中被交换和传送，共享网络的资源；这是一种灵活、高效、经济的网络，它可以适应新技术、新业务的需要，并能充分、有效地利用网

通信导论

络资源。CCITT 将这种网络命名为宽带 ISDN,也称为 B-ISDN(Broadband ISDN)。

B-ISDN 具有以下显著的特点:

(1) B-ISDN 主要以光纤作为传输媒体。光纤的传输质量高,这保证了所提供的业务质量,同时减少网络运行中的差错诊断、纠错、重发等环节,提高了网络的传输速率,带来了高效率。因而 B-ISDN 可以提供多种高质量的信息传送业务,充分利用现有的网络终端、用户环路等网络资源。

(2) B-ISDN 以信元为传输、交换的基本单位。信元是固定格式的等长分组,以信元为基本单位进行信息转移,给传输和交换带来了极大的便利;而以前的通信网通常以时隙为交换单元。

(3) B-ISDN 利用了虚信道和虚通道。也就是说 B-ISDN 中可以做到"按需分配"网络资源,使传输的信息动态地占用信道。这使得 B-ISDN 呈现开放状态,具有很大的灵活性。

1998 年,作为 ISDN 方面的系列提议的一部分,CCITT 发布了头两个与 B-ISDN 相关的建议,(I. 113 与 I. 121)。这些文件为今后的标准化和开发工作提供了基本描述和基础。在两个文件中规定了宽带、B-ISDN、ATM 等几个重要的术语。于 1990 年推出的 B-ISDN 的内部草案建议集进一步描述了 B-ISDN 发展的详细内容。

3. B-ISDN 的网络结构

B-ISDN 的发展经历了两个阶段,发展的初期阶段在于进一步实现话音、数据和图像等业务的综合。

图 11-3 是发展初期的 B-ISDN 的网结构。由图中可以看出,初期的 B-ISDN 是由三个网组合而成。第一个网是以电话的交换接续为主体,并把静止图像和数据综合为一体的电路交换网,它以电话业务为主,即是以传输速率 64 kbit/s 作为此网的基础,称为 64 kbit/s网。第二个网是以存储交换型的数据通信为主体的分组交换网。所谓分组交换,是把信息分割为称作分组(或称信息包)的小单元,进行传输交换的方式,它具有灵活的多元业务量处理的特性。当前各国广泛地开展高速分组交换方式的研究,它可能是宽带 ISDN 的主要交换方式之一。第三个网是以异步转移方式(ATM)构成的宽带交换网,它是电路交换与分组交换的组合,它能实施话音、高速数据和活动图像的综合传输。

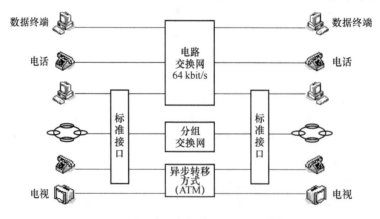

图 11-3　发展初期的 B-ISDN 结构

210

图 11-4 是发展后期阶段的 B-ISDN 结构。后期 B-ISDN 中引入了智能管理网,由智能网路控制中心管理的是三个基本网:第一个网是由电路交换与分组交换组成的全数字化综合传输的 64 kbit/s 网;第二个网是由异步转移方式(ATM)组成的全数字化综合传输的宽带网;第三个网是采用光交换技术组成的多频道广播电视网。这三个网将由智能网络控制中心管理,它可能被称为智能宽带 ISDN。在智能宽带 ISDN 中,有智能交换机和用于工程设计或故障检测与诊断的各种智能专家系统。

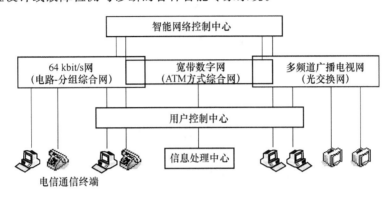

图 11-4　发展后期的 B-ISDN 结构

4. B-ISDN 支持的主要业务

B-ISDN 除了能够提供 N-ISDN 的各种业务外,还能提供两大类的宽带通信业务:交互型业务和分配型业务。前者的特点是通信双方采用问答式的方式;后者的特点是以网络向用户方向的通信量为主,近乎是单向性通信。下面分别说明这两种业务的各自特点。

(1)交互型宽带通信业务包括的类型

① 可视化会话性业务。它是用户与用户之间或用户与业务提供者之间双向的、实时的对话通信,如高质量的可视电话,电话会议等。

② 消息性业务。这种业务要经过存储转发,与会话性业务而言,它不必是实时的、不要求通信双方都是可用的,例如视频邮件,正文邮件等。

③ 检索性业务。它是向网络的信息中心检索公用信息的一种通信业务。例如影片、高分辨率图像、电视节目、声音、信息、文字档案等。

(2)分配型宽带通信业务的类型

① 用户不能干预控制的分配型业务,这是一种广播性业务,由网络内的节目源向数量不限的获准用户接收器分配连续的信息流,但用户不能控制信息的次序和开始时间,例如电视广播、声音广播节目,以及文件分配、高速数据分配、视听信息分配等业务;

② 用户可以干预控制的分配业务,这种业务也是从网络的节目源向众多用户分配信息的,但是这种信息被组织成一个个周期性重复的信息实体(即较短的帧)进行传送,因此用户可以控制信息演示的起点和次序,例如点播式的广播电视、教育和培训节目的分配,以及新闻检索和计算机软件的分发等。

(3)B-ISDN 业务提供的主要特点

① 业务的高度综合:网络与终端都是按照综合服务的要求统一设计的,以便经济地向用户既提供常规的电信业务又提供广播电视的分配业务,既提供实时的通信业务又提

供有存储转发的业务。

② 视频通信将占据重要地位：由于排除了现有网络对频带的限制，视频通信将成为人们接收信息和交换信息的重要手段。

③ 大量使用多媒体技术：所谓的多媒体通信就是指一次通信服务中同时涉及到两种或多种通信媒介，或者在一次通信中承载信息的载体在两种或两种以上。例如，可视电话业务同时涉及到语音和图像；又如视频会议业务同时涉及到语音、活动图像、静止图像、数据等。

④ 终端设备实现一机多用：鉴于 B-ISDN 所提供业务的多样性，不可能为每种业务都设置一个相对应的终端，无论从经济性还是从空间的占用方面都是不允许的，因此必然要实现终端设备的一机多用。

11.2　多媒体通信

20 世纪 80 年代中后期开始，多媒体技术成为人们关注的热点之一。多媒体技术是一种迅速发展的综合性电子信息技术，它给传统的计算机系统、音频和视频设备带来了方向性的变革，将对大众传媒产生深远的影响。多媒体改善了人类信息的交流，缩短了人类传递信息的路径，多媒体计算机将加速计算机进入家庭和社会各个方面的进程，给人们的工作、生活和娱乐带来深刻的革命。世界向着信息化社会发展的速度明显加快，而多媒体技术的应用在这一发展过程中发挥了极其重要的作用。

11.2.1　多媒体概述

1. 多媒体的基本概念

在多媒体技术中，媒体是一个重要的概念。何谓多媒体呢？媒体又称媒介、媒质，指的是用于表示、存储、分发、传输和展现数据（信息）的手段、方法、工具、设备或装置。因此可以说，媒体是人与人之间赖以沟通及交流观念、思想或意见的中介物。现代科技的发展大大方便了人与人的交流与沟通，也给媒体赋予了许多新的内涵。CCITT 曾对媒体做如下分类：

（1）感觉媒体。指的是能直接作用于人们的感觉器官，使人产生直接感觉的媒体。如人类的语言、音乐、自然界的各种声音、图像，计算机系统中的文字、动画、文本和数据等。

（2）表示媒体。指的是为了加工、处理和传输感觉媒体而人为研究、构造出来的媒体。借助于表示媒体，能更有效地存储感觉媒体或将感觉媒体从一个地方传送到另一地方，便于加工和处理。表示媒体有多种编码方式，如语言编码、图像编码、电报码、条形码等。

（3）表现媒体。指的是用于通信中使电信号和感觉媒体之间产生转换的一类媒体。表现媒体又分为两类：一类是输入表现媒体，如键盘、鼠标器等；另一类是输出表现媒体，如显示器、打印机等。

（4）存储媒体。指的是用于存放表示媒体的媒体，以便计算机随时加工、处理和调用，如纸张、磁带、磁盘、光盘等。

（5）传输媒体。指的是用于将某些媒体从一处传到另一处的物理载体。传输媒体是通信的信息载体，如双绞线、同轴电缆、光纤等。

这些媒体和计算机系统之间的对应关系如图 11-5 所示。

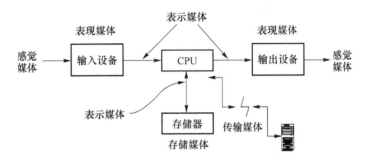

图 11-5　计算机与媒体

存在着那么多的媒体，这和书中所说的"多媒体"有什么关系呢？人们普遍地认为"多媒体"是指能够同时获取、处理、编辑、存储和展示两个以上不同类型信息媒体的技术，这些信息媒体包括：文字、声音、图形、图像、动画、视频等。从这个意义中可以看到，我们常说的"多媒体"最终被归结为一种"技术"。事实上，也正是由于计算机技术和数字信息处理技术的实质性进展，才使我们今天拥有了处理多媒体信息的能力，这才使得"多媒体"成为一种现实。所以，我们现在所说的"多媒体"，常常不是指多种媒体本身，而主要是指处理和应用它的一整套技术。因此，"多媒体"实际上就常常被当作"多媒体技术"的同义语。另外现在人们谈论的多媒体技术往往与计算机联系起来，这是由于计算机的数字化及交互式处理能力，极大地推动了多媒体技术的发展。通常可以把多媒体看作是先进的计算机技术与视频、音频和通信等技术融为一体而形成的新技术或新产品。

多媒体计算机技术的定义是：计算机综合处理多种媒体信息，包括文本、图形、图像、音频和视频等，使多种信息建立逻辑连接，集成为一个系统并具有交互性。简言之，媒体计算机技术就是计算机综合处理声、文、图信息的技术，具有集成性、实时性和交互性。

2. 多媒体系统的特征

从多媒体计算机技术的定义可以看出其具有三个显著的特点，即集成性、实时性和交互性，这也是它区别于传统计算机系统的特征。下面是多媒体系统的一些主要特点：

（1）集成性。所谓集成性首先是指多媒体具有多种媒体的集成性，多媒体是结合文字、图形、影像、声音、动画等各种媒体的一种应用，并且是建立在数字化处理的基础上的。它不同于一般传统文件，是一个利用电脑技术的应用来整合各种媒体的系统，媒体依其属性的不同可分成文字、音频及视频等。其次，多媒体还具有多种技术的系统集成性，基本上可以说是包含了当今计算机领域内最新的硬件技术和软件技术。

（2）交互性。交互性是多媒体计算机技术的特色之一，就是可与使用者作交互性沟通的特性，这也正是它和传统媒体最大的不同。这种改变，除了提供使用者按照自己的意愿来解决问题外，更可借助这种交谈式的沟通来帮助学习、思考以及有系统地查询或统计,以达到增进知识及解决问题的目的。

(3) 同步性。指在多媒体终端上显现的图像、声音和文字是以同步方式工作的,通过网络传送的多媒体信息必须保持它们在时间上或事件之间的同步关系。

多媒体技术的产生必然会带来计算机界的又一次革命,它标志着计算机将不仅仅作为办公室和实验室的专用品,而将进入家庭、商业、旅游、娱乐、教育乃至艺术等几乎所有的社会与生活领域;同时,它也将使计算机朝着人类最理想的方式发展,即视听一体化,彻底淡化人机界面的概念。

正因为"多媒体计算机技术"具有以上所说的几个特性,所以我们目前的家用电视系统就不能称为是一个多媒体系统。因为虽然现在的电视也具有"声、图、文"并茂的多种信息媒体,但是在电视机面前,我们除了可以选择不同的频道外,其他什么也不能做,既不能干涉它,也不能改变它,只能被动地接收电视台播放的节目,所以这个过程是单方向的,而不是双向的。但是,可以预言,在不远的将来,家用电视系统肯定会是一个多媒体的系统,它将集娱乐、教学、通信、咨询等功能于一身。

目前的网络完全不是为传输多媒体信息特别不是为涉及视频通信、多媒体信息采集和/或交互式多媒体的应用而建的。但人们却在很大程度上依赖视频流信息达到对信息的快速接受和长期记忆。人的大脑大约有超过 50% 的脑细胞用来处理可视信息,而且与我们获得的声音、嗅觉和触觉紧密相关。任何一种可以想象到的数字媒体形式,如声音、动画、图片等都越来越依赖于多媒体。

11.2.2 多媒体通信基础

1. 多媒体通信的基本概念与发展

多媒体通信就是将现代通信网络技术、计算机技术、声像技术结合起来,利用一种传输系统就能传输所有的信息形式,即声音、文字、数据、图形和影像等多种信息。

多媒体通信的发展起源于 20 世纪 80 年代初,美国、日本和欧洲的计算机公司开始致力于多媒体技术的研究,把该技术应用于 PC。首先建立了基于局域网(LAN)的多媒体通信系统,如美国 Xerox 公司的以太电话(Etherphone),可以说是最早的多媒体通信系统。

国外多媒体通信的研究开发首先是基于窄带综合业务数字网(N-ISDN),如美国的AT&T、Pacific Bell、奇科(Chico)和加利福尼亚公立大学(CSUC)于 1991 年 5 月开始利用 ISDN BRI 进行了多媒体网络试验,在试验基础上于 1993 年进入实用化阶段,1994 年德国电信公司、德国科学研究中心共同开发公用多媒体业务 COBRA,利用 ISDN 把各地的以太网和 FDDI 链接到 ISDN,支持远程办公和远程医疗。目前基于 ISDN 的多媒体会议电视和多媒体检索业务基本上达到了实用水平。

宽带多媒体通信目前仍然处于研究开发、现场试验阶段,少数系统进入了小规模商用。

1994 年,日本进行了试验项目 B-ISDN,NTT 的光纤骨干网和 ATM 骨干网已建成。另外 NTT 为了使多媒体通信与有线电视(CATV)融合,还进行了 CATV 多媒体试验,主要是实现 VOD 业务。另外,许多其他国家,如澳大利亚、新加坡,以及我国香港地区也相继开展了类似的研究和试验。

从世界范围看,PSTN 仍然是主要的通信网并将存在相当长的时期,在 PSTN 上提供多媒体业务有相当的市场需求。因此,在 PSTN 如何实现多媒体通信业务是国际上普遍关注的问题。随着因特网的迅速崛起,基于 IP 网络的多媒体通信也成为研究的热点,发展势头极为迅猛。目前世界各国、各大厂商都在研究基于 IP 的多媒体通信。基于 IP 网络的多媒体通信具有代表性的业务之一是 IP 电话,它是近几年发展最快的一种通信业务,也代表未来语音通信的发展趋势。基于 IP 的另一类多媒体通信业务是多媒体会议系统。图 11-6 显示了多媒体通信的发展趋势。

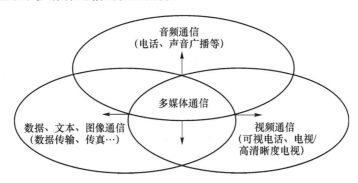

图 11-6　多媒体通信发展趋势

2. 多媒体通信系统的基本模型

多媒体通信系统一般使用两种基本的通信方式:人对人的通信和人对机器的通信。图 11-7 给出了多媒体通信系统的基本构成元素。

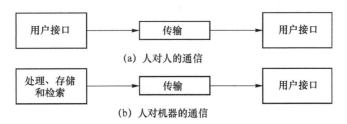

图 11-7　多媒体通信系统的通信方式

在图 11-7(a)所示的人对人的通信方式中,用户接口向所有用户提供用户之间彼此交互的机制,用户接口产生信号并允许用户以一种易用的方式与多媒体信号进行交互;传输层负责把多媒体信号从一个用户位置转送到一些或所有的与通信关联的其他用户,传输层保证了多媒体信号的质量,以便所有用户可以在每个用户位置上接收到他们认为是高质量的信号。人对人通信的例子有电话会议、可视电话、远程教育和计算机协同工作系统等。

在图 11-7(b)所示的人对机器的通信方式中,同样也有一个用户接口用来与机器进行交互和一个传输层用来传输多媒体信号。还存在一种机制用来存储和检索多媒体信号,这些信号是由用户创建或要求的。存储和检索机制涉及到寻找现有多媒体数据的浏览和检索过程。人对机通信的例子有视频点播系统等。

11.2.3　多媒体通信的相关技术

多媒体通信是一个伴随着应用要求的不断增长而迅速发展的领域,从推动多媒体发展的技术因素来看,如果没有在计算机处理能力、存储技术、压缩算法和网络技术等方面的进步,就不会有今天的多媒体通信。多媒体通信系统包括的关键技术主要有:媒体压缩编码技术、媒体同步技术、终端技术和网络技术。

1. 媒体编码技术

在多媒体系统中,要处理、传输、存储的多媒体信息主要包括文本、图像、图形、音频、视频等媒体类型,由于这些媒体的表示(特别是音频和视频)在计算机中以大量数据的形式存在,因此数据的高效表示和压缩技术就成为多媒体系统的关键技术。

(1) 信息表示

在信息社会里,信息共享是人们的共同要求,这就需要对信息进行表示、存储、传输和处理等技术进行研究。由于数字信号在可靠性、计算机加工处理、集成性等方面优于模拟信号,因此多媒体系统主要采用数字化方式对声音、图像、视频等媒体进行处理。将模拟信号转变为数字信号需要经过抽样、量化和编码的过程。

(2) 数字媒体

① 数字图像

数字图像可以直接通过数码相机或间接使用扫描仪扫描相片来捕获,使用显示器输出或通过打印机打印出来。它由一组像素组成,这些像素排列成一个 2D 矩阵,这个 2D 矩阵表示法称为图像的分辨率。每个像素有三个分量:红(R)、绿(G)、蓝(B)。各种 RGB 强度的组合产生了不同的颜色。表示一个像素的比特数称为颜色深度,它决定了在表示一个像素时实际可用的颜色数。分辨率和颜色深度决定了图像的表现质量和图像存储器的大小。像素越多、颜色越多就意味着质量越好,数据量越大。

② 数字视频

视频由一个静止图像序列组成,当快速地一帧接一帧显示图像时就会产生运动地错觉。人类视觉系统将任何超过每秒 20 帧的事物都当作是平滑的运动。数字视频可以使用数码摄像机来捕获,使用计算机显示器等来播放。数字视频的主要特点是海量数据和检索、传送和传输的实时性。作为在表现质量上的折中,可以用较少的比特来表示颜色或降低帧速率,以取代满帧、全逼真和全运动的视频,最终可以减少数据量。

③ 数字音频

声波可以用频率(Hz)、振幅(dB)和相位(度)来表示。人类对频率的感知表现为音调的高低,人类对振幅的感知表现为音强(或音响)的强弱,人耳感知的各种音强是对数比率而非线性比率,单位为分贝(dB)。纯音是正弦波,声波是可叠加的,声音通常由一些正弦波的和来表示。相位指的是两个波形之间的相对时延,相位的移动就会产生畸变。

声波产生气压振动刺激人类的听觉系统,人耳是一种音频传感器的例子,它把声波转换为大脑神经元可以识别的信号。作为音频传感器,必须考虑频率响应和动态范围。频率响应(简称频响)指的是介质能够精确再生信号的频率范围。人类听力的范围是 $20\,Hz \sim 20\,kHz$。动态范围则描述了介质能够再生的最响和最轻音量级(音强)的比率。

人类听力能够容忍超过百万倍的动态范围,跨越了整个 120 dB 的范围。

将音频信号转换为数字信号要经过采样、量化和编码的过程。其中,数字音频系统的频率响应由采样率决定,奈奎斯特定理给出了采样率的选取原则;量化间隔(或称为两个相邻量化级之间的差值)是每个采样样本比特数的函数,它决定了动态范围;量化后的样本就可以进行编码了。

数字音频质量可以用采样率、量化间隔和信道数来衡量。采样率越高、每个样本的比特数越多、信道数越多就意味着数字音频的质量越好,但存储量要求和带宽需求也会越大。例如,44.1 kHz 采样率、16 bit 量化和立体声接收(双声道)将会产生 CD 质量的音频,但需要的带宽为:$44.1 \times 1\,000 \times 16 \times 2 = 1.4$(Mbit/s);8 kHz 采样率、8 bit 量化和单声道接收将会产生电话质量的音频,其需要的带宽为:$8 \times 1\,000 \times 8 \times 1 = 64$(kbit/s)。

(3) 数字媒体压缩

① 图像编码

图像编码涉及到对范围很广的静止图像的压缩和编码,其中包括传真图像、照片以及含有文本、手迹、图形的文档图像等。图像编码的第一个基本原理是利用信号中可观察到的冗余。图像信号的冗余形式主要是空域冗余和时域冗余。图像中的空域冗余有很多形式,包括背景图像的相关性,整幅图像的相关性等,目前已经发明了各种各样补偿图像和视频空域相关性的技术。图像编码的第二个基本原理是利用人类视觉系统,它以一种与利用人类听觉系统去听语音和音频信号相同的方式来观看编码的图像和视频序列。通过利用人类视觉系统的感知掩蔽性质可以把低于某种程度的量化噪声隐藏起来,从而使畸变在感知上是不可见的。

② 视频编码

视频信号不同于图像信号,首先视频信号有一个从 15 帧/秒到 60 帧/秒之间的相伴帧速率,它提供了显示的信号中运动的幻影。其次,视频信号的帧尺寸不同于图像信号,视频信号帧尺寸的变化范围很大,既可以像 QCIF(176×144 像素)那么小,也可以像 HDTV(1 902×1 080 像素)那么大,而静止图像的尺寸主要是适应 PC 彩色监视器(640×480 像素或 1 024×768 像素)。第三,在为视频设计压缩方法时往往利用了时域遮蔽,同时也利用频谱遮蔽的功能。为了缩减数字视频的海量容量,就需要有高效率的压缩技术,除了丢掉每幅图像中空间和颜色的相似性之外,也要清除相邻视频帧之间时域上的冗余。在视频序列里对象倾向于以一种可预测的模式运动,因此,如果能够可靠地检测出对象以及它在时间上的运动轨迹,那么从一帧到另一帧就可以进行运动补偿。

③ 音频编码

音频编码的中心目标是利用尽量少的比特数来表示信号,同时又获得透明的信号再生。例如,在产生输出音频时,即使敏感的听众也不能将其与原始的输入相区别。

CD 的出现显示了数字音频的优点:高度逼真、动态范围和鲁棒性。但是这是以高数据速率为代价的。当使用无线系统进行多媒体通信时,由于无线带宽资源受限,因此新的网络和无线多媒体数字音频必须降低数据速率而不能牺牲再生质量,这样就需要设计能同时满足高压缩比和高度逼真的音频信号的透明再生质量的压缩方案。目前人们主要研究有损压缩方案(因为有损压缩方案具有低比特率的优点),并试图利用心理声学的原理。

有损压缩系统的原理是利用感知上的无关性和统计上的冗余性来获得编码效益,其功能结构如图11-8。

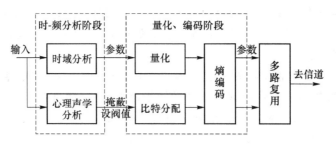

图 11-8 感知音频编码器功能结构

编码器的压缩编码包括两个阶段:时-频分析阶段和量化编码阶段。时-频分析类似于人类听觉系统的时域和频谱分析特性,将输入音频转换为一组参数,这种转换往往是在时间要求和频率分辨率之间的一种折中。感知畸变控制是在心理声学分析阶段获得,该阶段估计了基于心理声学原理的信号掩蔽功率,掩蔽阈值从量上规定了最大的畸变量,而不会在重建信号中引入听得见的伪信号。在量化、编码阶段利用时-频参数集中的感知无关性,通过典型的技术,如差分脉冲编码调制(DPCM)等获得量化参数,然后剩余的冗余使用熵编码技术,如哈夫曼编码等来消除,最后经过多路复用技术送至传输信道上。

2. 多媒体同步技术

(1)多媒体同步的基本概念与分类

多媒体系统需要利用多种媒体从不同侧面表现同一个主题,此时不同媒体之间就存在时间同步的问题。

多媒体同步按层次可分为三层:

① 高层用户级同步

用户级同步是最上层同步,又称表现级同步或交互同步,是由用户需求决定的一种大体上的同步。用户可以对各个媒体进行编排,由此决定何种媒体何时以何种时空关系表现出来,如动作发生、鼠标动作、设备的状态等,是对象间的大体同步。

② 中层多媒体通信同步

中层多媒体通信同步也称为合成同步,是多媒体对象之间的同步,它的作用就是将不同媒体的数据流按一定的时间关系进行合成。媒体之间的同步,除了数据的开始点和结束点必须保证同步以外,从开始点到结束点的整个过程中均要求保持同步。

③ 低层系统同步

低层系统同步是媒体内部(或流内)同步。系统同步指的是如何根据各种输入媒体对应的实际硬件系统(设备)的性能参数来协调实现其上层合成同步所描述的各个对象之间的时序关系。一般系统同步技术中考虑的时间因素有读盘时间、图像帧显示速度、机器处理速度和传输延迟等。

(2)多媒体同步的方法

多媒体同步的方法很多,总的来说可以分为以下三类:

① 分层同步法

分层同步法是基于分层同步模型的一种同步方法,主要基于两种同步操作:一种是动作的串行同步;另一种是动作的并行同步。该方法的优点是易于操作并且应用广泛,但其限制是每一个动作只能在起点和终点进行同步。分层同步法如图 11-9 所示。多媒体表现被表示为含有多节点的树,父结点中包含子节点的时序关系(串行或并行)。

② 时间轴同步法

时间轴同步法是基于时间轴同步模型,是将所有独立的对象依附在一个时间轴上进行描述,去掉任何一个对象都不会影响其他对象的同步。这种同步方法的关键是维持一个公共的时间轴,每个对象可以将整体时间映射到它的局部时间,并根据这个局部时间来表现。然而,多媒体流之间的相关性使得基于整体时间的同步方法不能有效地表述不同流之间的同步情况。时间轴同步法如图 11-10 所示。

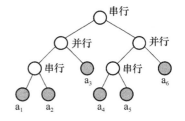

图 11-9　分层同步

图 11-10　基于参考时间轴的同步

③ 参考点同步法

该方法没有明确的时间轴描述对象之间的时间关系,是依赖于时间的单媒体,如音频和视频是由连续时间间隔(周期性)表现的离散子序列单元(如视频帧、音频样本)组合而成的。对象中每个子单元的位置称作参考点,对象间的同步是通过连接这些参考点来实现的。参考点同步法如图 11-11 所示。

图 11-11　基于参考点的同步

3. 终端技术

终端作为人机交互的界面,具有两个功能:一是面向用户,提供一种自然、友好的交互环境,屏蔽掉各种复杂的网络功能;二是面向网络,下达其所需实施的各种功能,屏蔽掉应用环境的复杂性和不确定性。

多媒体终端可以对多种表示媒体进行处理,显现多种呈现媒体,并能与多种传输媒体和存储媒体进行信息的交换。多媒体终端可以提供用户对多媒体信息发送、接收和加工处理过程有效的交互控制能力,它对各种不同表示媒体的加工处理是以同步方式工作的,以确保各种媒体在空间和时间上的同步关系。

目前常用的多媒体终端设备主要可分为两大类：一类是以通用计算机和工作站为基础加上相关的软件形成的具备多媒体信息加工处理能力的终端，即多媒体计算机终端；另一类是由专业硬件芯片制成的针对某种具体应用的多媒体专用设备。

在网络中的每一个主要进步都落后于用户接口方面的进步。用户接口的进步促使人们接受网络的进步，也促进了网络的发展。例如，电话的发明领先于交换网的发展，电视的发明领先于电视网和有线电视（CATV）的发展，无线电话促进了蜂窝网的产生，PC机导致了 LAN/WAN 网的出现。对于多媒体而言，为了便于以一种方便且易用的方式来显示、存取、索引、浏览和检索多媒体内容，需要创造新的智能化终端。

随着多媒体处理器能力的加强和图像处理技术的发展，多媒体视讯终端可以越做越小，性能却越来越强，小型化且使用简单是多媒体视讯终端的趋势。基于 PC 的多媒体视讯终端仍然占据很大的市场，但专业化、小型化、简单化更加适合普通用户的需求，随着价格的降低，将会逐渐替代基于 PC 的多媒体视讯终端。宽带、高质量、演播室级的多媒体视讯终端是以后发展的另一个方向。

人们对交互型图像通信终端一般要求带宽更低、图像更好，但是在 2 Mbit/s 以下的带宽中，图像格式一般只能做到 352×288，这对于仅仅面对面的交流是足够了，但对于有些特殊场合，如部分监控、宣传节目传递等，则需要更高质量的图像。

随着网络的发展，大家对网络能提供的多媒体业务的要求也越来越高、越来越多，多媒体视讯终端的发展已不再仅仅是可以提供会议电视功能，在此基础上，应能支持各种业务，如远程教学、远程医疗、实时广播、点播业务等等，这些业务不仅给用户带来方便，而且给运营商带来丰厚的收入。这就要求设备应该具有以下特性：适合运营，方便运营商创造价值、得到回报；业务种类多，用户可根据自己需要选择；用户使用方便；考虑到中国国情需要，可以支持多种方式接入，如 IP 接入、ISDN 接入、专线接入。

4．网络技术

不同业务对网络的需求是不一样的。多媒体信息与普通数据信息有很大的区别，其中最主要的两个特点如下：

（1）多媒体信息的信息量很大。

含有音频或视频的多媒体信息的信息量一般都很大，例如：对于高质量的立体声音乐CD 信息，其采用 PCM 编码，采样频率是 44.1 kHz，每一个采样脉冲用 16 bit 编码，因此这种双声道立体声音乐信号的数据率超过了 1.4 Mbit/s。活动图像的信息量更大，例如要传送不压缩的彩色电视信号，则数据率超过 250 Mbit/s。因此在网络上传送多媒体信息需要采用各种信息压缩技术。

（2）在传输多媒体数据时，对时延和时延抖动均有较高的要求。

首先，多媒体数据包传输时要求很小且可以预测的延迟，这是传统的带宽共享、无连接的网络无法做到的；其次，多媒体业务也要求对数据丢失率和误码率进行严格的控制，这也是无连接网络难以满足的。

在多媒体通信发展初期，人们尝试用已有的各种通信网络（包括 PSTN、ISDN、有线电视网、Internet）作为多媒体通信的支撑网络。但是，每一种网络均为传送特定媒体而建

设,要提供多媒体业务均存在一定的问题。目前主要有两种方案:

(1) 宽带多媒体网络

随着通信业务的发展,多媒体信息数据、高清晰度电视图像及其他实时性、交互式数据也越来越多地渗透到通信领域当中。在 ISDN 基础上发展起来的 B-ISDN 是可以支持多媒体通信的综合业务数字网,它可以在单一的网络上提供电话、数据、电视、高清晰度图像等多种业务,能够运行几乎所有的多媒体应用。B-ISDN 采用 ATM 交换技术。

(2) 宽带 IP 网

IP 宽带多媒体通信网是基于 TCP/IP,同时为了能够保证实时业务在 IP 网中很好运行,还需要使用实时传送协议 RTP 和实时传送控制协议 RTCP。为了给实时业务或其他特定业务提供足够宽的通道,还要用到资源预留协议 RSVP 和 MPLS 技术。

11.2.4　多媒体系统的应用

1. 多媒体业务的分类

从概念而言,多媒体业务是为多媒体业务提供者所关注,为支持应用而设计的;多媒体应用是为多媒体用户所关注,为支持用户需求而设计的。多媒体通信业务种类繁多、五彩缤纷,可以说,今后的通信新业务将会是多媒体业务,特别是宽带通信业务则将全部是多媒体业务。根据国际电信联盟的定义,多媒体通信业务共分为 6 种。

(1) 多媒体会议型业务:多点通信、双向信息交换;

(2) 多媒体会话型业务:点到点通信、双向信息交换;

(3) 多媒体分配型业务:点到多点通信、单向信息交换;

(4) 多媒体检索型业务:点到点通信、单向信息交换;

(5) 多媒体采集型业务:多点到点通信、单向信息交换;

(6) 多媒体消息型业务:点到点通信、单向信息交换。

2. 多媒体技术的应用领域

多媒体技术是一种实用性很强的技术,由于其社会影响和经济影响都十分巨大,相关的研究部门和产品部门都非常重视产业化工作,因此多媒体技术的发展和应用日新月异,多媒体技术的典型应用包括以下几个方面:

(1) 办公自动化。多媒体通信技术的主要受益领域是办公和商业环境。在办公室常常产生和处理多种形式的信息。尤其更能建立"虚拟办公室"环境,允许专业人员在不同地点的办公室(包括在家里,国外称之为"家庭办公室")修改、处理同一文件、图纸。闻其声,见其人,如同在一起办公。

(2) 服务行业。教育、财政和医疗服务都是计算技术的大用户。在计算机工业中的许多新的开发基本来自这三个领域中的研究。无疑,它们也都是多媒体通信的潜在应用领域,以增强其提供的服务。

(3) 家庭。多媒体通信将为家庭用户提供大量的信息服务,如看新闻、受教育、保健、医疗、休闲、社会活动、消费活动、家庭管理等。多媒体通信在家庭中的应用是投资的一个重要领域,是一个潜力很大的市场。

(4) 其他应用领域。多媒体技术在军事和保安(指挥、调度、会议与现场监测)、交通管理、金融、保险、房地产等领域也将有广泛的应用。

第
12
章

卫星和蜂窝移动通信

12.1　卫星通信

12.1.1　卫星通信概述

1. 卫星通信的基本概念

卫星通信实际上也是一种微波通信，它以卫星作为中继站转发微波信号，在多个地面站之间通信，卫星通信的主要目的是实现对地面的"无缝隙"覆盖，由于卫星工作于几百、几千、甚至上万公里的轨道上，因此覆盖范围远大于一般的移动通信系统。但卫星通信要求地面设备具有较大的发射功率，因此不易普及使用。卫星通信系统由卫星段、地面段、用户段三部分组成。卫星段在空中起中继站的作用，即把地面段发上来的电磁波放大后再返送回另一地面站，卫星星体又包括两大子系统：星载设备和卫星母体。地面段则是卫星系统与地面公众网的接口，地面用户也可以通过地面段出入卫星系统形成链路，地面段还包括地面卫星控制中心，及其跟踪、遥测和指令站。用户段即是各种用户终端。卫星通信系统的结构如图 12-1 所示。

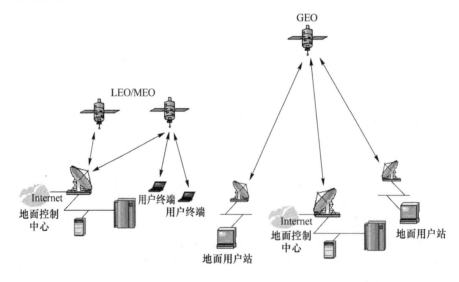

图 12-1　卫星通信系统的结构

在微波频带，整个通信卫星的工作频带约有 500 MHz 宽度，为了便于放大和发射及减少变调干扰,一般在卫星上设置若干个转发器,每个转发器被分配一定的工作频带。目前的卫星通信多采用频分多址技术,不同的地球站占用不同的频率,即采用不同的载波,比较适用于点对点大容量的通信。近年来,时分多址技术也在卫星通信中得到了较多的应用,即多个地球站占用同一频带,但占用不同的时隙。与频分多址方式相比,时分多址技术不会产生互调干扰、不需用上下变频把各地球站信号分开,适合数字通信,可根据业务量的变化按需分配传输带宽,使实际容量大幅度增加。另一种多址技术是码分多址(CDMA),即不同的地球站占用同一频率和同一时间,但利用不同的随机码对信息进行编码来区分不同的地址。CDMA 采用了扩展频谱通信技术,具有抗干扰能力强、较好的保密通信能力、可灵活调度传输资源等优点。它比较适合于容量小、分布广、有一定保密要求的系统使用。

2. 卫星通信系统的分类

(1) 按照工作轨道区分,卫星通信系统一般分为以下三类:

① 低轨道卫星通信系统(LEO)。距地面 500~2 000 km,传输时延和功耗都比较小,但每颗卫星的覆盖范围也比较小,典型系统有 Motorola 的铱星系统。低轨道卫星通信系统由于卫星轨道低,信号传播时延短,所以可支持多跳通信;其链路损耗小,可以降低对卫星和用户终端的要求,可以采用微型/小型卫星和手持用户终端。但是低轨道卫星系统也为这些优势付出了较大的代价:由于轨道低,每颗卫星所能覆盖的范围比较小,要构成全球系统需要数十颗卫星,如铱星系统有 66 颗卫星、GLOBALSTAR 有 48 颗卫星、Teledesic 有 288 颗卫星。同时,由于低轨道卫星的运动速度快,对于单一用户来说,卫星从地平线升起到再次落到地平线以下的时间较短,所以卫星间或载波间切换频繁。因此,低轨卫星通信系统的系统构成和控制复杂、技术风险大、建设成本也相对较高。

② 中轨道卫星通信系统(MEO)。距地面 2 000~20 000 km,传输时延要大于低轨道卫星,但覆盖范围也更大,典型系统是国际海事卫星系统。中轨道卫星通信系统可以说是同步卫星系统和低轨道卫星系统的折衷,中轨道卫星系统兼有这两种方案的优点,同时又在一定程度上克服了这两种方案的不足之处。中轨道卫星的链路损耗和传播时延都比较小,仍然可采用简单的小型卫星。如果中轨道和低轨道卫星系统均采用星际链路,当用户进行远距离通信时,中轨道系统信息通过卫星星际链路子网的时延将比低轨道系统低,而且由于其轨道比低轨道卫星系统高许多,每颗卫星所能覆盖的范围比低轨道系统大得多,当轨道高度为 10 000 km 时,每颗卫星可以覆盖地球表面的 23.5%,因而只要几颗卫星就可以覆盖全球。若有十几颗卫星就可以提供对全球大部分地区的双重覆盖,这样可以利用分集接收来提高系统的可靠性,同时系统投资要低于低轨道系统。因此,从一定意义上说,中轨道系统可能是建立全球或区域性卫星移动通信系统较为优越的方案。当然,如果需要为地面终端提供宽带业务,中轨道系统将存在一定困难,而利用低轨道卫星系统作为高速的多媒体卫星通信系统的性能要优于中轨道卫星系统。

③ 高轨道卫星通信系统(GEO)。距地面 35 800 km,即同步静止轨道。理论上,用三颗高轨道卫星即可以实现全球覆盖。传统的同步轨道卫星通信系统的技术最为成熟,自从同步卫星被用于通信业务以来,用同步卫星来建立全球卫星通信系统已经成为了建立卫星通信系统的传统模式。但是,同步卫星有一个不可克服的障碍,就是较长的传播时延

和较大的链路损耗,严重影响到它在某些通信领域的应用,特别是在卫星移动通信方面的应用。首先,同步卫星轨道高,链路损耗大,对用户终端接收机性能要求较高。这种系统难于支持手持机直接通过卫星进行通信,或者需要采用 12 m 以上的星载天线(L 波段),这就对卫星星载通信有效载荷提出了较高的要求,不利于小卫星技术在移动通信中的使用。其次,由于链路距离长,传播时延大,单跳的传播时延就会达到数百毫秒,加上语音编码器等的处理时间则单跳时延将进一步增加,当移动用户通过卫星进行双跳通信时,时延甚至将达到秒级,这是用户、特别是话音通信用户所难以忍受的。为了避免这种双跳通信就必须采用星上处理使得卫星具有交换功能,但这必将增加卫星的复杂度,不但增加系统成本,也有一定的技术风险。

(2)按照通信范围区分,卫星通信系统可以分为国际通信卫星、区域性通信卫星、国内通信卫星。

(3)按照用途区分,卫星通信系统可以分为综合业务通信卫星、军事通信卫星、海事通信卫星、电视直播卫星等。

(4)按照转发能力区分,卫星通信系统可以分为无星上处理能力卫星、有星上处理能力卫星。

3. 卫星通信系统的特点

(1)下行广播,覆盖范围广:对地面的情况如高山海洋等不敏感,适用于在业务量比较稀少的地区提供大范围的覆盖,在覆盖区内的任意点均可以进行通信,而且成本与距离无关;

(2)工作频带宽:可用频段从 150 MHz～30 GHz。目前已经开始开发 Q、V 波段(40～50 GHz)。ka 波段甚至可以支持 155 Mbit/s 的数据业务;

(3)通信质量好:卫星通信中电磁波主要在大气层以外传播,电波传播非常稳定。虽然在大气层内的传播会受到天气的影响,但仍然是一种可靠性很高的通信系统;

(4)网络建设速度快、成本低:除建地面站外,无需地面施工,运行维护费用低;

(5)信号传输时延大:高轨道卫星的双向传输时延达到秒级,用于话音业务时会有非常明显的中断;

(6)控制复杂:由于卫星通信系统中所有链路均是无线链路,而且卫星的位置还可能处于不断变化中,因此控制系统也较为复杂,控制方式有星间协商和地面集中控制两种。

12.1.2 典型的卫星移动通信系统

凡是通过移动的卫星和固定的终端、固定的卫星和移动的终端或二者均移动的通信,均称为卫星移动通信系统。从 20 世纪 80 年代开始,西方很多公司开始意识到未来覆盖全球、面向个人的无缝隙通信,即所谓 4W(Whoever,Wherever,Whenever,Whatever)的巨大需求,相继发展以中、低轨道的卫星星座系统为空中转接平台的卫星移动通信系统,开展卫星移动电话、卫星直播/卫星数字音频广播、互联网接入以及高速、宽带多媒体接入等业务。至 20 世纪 90 年代,已建成并投入应用的主要有:铱星(Iridium)系统、Globalstar 系统、ORBCOMM 系统、信使系统(俄罗斯)等。以下介绍其中几种典型的系统。

1. 铱星系统

铱星系统属于低轨道卫星移动通信系统,由 Motorola 提出并主导建设,由分布在 6 个轨道平面上的 66 颗卫星组成,这些卫星均匀地分布在 6 个轨道面上,轨道高度为 780 km。主要为个人用户提供全球范围内的移动通信,采用地面集中控制方式,具有星际链路、星上处理和星上交换功能。铱星系统除了提供电话业务外,还提供传真、全球定位 (GPS)、无线电定位以及全球寻呼业务。从技术上来说,这一系统是极为先进的,但从商业上来说,它是极为失败的,存在着目标用户不明确、成本高昂等缺点。目前该系统基本上已被放弃,仅有剩余的部分系统在为美国军方工作。卫星在失去控制后,将在再入大气层时被烧毁。

2. Globalstar 系统

Globalstar 系统设计简单,既没有星际电路,也没有星上处理和星上交换功能,仅仅定位为地面蜂窝系统的延伸,从而扩大了地面移动通信系统的覆盖,因此降低了系统投资,也减少了技术风险。Globalstar 系统由 48 颗卫星组成,均匀分布在 8 个轨道面上,轨道高度为 1 389 km。它有四个主要特点:一是系统设计简单,可降低卫星成本和通信费用;二是移动用户可利用多径和多颗卫星的双重分集接收,提高接收质量;三是频谱利用率高;四是地面关口站数量较多。

3. ICO 全球通信系统

ICO 系统采用大卫星,运行于 10 390 km 的中轨道,共有 10 颗卫星和 2 颗备份星,分布于 2 个轨道面,每个轨道面 5 颗工作星,1 颗备份星。提供的数据传输速率为 140 kbit/s,但有上升到 384 kbit/s 的能力。主要针对为非城市地区提供高速数据传输,如互联网接入服务和移动电话服务。

4. Ellipso 系统

Ellipso 系统是一种混合轨道星座系统。它使用 17 颗卫星便可实现全球覆盖,比铱星系统和 Globalstar 系统的卫星数量要少得多。在该系统中,有 10 颗星部署在两条椭圆轨道上,其轨道近地点为 632 km ,远地点为 7 604 km,另有 7 颗星部署在一条 8 050 km 高的赤道轨道上。该系统初步开始为赤道地区提供移动电话业务,2002 年开始提供全球移动电话业务。

5. Orbcomm 系统

轨道通信系统 Orbcomm 是只能实现数据业务全球通信的小卫星移动通信系统,该系统具有投资小、周期短、兼备通信和定位能力、卫星质量轻、用户终端为手机、系统运行自动化水平高和自主功能强等优点。Orbcomm 系统由 36 颗小卫星及地面部分(含地面信关站、网络控制中心和地面终端设施)组成,其中 28 颗卫星在 5 个轨道平面上:第 1 轨道平面为 2 颗卫星,轨道高度为 736/749 km;第 2 至第 4 轨道平面的每个轨道平面布置 8 颗卫星,轨道高度为 775 km;第 5 轨道平面有 2 颗卫星,轨道高度为 700 km,主要为增强高纬度地区的通信覆盖;另外 8 颗卫星为备份。

6. Teledesic 系统

Teledesic 系统是一个着眼于宽带业务发展的低轨道卫星移动通信系统。由 840 颗卫星组成,均匀分布在 21 个轨道平面上。由于每个轨道平面上另有 4 颗备用卫星,备用卫星总数为 84 颗,所以整个系统的卫星数量达到 924 颗。经优化后,投入实际使用的 Teledesic 系统已将卫星数量降至 288 颗。Teledesic 系统的每颗卫星可提供 10 万个 16 kbit/s 的话音信道,整个系统峰值负荷时,可提供超出 100 万个同步全双工 E1 速率的连接。因此,该系统不仅可提供高质量的话音通信,同时还能支持电视会议、交互式多媒体通信,以及实时双向高速数据通信等宽带通信业务。

12.1.3　甚小天线地球站(VSAT)系统

1. VSAT 系统的概念

VSAT 是 VERY SMALL APERTURE TERMINAL 的缩写,即"甚小孔径终端"。由于源于传统卫星通信系统,所以也称为卫星小数据站或个人地球站,这里的"小"指的是 VSAT 系统中小站设备的天线口径小,通常为 0.3~2.4 m。VSAT 是 20 世纪 80 年代中期利用现代技术开发的一种新的卫星通信系统,属于同步静止轨道通信系统,它通过卫星上的转发器来为多个小规模的地面设备提供点到多点的链路。利用这种系统进行通信具有灵活性强、覆盖范围大、可靠性高、成本低、使用方便以及终端设备体积小、安装方便、功耗小等特点。借助 VSAT 用户数据终端可直接利用卫星信道与远端的计算机进行联网,完成数据传递、文件交换或远程处理,从而摆脱了本地区的地面中继线问题,这在地面网络不发达、通信线路质量不好或难于传输高速数据的边远地区,如乡村、油田,使用 VSAT 作为数据传输手段是一种很好的选择。目前,广泛应用于银行、饭店、新闻、保险、运输、旅游等部门。由众多甚小天线地球站组成的卫星通信网,被称为 VSAT 卫星通信网。

VSAT 网络一般由一个中心地面站、卫星和广泛分布在各地的 VSAT 小站组成。中心地面站是 VSAT 网络的管理控制中心,它由卫星天线、射频设备、中频设备及交换单元等系统组成。主站设有网络管理系统,负责对全网监测、管理、控制和维护,如实时监测、诊断各小站和主站本身的工作情况、测试信道质量、负责信道分配、统计、记费等。分布在各地的 VSAT 小站由天线、室外射频单元和室内数字处理单元组成。室内数字处理单元承担发送和接收数据的处理、操纵功能。其用户接口可以同时支持多种通信协议,它可以根据用户要求配置为不同的带宽,方便用户将各种终端设备接入 VSAT 网络。VSAT 通信使用的卫星资源是 C 波段和 Ku 波段的卫星转发器,其中 C 波段极为拥挤而且天线尺寸较大;而 ku 波段拥挤程度较低且天线尺寸较小。目前使用较多的是天线尺寸小、不易受地面电磁干扰的 Ku 波段卫星转发器。

2. VSAT 系统的业务与网络结构

VSAT 通信网络的基本网络结构有星型、网状以及混合型三种,它们分别针对不同的业务需求。

(1) 星型网络:星型网络是 VSAT 网中应用最广泛的网络形式,各 VSAT 小站只与中心站发生通信联系,VSAT 小站之间不能通过卫星直接互通,而只能经中心站的转接方能建立通信。它适用于具有大量数据需要被广播分配发送或是集中收集处理的单位,如银行、新闻、交通、连锁店、气象地震监测等,如图 12-2 所示。

(2) 网状网络:网状网络不需要中心站的参与,各 VSAT 小站之间能够直接建立通信连接。网状拓扑适用于要求信道动态分配、以话音业务为主的网络,采用动态分配的方式提高信道利用率,仅在呼叫保持阶段占用信道,一旦呼叫释放,即将所占信道重新分配。网状网络由于通信不需经过中心站,因此相对星型网络也具有较小的端到端时延,如图 12-3 所示。

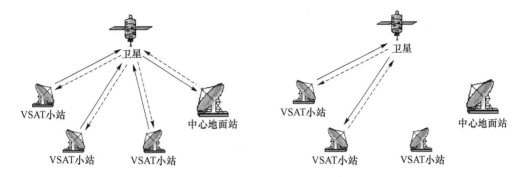

| 图 12-2　VSAT 的星型网络结构 | 图 12-3　VSAT 的网状网络结构 |

（3）混合型网络:混合型网络是一种最近发展起来的 VSAT 网络拓扑结构,它在传送实时性要求不高的业务(如数据)时采用星型结构,而在传送实时性要求较高的业务(如话音)时采用网状结构;当需进行点对点通信时采用网状结构,进行点对多点通信时采用星型结构。这种网络结构可充分利用前两种网络结构的优点,同时能最大限度地满足用户的要求。此外,由于此结构中允许两种网络结构并存,因此可采用两种完全不同的多址方式,如图 12-4 所示。

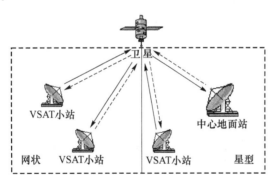

图 12-4　VSAT 的混合型网络结构

12.1.4　卫星通信系统的发展趋势

1. 未来卫星通信系统的发展趋势

（1）地球同步轨道通信卫星向多波束、大容量、智能化发展;

（2）低轨卫星群与蜂窝通信技术相结合、实现全球个人通信;

（3）小型卫星通信地面站将得到广泛应用;

（4）通过卫星通信系统承载数字视频直播(DVB)和数字音频广播(DAB);

（5）卫星通信系统将与 IP 技术结合,用于提供多媒体通信和因特网接入,即包括用于国际、国内的骨干网络,也包括用于提供用户直接接入;

（6）微小卫星和纳卫星将广泛应用于数据存储转发通信以及星间组网通信。

2. 卫星宽带 IP 技术

近年来，第二代移动蜂窝系统的成功和因特网业务需求的急剧增长表明未来用户的需要是"能在任何地点和任何时间使用交互的非对称多媒体业务"。以多媒体业务和因特网业务为主的宽带卫星系统已成为当前通信发展的新热点之一。传统卫星网的使用价格昂贵，而且不能适应目前多媒体业务和因特网业务发展的需要，不适于开拓大众消费市场。面对其他通信系统的竞争，在技术上保证提供业务的低价优质，占领市场，是宽带多媒体卫星通信系统得以生存和发展的关键。进入 20 世纪 90 年代以来，商业网络逐渐向应用 TCP/IP 因特网协议的分组交换型网络发展。宽带 IP 卫星技术是这种网络发展趋势的结果，它是将 IP 网络层搭载在卫星传输链路上营运的技术。这一技术有利于吸收目前蓬勃发展的 IP 技术，与因特网进行互通，提供丰富的业务类型，IP 网络的简单结构与易于运营也有助于降低业务提供成本，使卫星通信在面向普通用户的市场上可以和地面移动通信系统竞争。

1996 年，美国 NASA 的 ACTS 卫星进行了 622 Mbit/s 的 ATM 试验，验证了 TCP/IP 协议在卫星 ATM 平台上传输的可行性。美国马里兰大学采用真实的多媒体信源在这个系统平台上进行了一个仿真分层网的通信实验。已经进入商用化的可以提供卫星 IP 传输的系统称为卫星 IP over DVB 系统。通过该系统开展卫星因特网业务的初步尝试由休斯公司的 DirecPC Turbo Internet service 成功实现。这些系统都是根据大多数多媒体业务用户的业务特点（下载大量视频、音频和数据信息，但上载信息很小）而设计的。它们使用非对称传输方式来降低用户终端费用，并在北美获得较大的市场。此外欧洲也在积极发展这样的非对称系统。但是这些早期的应用离未来对宽带卫星系统的要求还有一些距离，在市场定位上还处于探索阶段。目前美国和欧洲各国在卫星 IP 技术方面已经进行了一些尝试。1999 年 5 月欧洲发射了 ASTRA 卫星，组成了一个宽带、面向大众的"空中因特网"卫星系统。

12.2　蜂窝移动通信

12.2.1　蜂窝移动通信概述

移动通信的大规模商用不过是近一二十年的事情，但它以其本身独有的特点得到了迅猛的发展，与固定通信相比，虽然在带宽和可靠性上仍要稍逊一等，但移动通信显然与人们的生活方式更为贴近，并且在可以预见的将来，在个人通信领域，移动通信的用户数量会超过固定通信，成为最主要的个人通信方式。

1. 基本概念

目前成熟商用的移动通信业务主要是话音业务和简单的数据业务，例如短信业务、图文传真等，但未来移动通信的目标是能够提供包括多媒体业务在内的所有固定通信的业务。

移动通信具有如下基本特点：

（1）必须利用无线信道传输。无线电波的传播环境几乎是无法精确描述的，复杂的环境带来了多径效应、阴影效应、以及由于用户移动造成的多普勒效应等，因此移动通信中的信号特征是极不稳定的。

（2）在强干扰环境下工作。空间充满了由于各种原因产生的电磁波、系统本身造成的邻频干扰、自干扰以及远高于固定通信的背景噪声，均对有用信号的传输造成了负面影响。

（3）可供使用的频谱资源有限。固定通信几乎可以铺设无限多的线路，而移动通信中适用于某种通信方式的频谱肯定是有限的，但是与之相对却是移动通信业务量的迅速增长，因此，如何有效利用有限的无线频谱资源，一直是移动通信中研究的重点。

（4）移动性带来的复杂管理。单一移动通信设备由于发射功率一定，它的作用距离肯定也是有限的，因此网络层就必须跟踪用户的移动，以类似"接力"的方法来保持通信的连续，这就带来了位置登记、越区切换、漫游等管理问题。

（5）网络结构多种多样。目前，蜂窝移动通信技术已经成为移动通信的主流，但运营商的具体组网方式却因为环境条件、业务分布的不同而千差万别，这就造成了网络管理、优化、仿真研究的复杂性。

2．移动通信网络

各种移动通信网络在结构组成上具有一定的共性，一般来说，移动通信网由以下三部分组成：

（1）移动交换中心（MSC）。完成交换功能，与固定电话网或其它通信网连接，负责呼叫控制、移动性管理等功能。

（2）基站（BS）。与移动终端、MSC 通信，完成移动终端的接入功能。

（3）移动终端（MS）。即用户设备。

系统的管理功能一般由移动交换中心和基站分担实现，基站与移动终端之间是无线链路；移动交换中心与基站之间是有线传输链路，以上三部分即组成了一个最小化的移动通信网络，如下图 12-5 所示。

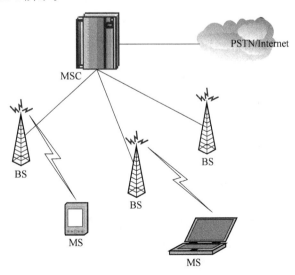

图 12-5　移动通信网络的基本组成

3. 蜂窝移动通信系统的分类

（1）按双工方式分：可分为单工、双工、半双工系统，目前绝大多数移动通信均是双工系统，一般又可分为时分双工（TDD）和频分双工（FDD）两种。其中，频分双工的收发频率分开，接收和发送通过滤波器来完成，能够合理的安排频率资源；时分双工的收发共用同一个频率，接收和发送通过时隙划分来完成，收发之间存在时间间隔。

（2）按多址方式分：可分为 FDMA、TDMA、CDMA 等几种，实际中使用的移动通信系统常采用以上几种方式的组合。

（3）按信号类型分：可分为模拟移动通信系统和数字移动通信系统，除第一代是模拟移动通信外，目前大多数移动通信系统均是数字的。

（4）按覆盖范围分：可分为城域、局域、全国、全球。例如卫星移动网即是全球移动通信网；而小灵通（PHS）因为不能支持漫游，所以属于城域移动通信技术。

（5）按业务类型分：可分为电话网、数据网、综合业务网等，早期的移动通信系统均是电话移动通信网，无线局域网（WLAN）属于数据移动通信网，未来的发展方向是支持多种业务的移动通信系统。

（6）按服务对象分：可分为专用移动系统和公用移动系统。

12.2.2　蜂窝移动通信的关键技术

总的来说，由于应用环境和业务需求的不同，各种移动通信的技术体制各不相同，但由于移动通信本身的特点，某些技术是共有的，最主要的即是由于频谱受限而必需的话音编码技术和无线资源管理技术、由于共享信道而必需的多址技术、以及由于终端移动而必需的移动性管理技术。

1. 话音编码技术

通信中一般均对话音进行编码，这属于信源编码的范畴。在 PCM 系统中，一路话音在编码之后需要 64 kbit/s 带宽，这对于移动通信显然过于奢侈，因此必须采用效率更高的话音编码技术。在移动通信中应用话音编码技术的目的有：

① 通过模拟信号的数字化传输来提高纠错能力，改善误码率，提高通话质量；
② 对模拟信号的带宽进行压缩以提高频谱利用率；
③ 提高系统容量。

移动通信中对于话音编码技术的要求包括：

① 编码速率低，语音质量好；
② 有较强的抗噪声干扰和抗误码性能；
③ 编译码过程的总时延小；
④ 编译码器复杂度低，便于在手持设备中集成；
⑤ 功耗小便于应用于依靠电池供电的手持设备。

2. 无线资源管理

在移动通信中，频谱、信道等资源都是极为有限和紧张的，特别是在话音业务与数据业务并存的情况下，必须从系统整体的角度出发，统一对空、时、频、码、功率等无线资源进行分配和管理。特别是在 CDMA 这样的自干扰系统，优秀的无线资源管理措施能够有效地提高系统容量。

3. 移动性管理

在移动通信系统中,移动终端会处于连续移动中,网络侧若要保持与移动终端的通信(包括业务通信与信令通信)就必须保持对移动终端的位置信息进行更新。一般的过程是由移动终端定时上报自身的位置信息,在网络侧由相应的功能实体完成这一功能。

当移动终端从一个小区移动至相邻小区时,需要由新的小区接管与移动终端之间的通信,同时对移动终端的位置信息、呼叫控制信息等进行更新,这一过程即是移动性管理中的越区切换功能。据统计表明,在 GSM 系统中,90%以上的掉话都是在越区切换过程中发生的,CDMA 系统的软切换过程即成为其相对于 GSM 系统的最大优点。

12.2.3 GSM 移动通信系统

1. GSM 系统概述

GSM 全称是 Global System of Mobile Communication,即全球移动通信系统,又称泛欧数字蜂窝系统,是应用最为广泛的第二代移动通信系统。

1982 年 CEPT 成立了移动通信特别小组来协调新一代数字蜂窝系统的研发;1988年提出主要建议和标准;1991 年,第一个 GSM 系统开始商用。随后 GSM 很快向全世界扩展,同时也造就了 Nokia、Ericsson 等欧洲移动通信巨头。目前,GSM 发展的趋势是通过 GPRS 技术向第三代移动通信——WCDMA 技术进行演进。

GSM 具有如下技术特点:

- 采用时分多址/频分多址相结合的多址方式。频分多址用于不同小区之间分享频段,时分多址用于在同一频点上区分不同用户所使用不同的时隙。
- 采用数字化语音和数字化调制技术。GSM 系统采用基本速率为 13 kbit/s 的 RPE-LTP 编码,在保证话音质量的前提下,有效地改善了误码率(相对于第一代模拟移动通信)。GSM 采用最小高斯频移键控 GMSK 的调制方式,具有包络恒定、带外辐射少、抗噪声性能较好等优点。
- 以话音业务为主,也支持数据业务。GSM 技术已经基本满足了移动话音业务的需求,但由于标准制定较早,对数据业务的支持比较有限。

2. GSM 系统的网络结构

GSM 系统的网络结构如图 12-6 所示。

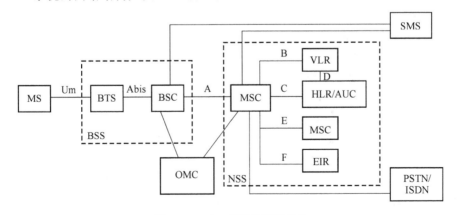

图 12-6 GSM 系统的网络结构

各部分的主要功能概述如下：

(1) 移动终端 MS。即手机，包括移动终端与客户识别卡两部分(在机、卡分离方式下)。移动终端完成话音编码、信道编码、信息加密、调制解调等功能；客户识别卡即 SIM 卡，存储客户身份认证所需的信息以及部分管理信息。

(2) 基站收发信机 BTS。每个 BTS 服务于 1 个小区，负责为移动终端提供空中接口，它完全由基站控制器控制，主要负责无线传输，完成无线传输到有线传输之间的转换、天线分集、信道加密、跳频等功能。

(3) 基站控制器 BSC。对一个或多个 BTS 进行控制，负责无线网络资源管理、小区配置、数据管理、功率控制、定位和切换等功能。

(4) 移动交换中心 MSC。管理一个或多个 BSC，是对所覆盖区域中的移动终端进行呼叫控制和完成话音信号交换的功能实体，也是移动通信网与其他公用通信网之间的接口，完成公共信道信令管理、计费信息收集、移动性管理等功能。

(5) 归属位置寄存器 HLR。是一个数据库，存储 MSC 所辖区域中注册的移动用户的信息，主要包括相关的客户与业务特征参数(即签约信息)和当前位置信息这两类信息。

(6) 访问位置寄存器 VLR。也是一个数据库，存储 MSC 当前所管理的用户(包括本地用户和漫游用户)、呼叫处理所必须的数据(对于漫游用户，签约信息从其 HLR 中获得)，还负责为外来的漫游用户进行位置登记服务。

(7) 鉴权中心 AUC。产生为确定用户身份所需的鉴权数据和对话音、信令进行加密所需的加密参数，并对用户的呼叫请求进行鉴权，确定用户是否有权使用网络业务。

(8) 设备识别寄存器 EIR。MSC 利用设备识别寄存器来检查用户使用设备身份号的有效性。

(9) 操作维护中心 OMC。操作维护中心负责对网络中的其它设备实体进行配置与维护，以保证日常操作的有效运行，使全部网络单元的资源充分利用和负荷适当平衡，同时保证用户所需要的服务质量。

(10) 短消息业务中心 SMS。负责处理短消息业务，与其他网络的短消息业务中心进行互连互通。

其中，BTS 与 BSC 构成了基站子系统(BSS)，MSC、HLR、VLR、AUC、EIR、SMS 构成了网络子系统(NSS)。

3. GSM 系统的空中接口

(1) 工作频段的分配

我国规定 GSM 的基本频段为：

900 MHz 频段。上行，905～915 MHz；下行，950～960 MHz。

随着用户数量的增长，可扩展使用 1 800 MHz 频段：

1 800 MHz 频段。上行，1 710～1 785 MHz；下行，1 805～1 880 MHz。

(2) 频道划分

以 900 MHz 频段为例，在上/下行的各 10 MHz 带宽内划分为 49 个频点，相邻频道间隔为 200 kHz，每个频点又划分为 8 个时隙，相当于每个信道占用 25 kHz 的带宽。

目前中国移动使用低频的 4 MHz，加上占用模拟网频段的 2 MHz，共 6 MHz；中国联通使用 10 MHz 中高频的 6 MHz。

（3）频率复用方式

频率复用是指在不同的地理区域上采用相同的频率进行覆盖,这些区域必须保持足够的间隔,以抑制干扰,实际使用是将所有可用频点分为若干组,每一组供一组蜂窝小区使用,这些组数越多,同频复用距离越大,干扰水平就越低,但每组的频率数也就越少,系统容量也就越低。

（4）时分多址帧结构

GSM 的时分多址帧结构有五个层次,即时隙、TDMA 帧、复帧（multiframe）、超帧（superframe）和超高帧。

① 时隙是物理信道的基本单元。

② TDMA 帧是由 8 个时隙组成的,是占据载频带宽的基本单元,即每个载频有 8 个时隙。

③ 复帧有两种类型:

- 由 26 个 TDMA 帧组成的复帧。这种复帧用于业务信道（TCH）、慢速随路控制信道（SACCH）和快速随路控制信道（FACCH）。
- 由 51 个 TDMA 帧组成的复帧。这种复帧用于广播控制信道（BCCH）和公共控制信道（CCCH）。

④ 超帧是由 51 个由 26 个 TDMA 帧组成的复帧或 26 个由 51 个 TDMA 帧组成的复帧构成,其持续时间为 6.12 s;

⑤ 超高帧由 2 048 个超帧组成。在 GSM 系统中超高帧的周期是与加密和跳频有关的。每经过一个超高帧的周期,循环长度为 2 715 648,相当于每 3 小时 28 分 53 秒 760 毫秒,到达下一个超高帧系统将重新启动密码和跳频算法。

（5）逻辑信道与物理信道

一个时隙即是一个物理信道;逻辑信道在物理信道之上,根据传输消息种类的不同而划分使用物理信道,并最终映射到物理信道。

逻辑信道又可分为控制信道与业务信道。业务信道传送编码后的话音或数据。控制信道用于传递信令和同步信息,控制信道又包括广播信道、专用控制信道和公共控制信道。

4. GSM 系统的发展——GPRS

GPRS 的全称是 General Packet Radio Service,即通用无线分组业务,是基于 GSM 系统的数据业务增强技术,已开始了大规模商用。它在 GSM 技术的基础之上,叠加了一个新的网络,同时在网络上增加一些硬件设备并进行了软件升级,形成了一个新的网络逻辑实体,提供端到端的、广域的无线 IP 连接,把分组交换技术引入了现有 GSM 系统,通过对 GSM 原有时隙的动态分配使用,每个用户可同时占用多个无线信道,同一无线信道又可以由多个用户共享,增强了 GSM 系统的数据通信能力,是在第三代移动通信尚未完全成熟之前的过渡性技术。

（1）GPRS 的特点

① 永远在线。GPRS 采用分组交换技术,不需用户进行额外的拨号连接。用户在进行例如收发电子邮件业务时,底层协议会动态地要求基站为其分配信道,而且上/下行之

间的信道分配是相互独立的,当数据通信完成之后即释放此信道。

② GPRS 按流量计费,而不是以使用网络的时间计费,对移动用户更为合理。

③ 支持中、高速率数据传输,在同时捆绑同一频率的 8 个时隙时,可提供最高达 160 kbit/s的传输速率。

④ GPRS 的核心网络层采用 IP 技术,底层则可使用多种传输技术,可以方便地实现与高速发展的 IP 网络的无缝连接。

⑤ 存在与话音业务争抢信道资源的问题。GPRS 底层是通过多个话音业务信道的捆绑来实现高速数据通信的,这必然会使有限的无线资源更加紧张。如果 GPRS 的信道分配优先级较低的话,那么在某些热点地区、特别是话音业务话务量较大的地区,它的接通率与传输速率是很低的。

(2) GPRS 的网络结构

GPRS 技术的实现是在现有 GSM 网络的基础上叠加相应的设备来实现的,如图 12-7 所示。

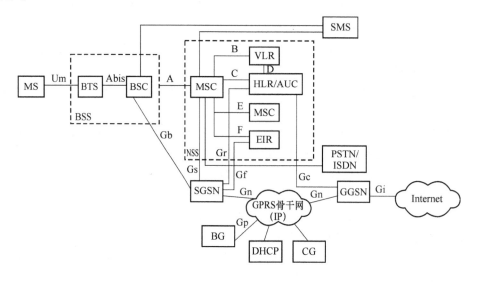

图 12-7 GPRS 的网络结构

① 网关 GPRS 支持点 GGSN:GGSN 实际上是 GPRS 网对外部数据网络的网关或路由器,它提供 GPRS 和外部 Internet 的互联。GGSN 接收移动台发送的数据,选择路由并发送到相应的外部网络;或者接收外部网络的数据,根据其地址选择 GPRS 网内的传输通道,发送给相应的 SGSN。此外,GGSN 还有地址分配和计费等功能。

② 服务 GPRS 支持节点 SGSN:SGSN 的功能类似 GSM 系统中的 MSC/VLR,主要是对移动台进行鉴权、移动性管理和路由选择,建立移动台与 GGSN 之间的传输通道,接收基站子系统透明传来的数据,进行协议转换后经过 GPRS 的 IP 骨干网发送给 GGSN(或其他 SGSN)或反向进行,另外还进行计费和业务统计。在一个归属网络内,可以同时有多个 SGSN。

③ BG：边缘网关。

④ DHCP：动态主机配置。

⑤ CG：记费网关。

GPRS 网与 GSM 使用同样的基站子系统但需要对基站子系统的软件进行更新，使之可以支持 GPRS 系统，并且用户要采用新的 GPRS 移动终端。另外，GPRS 还要增加新的移动性管理（MM）程序，而且原有的 GSM 网络子系统也要进行软件更新并支持新的 MAP 信令及 GPRS 信令等。

（3）GPRS 的典型应用

GPRS 支持承载业务、用户终端业务、补充业务三种业务类型。

① 承载业务：支持在用户与网络接入点之间的数据传输。提供点对点、点对多点两种承载业务。

- 点对点业务（PTP）：点对点业务在两个用户之间提供一个或多个分组的传输。由业务请求者启动，接收者接收。
- 点对多点业务（PTM）：点对多点业务是将单一信息传送到多个用户。GPRS PTM 业务能够提供一个用户将数据发送给具有单一业务需求的多个用户的能力。

② 用户终端业务：用户终端业务也可以按照基于 PTP 或基于 PTM 分为两类。

- 基于 PTP 的用户终端业务：信息点播业务、E-mail 业务、会话业务、远程操作业务；
- 基于 PTM 的用户终端业务：包括点对多点单向广播业务和集团内部的点对多点双向事务处理业务。

③ 补充业务：GPRS 支持的补充业务与 GSM 基本相同，如，计费提示、来话限制、呼出限制等。

12.2.4　IS-95 CDMA 移动通信系统

另一种获得广泛应用的第二代移动通信技术是 IS-95 CDMA，第三代移动通信也均是以 CDMA 技术为基础的。

1. CDMA 概述

CDMA 技术在第二次世界大战期间因战争的需要而开始了相关研究，其思想初衷是防止敌方对己方通讯的干扰，在 20 世纪六七十年代即已在美国广泛应用于军用抗干扰通信。

（1）CDMA 的概念

CDMA 是码分多址的缩写，是用惟一的地址码来标识用户的多址通信方式。CDMA 为每一用户分配一个惟一的码序列（扩频码），并用它对所承载信息的信号进行编码。知道该码序列用户的接收机对收到的信号进行解码，并恢复出原始数据，这是因为该用户码序列与其他用户码序列的互相关性远小于码本身的自相关性。由于码序列的带宽远大于所承载信息信号的带宽，编码过程扩展了信号的频谱，所以也称为扩频调制，其所产生的信号也称为扩频信号。CDMA 是扩频通信的一种，通常也被称为扩频多址，因为其对所传信号频谱的扩展给予了 CDMA 以多址能力，在提供多址接入的同时还获得了频谱的扩展。特别需要说明的是，从扩频通信的角度来看，CDMA 由于采用直接序列扩频的方式扩展了信号的频谱,获得了系统性能的提高;而从多址方式的角度来看,又是通过不同的扩频码来标识不同的用户和信道的。

(2) CDMA 技术的特点

① 抗干扰性强:CDMA 系统通过增大信号传输所需的带宽从而降低了对信噪比的要求,因此具有良好的抗干扰性,而且由于 CDMA 是一个自干扰系统,有效的无线资源规划的策略还可以进一步降低对信噪比的要求;

② 抗多径衰落:多径衰落是影响无线通信质量的重要因素,多径在 CDMA 信号中即表现为伪随机码的不同相位,因此可以用本地伪随机码的不同相位去解扩这些多径信号,从而获得更多的有用信号;

③ 保密性好:由于扩频码一般长度较长,如 IS-95 中,以周期为 $2^{42}-1$ 的长码实现扩频,对其进行窃听或是穷举求解以获得有用信息几乎是不可能的;

④ 系统容量大:在 CDMA 系统中,话音激活技术、前向纠错技术、扇区划分等动态无线资源管理技术均可以有效地增加系统容量;理论上,在使用相同频率资源的情况下,CDMA 移动网比模拟网容量大 20 倍,实际使用中比模拟网大 10 倍,比 GSM 网络大 4～5 倍;

⑤ 系统配置灵活:在 CDMA 系统中,用户数的增加相当于背景噪声的增加,会造成话音质量的下降,但对用户数量并无绝对限制,网络运营商可在容量和话音质量之间折衷考虑;另外,多小区之间可根据话务量和干扰情况自动均衡。

2. 扩频通信原理

扩频通信是这样的一种信息传输方式,其信号所占有的带宽远大于所传送信息的最小带宽。这种频带的扩展是通过一个独立的码序列完成的,是用编码及调制的方法来实现的,与所传信息无关,在接收端则用同样的码进行相关接收、解扩,恢复出所传信息。

我们知道,在时间上有限的信号,其频谱是无限的。例如很窄的脉冲信号,其频谱则很宽。信号的频带宽度与其持续时间近似成反比。1 μs 的脉冲的带宽约为 1 MHz。因此,如果用很窄的脉冲序列调制所传信息,则可产生很宽频带的信号。下面介绍的直接序列扩频系统就是采用这种方法获得扩频信号。这种很窄的脉冲码序列,其码速率很高,称为扩频码序列。这里需要说明的一点是所采用的扩频码序列与所传信息数据是无关的,也就是说它与一般的正弦载波信号一样,丝毫不影响信息传输的透明性。扩频码序列仅仅起扩展信号频谱的作用,在接收端,则使用与发送端相同的扩频码序列与收到的扩频信号进行相关解调,恢复所传的信息。换句话说,这种相关解调起到解扩的作用,即把扩展以后的信号又恢复成原来所传的信息。扩频通信即是一种在发端把窄带信息扩展成宽带信号、而在收端又将其解扩成窄带信息的处理过程。

无线通信的带宽资源是非常宝贵而有限的,之所以采用扩频通信,是根据信息论中关于信道容量的香农公式:

$$C = W \log\left(1 + \frac{s}{n}\right)$$

其中,

C:信道容量;

W:频带宽度;

$\dfrac{s}{n}$:信噪比。

可见,在 C 一定的条件下,W 与 $\dfrac{s}{n}$ 是可以互换的。因此,用远大于信息带宽的带宽来传输信息,就可以降低通信系统对信噪比的要求,从而提高抗干扰能力。利用扩展频谱换取信噪比要求的降低,正是扩频通信的重要特点,并由此为扩频通信的应用奠定了基础。

3. 扩频通信系统的工作过程

扩频通信系统的工作过程如图 12-8 所示。

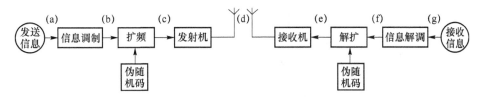

图 12-8 扩频通信系统

图 12-9 直观地说明了在这一过程中通信信号在频域的变化情况。

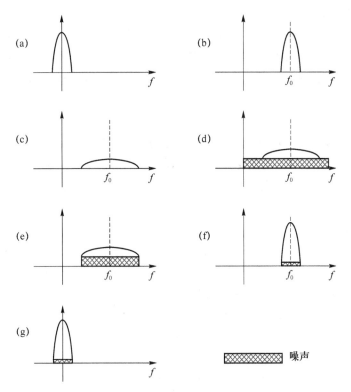

图 12-9 扩频通信过程中信号的变化

(a) 假定发送的是一个频带受限的基带信号；

(b) 此信号被调制之后,频谱被搬移至载频 f_0 处；

(c) 对信号进行扩频处理,得到以载频 f_0 为中心的宽带信号；

(d) 信号在无线信道传输的过程中必然受到各种外来信号的干扰,图中表示叠加了一个全频带的白噪声；

(e) 接收机收到(d)中的信号之后,首先进行滤波,得到同时包含有用信号与噪声的宽带信号；

(f) 利用与发送端同步的伪随机码进行解扩处理,由于伪随机码的自相关性,因此只有有用信号得到恢复,而噪声信号则被进一步抑制；

(g) 最后,进行解调处理,得到基带的有用信号。

4. CDMA 移动通信系统的关键技术

CDMA 系统中的几项关键技术对于提高系统的性能是至关重要的,从 IS-95 一直到第三代移动通信中一直是相关研究的热点。

(1) 功率控制技术

CDMA 系统是自干扰系统,所有用户占用相同的带宽和频率,因此"远近效应"尤为突出,功率控制的目的就是既保证每个用户的可靠通信,又将系统的总干扰水平维持在可接受的程度。

(2) 伪随机码的选择

伪随机码的自相关性和互相关性会直接影响到系统的容量、抗干扰能力、接入和切换速率等性能。CDMA 信道的区分是靠伪随机码来进行的,因而要求伪随机码自相关性要好、互相关性要弱、实现和编码方案简单等。寻找具有良好相关特性的伪随机码,一直是CDMA 相关研究中的重点所在。

(3) 软切换

简单的说,软切换就是先连接新的小区,再与旧的小区断开,由于 CDMA 系统均工作于同一频点,因此可以实现软切换。当移动终端处于两个基站覆盖区的交界处时,实际上是同时连接到这两个基站,因此软切换起到了业务信道的分集作用,这样可以有效地减少由于切换造成的掉话。

(4) RAKE 接收技术

发射机发出的扩频信号,在传输过程中受到不同建筑物、山岗等各种障碍物的反射和折射,到达接收机时每个波束具有不同的时延,形成多径信号。如果不同路径信号的延迟超过一个伪随机码的码片的时延,则可以在接收端利用伪随机码的不同相位将这些信号区别开来。将这些不同时延信号分别经过不同的延迟线对齐,并且合并在一起,则可达到变害为利、把多径信号变成了增强有用信号的有利因素,有效地克服了多径效应的影响。

(5) 话音激活编码技术

CDMA 系统是一种自干扰式系统,也就是说系统的干扰主要来自系统内部各用户之间,系统的容量则因此而具有软特性。据统计,通信双方在对话时讲话者每句话之间总有一定的间歇,单向话路中仅 35% 的时间是有话音传递的。话音激活编码的含意就是可变速率话音编码在激烈讲话时利用全速率传送；在缓和讲话时利用低速率传送；在不讲话时用最低的速率只传送背景噪声。这样在话音空隙期间减小了对其他用户的干扰，因而也就增加了接收端有用信号的信噪比，这就表明系统在同样的通话质量下，可以允许更多的用户接入。因此利用话音激活技术提高容量是 CDMA 系统的关键技术之一。

12.2.5　第三代移动通信系统

1. 第三代移动通信的基本概念

第二代移动通信的成熟，满足了广大用户的要求，然而第二代移动通信的几种技术体制已不能满足目前移动通信发展的要求，主要表现在：系统容量偏低，不能适应移动用户密集的通信需求；速率过低，最高数十千比特每秒的数据速率不能满足用户对宽带移动通信的要求。

因此，国际电联主要吸取了各大移动通信运营商、设备制造商，以及相关标准化组织的意见，提出了第三代移动通信（IMT-2000）系统的目标，其要点如下：

（1）能实现全球漫游。用户可以在整个系统、甚至全球范围内漫游，且可以在不同速率、不同运动状态下获得有质量保证的服务。

（2）能提供多种业务。提供话音、可变速率的数据、移动视频会话等业务，特别是多媒体业务。

（3）能适应多种环境。可以与现有的公众电话交换网（PSTN）、综合业务数字网、无绳系统、地面移动通信系统、卫星通信系统进行互连互通，提供无缝隙的覆盖。

（4）足够的系统容量，强大的多种用户管理能力，高保密性能和高质量的服务。

目前，3G 的大部分技术标准已经制订完成。从技术方面来看，它已经实现了对宽带多媒体移动通信的要求。但是，由于各个国家、地区和企业都希望在新的技术标准中体现出自己的特点，同时 2G 时代已造成大量互不兼容的用户，也必须考虑保护运营商的投资，因此，以一种标准统一 3G 时代的移动通信技术是非常困难的，目前主要有三种主流技术标准：WCDMA、CDMA2000 和 TD-SCDMA。

2. WCDMA

WCDMA 主要由欧洲厂商和日本联合提出，采用 FDD 方式，可兼容现有的 GSM 系统。它基于 GSM/GPRS 网络演进，并保持与 GSM/GPRS 网络的兼容性。核心网络可以基于 TDM、ATM、以及 IP 技术，并向全 IP 的网络结构演进。无线接入网部分基于 ATM 技术统一处理语音和分组业务并向 IP 方向发展。MAP 信令和 GPRS 隧道技术是WCDMA体制移动性管理机制的核心。

WCDMA 标准由 3GPP 组织制订，目前已经有四个版本，即 R99、R4、R5 和 R6。其中 R99 版本已经稳定，它的主要特点是无线接入网采用 WCDMA 技术，核心网分为电路域和分组域，分别支持话音业务和数据业务，并提出了开放业务接入（OSA）的概念。R4版本是向全分组化演进的过渡版本，与 R99 比较其主要变化是在电路域引入了软交换的概念，将控制和承载分离，话音通过分组域传递，另外，R4 中也提出了信令的分组化方案，包括基于 ATM 和 IP 的两种可选形式。R5 和 R6 是全分组化的网络，在 R5 中提出了高速下行分组接入(HSDPA)的方案,可以使单用户最高下行速率达到 10 Mbit/s,R6 则进一步考虑了提供组播业务和基于位置的业务,并设计与 WLAN 的互通能力。

3. CDMA 2000

主要由高通联合部分北美厂商提出,采用 FDD 方式,可兼容现有的 IS-95CDMA 系统,目前中国联通已开始建设 CDMA 2000 网络。CDMA 2000 中的电路域继承了 IS-95 CDMA 网络,引入以 WIN 为基本架构的业务平台。分组域是基于 Mobile IP 技术的分组网络。无线接入网以 ATM 交换为平台提供丰富的适配层接口。

CDMA 2000 标准由 3GPP2 组织制订,版本包括 Release0、ReleaseA、EV-DO 和 EV-DV。Release0 的主要特点是沿用基于 ANSI-41D 的核心网,在无线接入网和核心网增加支持分组业务的网络实体,单用户最高上下行速率可以达到 153.6 kbit/s。ReleaseA 是 Release0 的加强,单用户最高速率可以达到 307.2 kbit/s,并且支持话音业务和分组业务的并发。EV-DO 采用单独的载波支持数据业务,可以在 1.25 MHz 标准载波中支持平均速率为 600 kbit/s,峰值速率为 2.4 Mbit/s 的高速数据业务。在 EV-DV 中,可在一个1.25 MHz的标准载波中,同时提供语音和高速分组数据业务,最高速率可达 3.1 Mbit/s。

4. TD-SCDMA

由中国的大唐电信联合西门子提出,采用 TDD 方式。核心网和无线接入网与 WCDMA相同。空中接口采用 TD-SCDMA,码片速率为 1.28 Mbit/s,信号带宽为 1.6 MHz,基站间要求同步,可以提供最高达 384 kbit/s 的各种速率的数据业务。

TD-SCDMA 具有三个主要的特点,即智能天线(Smart Antenna)、同步 CDMA(Synchronous CDMA)和软件无线电(Software Radio)技术。TD-SCDMA 采用的其他关键技术还包括:联合检测、多时隙 CDMA+DS-CDMA、同步 CDMA、动态信道分配、接力切换等。具有频谱使用灵活、频谱利用率高等特点,适合非对称数据业务,但在基站的覆盖能力上要逊于采用 FDD 方式的其他两种技术。

无 线 通 信　第13章

随着 Internet 的飞速发展,从广域网(WAN)到城域网(MAN),再到局域网(LAN)和个人区域网(PAN),这些技术已逐渐成熟。目前,各类网络中最具增长潜力的是无线网络。怎样不通过电缆,摆脱物理连接上的限制,使设备互连起来呢?为了找到这个问题的答案,十多年来,人们不断探索,形成了当今令人眼花缭乱的无线通信协议和产品。

13.1　无绳系统和无线本地环

13.1.1　无绳系统

通信的最终目标是实现个人通信,即在任何时间任何地点都可以与世界上任何地点的人进行通信。不论是公众有线电话还是蜂窝移动电话都在努力朝着这个方向发展。无绳电话的使用范围介于它们之间。在人口密集,例如在一座非常现代化的办公大楼里,上百个移动用户同时通话的情况,蜂窝移动通信和卫星通信都不容易解决,无绳通信系统是最好的选择。

1. 无绳系统的概述

标准的无绳系统是由无绳电话技术演变而来的。最初,为了使居所和小办公室内的用户可以移动,将手机与电话的其余部分(基站)分离,基站的后面有一个标准的电话插座,可以通过电话线连接到电话系统上,电话和基站通过低功率无线电波通信,这就是无绳电话。无绳电话系统如图 13-1 所示。初期的无绳电话系统中手机与基站之间是一条简单的模拟无线链路,随着技术的进步,出现了数字无绳电话,现代数字无绳电话提供了良好的话音质量和保密性。

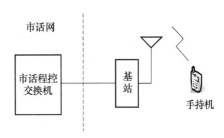

图 13-1　无绳电话系统

由于早期的无绳电话仅用于和其基站通信,同一个厂商将基站和手机组合销售,因此不需要对其进行标准化。后来为了扩大应用的范围,开始了对无绳技术的标准化。制定标准可以使同一个基站支持多个用户设备,这既包括了多个电话手机,也包括语音和数据设备。

第一代无绳电话(CT1)信道数较少,同时基站的发射频率也不合适。第二代无绳电话(CT2)工作于864～868MHz，通话质量较高，保密性强，抗干扰好，价格便宜；但在室外只能提供单向业务（即只能去话，不能来话），也不能越区切换。第三代无绳电话系统(DECT)，支持话音、高速数据和视频业务，具有无间隙的小区切换功能，当一个用户从一个基站的覆盖区到另一个基站的覆盖区时，通话不中断，在家庭和办公室使用时，还具有双向通信的功能。

2. 无绳系统的关键技术

（1）时分双工

时分双工也称为时间压缩复用技术。在这种技术中，数据一次在一个方向上传输，并在两个方向上交替传输。时分双工中包括简单的TDD和TDMA TDD。

① 简单TDD。在简单TDD中，由基站和手机轮流使用信道。数据被压缩后，在发射器中分割到时间长度相同的片段中。每端在接收和发送数据之间有一个短暂的静止时期用作防护，这样信道的实际速率必须比每端所需的数据速率大2倍以上。在这种技术中块大小的选择是比较关键的问题。如果选择的块比较大，则实际需要的信道速率将降低；但是由于块增大后，需要对数据进行较长时间的缓冲，因此增加了信号的时延，这对话音这类实时性要求较高的业务来说是不利的。

② TDMA TDD。TDD是为了有线用户系统开发的，目前也应用在无线系统中。在无线系统中，TDD涉及到在相同载频、不同时间上的发射和接收。无线的TDD一般和TDMA一起使用。TDMA是在前向信道上，大量手机依次接收基站的信息，在反向信道上，大量手机依次向基站发送信息。每个手机在一个固定时间内独自占用一个信道。而TDD则是将前向信道和反向信道在一个载频上实现。它们轮流占用这个载频。

（2）自适应差分脉冲编码调制

DECT采用自适应差分脉冲编码调制(ADPCM, Adaptive Differential Pulse Code Modulating)来对话音进行数字化。差值量化是基于语音信号在两个抽样之间变化不大的原理。这样在邻近抽样之间只传差值而不是实际的值，这样可以使抽样中使用更少的位，减小话音编码后的速率。

然而如果用更少的位数传输抽样的差值，就会存在一个危险，即接收器的输出将会逐渐偏离真值。而且累积的偏差超出待传输位所能表示的范围，那么接收器在还原输入值的时候会出现差错，并且无法校正。ADPCM编码可以解决这个问题。在这种方式中，编码器不仅能发送一个差值，还应该具有接收器的译码功能，这样编码器就可以发送当前抽样与接收器上次输出值之间的差值，自动提供一个校正。

ADPCM使预测器和差值量化器能够适应被编码话音的变化性质。它被应用于DECT和大量的无线本地环中。

3. 无绳系统的应用

目前，无绳电话在个人住宅、办公室已经获得了广泛的应用。无绳电话系统能在如下环境中工作：

（1）居所。在一个居所中，一个单独的基站可以提供语音和数据支持。除了内部通信，还提供与公共电话网络的连接，当家用基站与用户电话线相连后，用户便可在一定范围内随意移动的同时使用手机接打电话。

(2) 办公室。对于比较小的办公室,可以采用一个单独的基站为大量的电话手机和数据设备提供服务;对于比较大的办公室,可以采用蜂窝式的多基站系统来服务,每个基站都有严格覆盖区,在这个覆盖区内,他可以同时处理多个手机的呼叫,而且一部手机可能通过任何一个基站进入这个网络。办公室无绳电话系统有多条电话线与外部的公共电话网相连,并且能处理大量的内部交换的话务量。这些特点都是与办公室场合的用户密度高、内部话务量大、工作人员移动的程度高相适应的。

(3) 公用无绳电话站。这种应用指在一个诸如购物商场之类的地方提供一个基站。

无绳系统具有以下的特点:

- 基站覆盖范围小,最大约 200 m,这样可以使用低功率设计。无绳系统的功率输出比蜂窝式系统低 1～2 个数量级。
- 手机和基站的价格低廉。无绳系统在话音编码和信道均衡等领域均采用比较简单的技术。
- 频率的灵活性受限。由于需要在各种环境下使用,所以频率的灵活性受到限制,无绳系统要使用在任何地方都能找到的一个低干扰的信道。

无绳系统已经提出了大量的标准,其中有欧洲开发的数字增强无绳电信(DECT,Digital Enhanced Cordless Telecommunications),美国的同类标准为个人无线电信(PWT,Personal Wireless Telecommunications)。

13.1.2 无线本地环

在本地环路或用户环路上,为终端用户提供话音和数据通信的传统方法是由有线系统提供的。然而对于用户接入,人们对无线技术的兴趣不断增加,这就出现了无线本地环(WLL,Wireless Local Loop)系统。

1. 无线本地环概述

(1) 无线本地环的基本概念

无线本地环又称为固定无线接入(FRA,Fixed Radio Access)系统,是一种提供基本电话业务和数据传输服务的数字无线接入系统。"WLL"利用无线技术(包括微波、VSAT、蜂窝通信、无绳电话传输)为固定用户区域的移动用户提供电信业务。广义来说,在用户环路段采用无线技术提供电信业务的无线传输系统均属无线本地环路(WLL)。

(2) 无线本地环的特点

与有线用户环路相比,无线本地环路具有以下特点:

① 经济。无线本地环路初期投资与有线用户相当,但运营维护费大大低于有线用户环路,而且成本与距离因素关系不大,用于农村及边远地区有优势。

② 能迅速提供业务。一般 6 个月即可投入使用,而有线用户环路需 18～30 个月。

③ 灵活可变。可随时按需要调整网络结构及任务量,扩容方便。

④ 容量大。特别是采用小区覆盖,频率可重复使用。

但是无线本地环的音质不如有线用户环路好,受环境变化影响大而且要占用宝贵的频率资源。因此,无线本地环路在发达地区可以作为有线网的补充,能迅速及时替代有故障的有线系统或提供短期临时业务;在农村或边远地区可广泛用来替代有线用户环路,节省时间和投资。

（3）无线本地环系统的结构

一个典型的无线本地环路系统如图 13-2 所示。一个 WLL 提供商为一个或多个蜂窝区服务。每个蜂窝区包括一个无线基站。从基站到交换中心有一条有线或无线链路。交换中心一般是电话公司的一个本地局,它为本地和长途电话网提供连接。一个因特网服务提供商(ISP)可能被设置在交换中心或通过一条高速链路连至交换机。一个无线基站可以带多个用户单元。

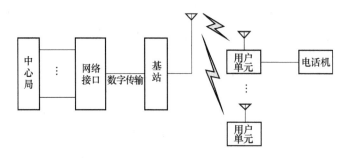

图 13-2 无线本地环系统

当传输语音时,由交换机线路口来的音频语音信号经过基站控制器的 A/D 转换、信号集中、呼叫处理传输和回波抵消处理后,由主干数字传输系统(双绞线、光纤和数字微波)传给无线基站,在无线基站中经过数据压缩、时分复用、调制和射频传输后,由全向天线或定向天线传给用户单元的固定接收天线,用户单元对接收到的数据解调和处理后再经过 D/A 转换成模拟语言信号传给话机。

（4）无线本地环的分类

无线本地环可以分为四类:一点多址微波系统,基于蜂窝移动通信系统,基于无绳通信系统和专用本地环系统。

① 一点多址微波系统。一点多址微波系统是专门用于幅员辽阔、用户分散、话务量小的地区,特别是地形复杂、有线通信难以到达的山区和海岛,以及气候恶劣的地区。它由一个中心站(基站)和不同方向的多个外围站(用户站)组成。可以采用 TDMA 等多址技术。传输的业务可以包括语言和数据。

② 基于蜂窝移动通信系统。蜂窝移动通信系统是指通信网络结构呈蜂窝状的无线接入通信系统。主要由移动台、基站和移动交换中心组成。基于蜂窝移动通信的 WLL 有两种类型:直接用蜂窝移动通信设备构成无线接入系统为移动用户服务和直接用蜂窝移动通信系统构成无线接入系统为固定用户服务。这类 WLL 造价高、话音质量低。因此可以采用固定蜂窝系统,它以现有移动蜂窝系统为基础,省去移动交换机,保留原有基站,改进系统功能分布,从而降低了成本,可适用于本地环路环境。由于用户固定,多径衰落的时变性和随机性较小,还可以使用定向天线来减小用户间的干扰,因而其容量比移动蜂窝系统增加一倍。

③ 基于无绳通信系统。基于无绳电话技术的系统可以分为,基于 CT2 无绳电话的系统以及基于 DECT 无绳电话的系统。

④ 专用本地环系统。专用无线本地环路系统又称为固定无线接入系统(FWA, Fixed Wireless Access),是根据无线接入要求,针对不同的应用地区和业务要求专门设计的用于固定用户的无线接入系统。采用专用无线本地环路系统具有接口标准化(V5 标准)、接入质量高和成本低的特点,并可做成开放式的系统,提供今后的业务扩展能力,适合于开放 ISDN 等业务,是无线本地环路系统的发展趋势。

2. 无线本地环的关键技术

(1) WLL 传输问题

对于大多数高速 WLL 模式而言,使用称为毫米波区域中的频率,即从 10 GHz 到 300 GHz 左右的频率。使用这一区域的频率是因为在 25 GHz 之上存在宽阔的未使用的频率波段,同时在这些高频率上,可使用宽信道带宽提供很高的数据传输速率,而且这一波段可使用小型收发器和自适应天线。

但是毫米波系统也存在很多缺陷:

① 自由空间损耗会随着频率的平方而增加。因此这个区域内的传输损耗要比传统微波系统高很多。

② 10 GHz 以下的频率上可以忽略由于下雨或者大气吸收引起的衰减,但是高于 10 GHz 的频率上,衰减的效果很大,就不能忽略了。

③ 多路损耗非常高。当一电磁信号碰到一个比信号波长大的平面时,就会发生反射;如果障碍物的大小与信号波长相等或比它小,那么就会发生散射;当波前碰到比波长更长的障碍物的边缘时,就会发生衍射。

由于这些负传输特性,WLL 的有效覆盖半径通常只有几公里;沿着或者接近视线的地方要避免有障碍物,而且下雨和潮湿也会影响 WLL 的效果。

(2) 正交频分复用

正交频分复用(OFDM,Orthogonal Frequency Division Multiplexing)也被称为多载波调制。它在不同频率上使用多个载波信号,在每个信道上发送一些位,这与 FDM 类似,但是,OFDM 中所有的子信道由一个单数据源使用。

OFDM 有很多优点:

① 频率选择性衰落只影响一些子信道而不是整个信号,可以很容易地采用前向纠错码来处理这种衰落。

② 在多路径环境中消除了码间干扰(ISI,Intersymbol Interference)。对于越高位的传输速率,由于位之间或符号间的距离越小,因此 ISI 产生的影响也就越大。而由于使用了 OFDM,每个载频上的数据速率大大降低,这就极大地减小了 ISI 效应。

(3) 本地多点分布服务

本地多点分布服务(LMDS)是一种用于传送电视信号和双向宽带通信的一种相对较新的 WLL 服务,它工作在毫米波频率。LMDS 可以提供较高的数据速率,因而可以提供视频、电话和数据服务,而且与电缆相比,成本很低。但是由于服务的覆盖范围比较小,基站数目需要比较多。而且 LMDS 的短波长信号无法通过或穿越建筑物、墙或植物。

一个典型的 LMDS 系统通常由基站设备、用户端设备和网管系统组成,如图 13-3 所示。

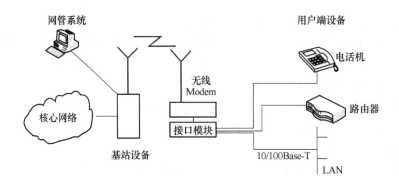

图 13-3　LMDS 系统结构

（4）多信道多点分布服务

多信道多点分布服务（MMDS）技术与 LMDS 类似，其主要不同点在于使用的频段不同。MMDS 主要工作在 2.15～2.68 GHz 范围内的 5 个频段上，用于为广播电视或电缆无法到达的农村提供服务。MMDS 支持双向服务，可以用于提供因特网接入的宽带数据服务。MMDS 在低频处提供的带宽比 LMDS 要小得多，但是，MMDS 有更长的波长，可以传输得更远，这样就节省了基站设备的成本；同时在较低频率下工作的设备较便宜；还有，MMDS 的信号不易被物体阻挡，对雨水的吸收比较小，因而主要用于家庭用户和小商业用户。

3. 无线本地环的应用

目前许多 WLL 业务都集中在发展中国家，他们可以避免传统的布线布电缆工程中所花费的长时间和高成本，用 WLL 来建立基本的电信业务。在许多发达国家也一直关注并发展 WLL 技术，因为它是边远或人口稀少地区的一种很好的入网方法。

到 2000 年大约在 99 个国家有 300 多个 WLL 试验网安装完成或正在安装。当前在 WLL 市场参与中，许多领先者都是蜂窝系统或者公共网络的供应商。

在新型的 WLL 中基站采用智能天线技术，使系统有更高的频率效率、低网络成本和好的服务质量。同时 WLL 的一个发展趋势是从最基本的出发点来建设系统，即取消越区移动的功能，从基站直接与中心站连接。

目前，WLL 已经成为推进竞争服务、促进经济增长和减少电话等待时间的手段，以及提高城乡地区比有线电话成本更低廉的电信服务手段。

13.2　短距离无线通信

13.2.1　短距离无线通信概述

对于什么叫近距离无线通信系统，目前学术界和工业界没有严格的定义，但一般而言，人们把通信范围在几十米到一百米以内的无线通信称为短距离无线通信，把 10 米以内的无线通信称为超短距离无线通信。实际上，无线通信系统的通信距离并不是一个固定的值，它会随着工作环境与移动节点的移动在较大范围变化。

与长距离的无线通信技术相比,短距离的无线通信技术以牺牲通信距离为代价,为用户提供更高的传输速率(几十兆和上百兆比特每秒)、更低的成本(无需支付通信服务费或频谱使用费)和更大的服务范围(不受基站等通信基础设施的限制)。使用短距离无线通信技术,用户可以把移动电话、头戴式耳机、PDA、笔记本电脑、数字摄像机、各种音频和视频播放设备、各种计算机外部设备和各种家用电气设备通过无线的方式自由地连接起来,不仅免去了杂乱无章的电缆线,而且可实现信息共享。另外,用户可通过无线接入设备接入到传统的有线或无线核心网络中,实现语音、数据和视频等多媒体业务的无线传输。

当今短距离无线通信技术种类繁多,但这些技术目前尚没有严格的技术分类,一般而言,主要包括:

(1) 无线局域网(WLAN)技术;

(2) IrDA 技术;

(3) HomeRF 技术;

(4) Bluetooth 技术;

(5) 移动自组织网络(Ad hoc)技术;

(6) 超宽带移动通信(UWB)技术。

这些技术都有其立足的特点,或基于传输速度、距离、耗电量的特殊要求;或着眼于功能的扩充性;或符合某些单一应用的特别要求;或建立竞争技术的差异化等。但没有一个技术可以完美到足以满足所有的需求。

13.2.2　无线局域网(WLAN IEEE 802.11)

随着无线技术的普及,目前无线局域网已在局域网市场占据了重要的一席。

1. 无线局域网概述

(1) 无线局域网的基本概念

无线 LAN 是一种利用无线传输媒体的局域网络。由于无线局域网能满足机动、重定位和特殊联网的需求,而且能覆盖到很难布线的地区,因而它们起着对传统有线局域网不可取代的补充作用。

一个无线局域网必须满足局域网的典型需求,包括在短距离内具有高容量、高性能,在被连接的站间具有全连通性,具有广播能力。另外,对无线局域网的环境要求还有一些具体规定。下面是对建立无线局域网的主要指标需求:

① 吞吐量。媒体接入协议应最大限度地发挥无线媒体的性能。

② 节点数。无线局域网可以支持数百个节点并跨多个蜂窝小区的通信。

③ 与主干网的连接。多数情况下,需要在一个有线主干局域网上建立站间互联。

④ 服务范围。一个典型的无线局域网覆盖范围可以达到 $100\sim300$ m 的直径范围。

⑤ 电池能耗。移动用户使用电池供电的工作站,当与无线适配器一起使用时,就需要用长时间寿命的电池。这说明要求移动节点不断监视接入点或频繁地与一个基站握手的媒体接入协议是不适宜的。

⑥ 传输的稳健性和安全性。如果设计不好,无线局域网容易受到干扰和窃听。无线局域网的设计必须保障可靠的传输,并且提供多级安全防护,以免被窃听。

⑦ 在同一地区的网络的运行。随着无线局域网的普及,很可能会有两个网在同一个地区运行,或是某个可能出现网间干扰的地区。干扰将阻碍媒体接入协议算法的正常进行,并招致对一特定网络的未授权接入。

⑧ 无须执照。如果无须申请获得局域网频率段执照的话,用户会很愿意购买并使用无线局域网产品。

⑨ 越区频道切换/漫游。无线局域网的媒体接入控制协议应允许移动站从一个蜂窝小区移动到另一个蜂窝小区。

⑩ 动态配置。无线局域网的媒体接入控制协议在寻址和网络管理上应允许动态地自动加入、删除、重定位终端系统,而不中断其他用户。

(2) 无线局域网的分类

无线局域网通常可以根据采用的传输技术来分类。当前所有的无线局域网可分为下面几类:

① 红外(IR)局域网。由于红外光不能穿透不透明的墙,所以一个红外局域网的蜂窝小区仅限于一个房间。

② 扩频局域网。这种类型的局域网利用扩频传输技术。多数情形下,这些局域网在工业、科研和医学带宽下工作。

③ 窄带微波局域网。这些局域网在微波频率上工作,但不需要使用扩频技术。

红外(IR)局域网、扩频局域网和窄带微波局域网的技术参数参见表 13-1。

表 13-1　几种无线局域网的技术参数表

无线方式	红外线		扩频		无线电
	窄带微波	扩散式红外线	定向波束红外线	跳频	直接序列
数据率/Mbit/s	1～4	1～10	1～3	2～20	10～20
移动性	固定/移动	固定(视距内)	移动		固定/移动
范围/inch	50～200	80	100～300	100～800	40～130
波长或频率	波长:800～900 nm		频率:902～928 MHz 2.4～2.483 5 GHz 5.725～5.85 GHz		频率:902～928 MHz 5.2～5.775 GHz 18.825～19.205 GHz
调制技术	ASK		FSK	QPSK	FS/QPSK
发射功率	—		<1 W		25 mW
接入方式	CSMA	令牌环,CSMA	CSMA		预约 ALOHA,CSMA

2. 无线局域网的应用

(1) 扩展局域网

20 世纪 80 年代后期出现的早期无线局域网产品,在市场上被当作传统有线局域网的替代品来出售。无线局域网节省了局域网安装电缆的费用,并使得重定位和其他改变网络结构的工作变得容易。在很多情况下需要用无线局域网来替代有线局域网,例如像大型企业、股票交易市场和仓库那些拥有很大室外空间的建筑,没有布够双绞线而且没有为布新线而预先钻孔的历史建筑,以及那些对安装和维护有线局域网来说不合算的小办公室,例如典型的,大企业有一块与主办公楼脱离的办公区,但又需要将之连接到网络上。因此,最一般的方法是,在同样的前提下,把一个无线局域网连接到有线局域网上,这个无线局域网的应用区被看作是局域网的扩展。

图 13-4 给出了一个简单的无线局域网结构。主干是一个有线局域网如以太网,该网络支持服务器、工作站和连接其他网络的一个或多个网桥或路由器,另外有一个控制模块(CM,Control Module)用作与无线局域网的接口。控制模块具有网桥或路由器的功能,把无线局域网连接到主干网上。此外,它还有一些接入控制逻辑来监控来自终端系统的接入,如轮询或令牌传递模式。集线器或其他用户模块(UM, User Module)控制多个脱离有线局域网的站,也可以看作是无线局域网的组成部分。

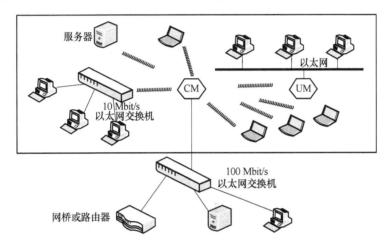

图 13-4 单蜂窝区无线 LAN 配置的实例

图 13-4 所示结构可以看作是单蜂窝无线局域网:所有无线终端系统都在同一个惟一的控制模块下。另一个常用结构,见图 13-5,是一个多蜂窝小区的无线局域网。在这种情况下,多个控制模块通过有线局域网互联。每一个控制模块支持在其发射范围内的多个无线终端系统。例如,在一个红外线局域网中,传输限制在一个房间内。这样,一个需要无线网支持的办公楼内每一个房间都需要一个蜂窝小区。

(2)跨建筑的互联

无线局域网技术的另一个应用是把附近建筑内的局域网连接起来,不管是有线局域网还是无线局域网。在这种情况下,采用在两个建筑间建立点对点的无线连接。连接的设备通常是网桥或路由器。一个点对点连接本身并不是一个局域网,但通常也把它纳为无线局域网的应用之一。

(3)移动接入

移动接入为一个局域网集线器和一个配有天线的移动数据终端建立无线连接,例如连接一台膝上计算机或掌上计算机。移动接入通常在扩展的环境下很有用,诸如在超出办公区的教学活动或商务活动。在这两种情况下,用户可以带着他们的便携机到处走,并在各种地点接入有线局域网上的服务器。

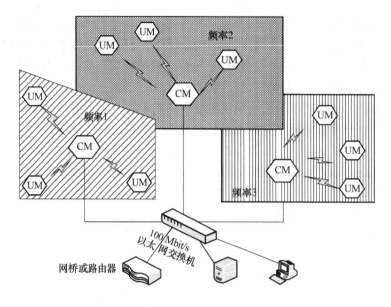

图 13-5 多蜂窝区无线 LAN 配置的实例

（4）特定网络

一个特定网络是一个对等通信网络（没有集中式的服务器），是为满足某种应急需要而临时建立的。例如，一群职员如果每人都有一台膝上计算机或掌上计算机，就可以在一个会议室里召开商务例会或学术会议，职员们可以为他们的计算机建立临时的会议网络。

图 13-6 指出了一个特定无线局域网和一个用于扩展局域网和移动接入的无线局域网之间的区别。在前者，无线局域网具有固定的基础结构，由一个或多个蜂窝小区组成，每个蜂窝小区都有一个控制模块，在一个蜂窝小区中可以有很多固定的终端系统，移动站能从一个蜂窝小区移动到另一个蜂窝小区中去。与之相反，特定网络无基础结构，由处于相互发射范围内的对等站集合构成，动态地自由构成一个临时性网络。

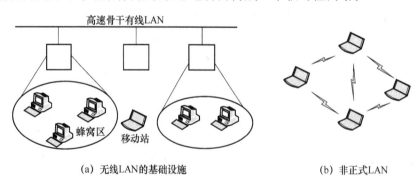

（a）无线LAN的基础设施　　　　　　　　（b）非正式LAN

图 13-6 无线 LAN 的配置

13.2.3 无线个人区域网

随着人们不断研究出越来越小的设备和日常附件，使得网络的范围越来越小，最终，小到依靠个人设备形成个人区域网（PAN，Personal Area Network）。WPAN 是 PAN 中最典型的一种。

1．无线个人区域网概述

（1）WPAN 的基本概念

无线个人区域网络 WPAN 是用无线电或红外线代替传统的有线电缆以低价格和低功耗在 10 m 范围内实现个人信息终端的智能化网络。组建个人化的信息网络 WPAN 属于个人办公环境中较小范围的无线通信网络，使用短距离的射频技术连接家电或是电脑设备，由于 WPAN 技术消耗功率小、价格低、体积小，将有助于无线网络融入我们的生活之中。

因为对于短距离无线通信的需求日益迫切，在短短的时间里，WPAN 成为了一个受人瞩目的新焦点，所以 WPAN 的研究小组成立不到一年，就演变为 IEEE 的专门工作小组 IEEE 802.15（即 WPAN Working Group，于 1999 年 3 月成立，其成立的主要目的在于研究 PAN 内设备间的无线通信标准）。

WPAN 为个人或一个小组提供网络服务，它有距离限制、输出限制、体积小和外围设备共享等特征。目前，WPAN 通常用于便携式电脑、PDA 或台式机，以及打印机之间的数据传递。

目前的 WPAN 标准主要包括红外线数据协会（IrDA）、Bluetooth、HomeRF、Ad hoc 和 UWB 技术。

（2）WPAN 中的关键设计问题

目前 WPAN 的各种技术还存在不少技术瓶颈有待克服：

① 电源消耗

移动无线应用的关键问题是电源，目前仍有许多改善空间，且各个标准皆有各自的电源功率下降或睡眠模式。

② 传送范围

传送范围是另一个复杂问题，它取决于具体标准、输出功率及实体运行环境等因素。其中一种方式是增加传输功率，不过该方式会导致终端产品，如移动电话电池寿命缩短；另一方式是增强接收端的接收敏感度，增加接收端功率。这样，在增加传送范围时，可维持移动电话电池的寿命。

③ 互操作性

相同频谱下终端设备间的互操作性是无线网络频宽能否顺利有效使用的关键，同时对通信实体层、媒体接入控制层及网络层也是非常重要的。此外，接收端范围越大，终端设备越有可能对频带资源进行抢夺。而不同制造商生产的终端设备会产生互操作性问题，因此共享频宽的元件必须彼此合作才能克服问题。

办公室环境是 WPAN 的主要应用领域，有了 WPAN 技术，办公室的每一个电子设备，像 PC、Notebook、打印机、PDA、呼叫器等，都可通过无线方式连接起来。

WPAN 可说是"活氧计划"的实现，让我们身边的各种设备省去线缆连线的麻烦，直接透过无线的传输技术互相连接，我们就可以随时随地地连上网络，存取自己所需的信息并获得所需要的服务，实现各种网络在生活中的便捷应用。

2. IrDA

（1）IrDA 的基本概念

IrDA 即红外通讯,顾名思义,就是通过红外线传输数据。红外标准起因于各种便携式设备的互连需要,在电脑技术发展早期,数据都是通过线缆传输的,线缆传输连线麻烦,需要特制接口,颇为不便。于是后来就有了红外、蓝牙、802.11 等无线数据传输技术。

红外线是波长在 750 nm～1 mm 的电磁波,它的频率高于微波而低于可见光,是一种人的眼睛看不到的光线。红外通讯一般采用红外波段内的近红外线,波长在 0.75～25 μm,为了保证不同厂商的红外产品能够获得最佳的通讯效果,目前红外通讯协议将红外数据通讯所采用的光波波长的范围限定在 850～900 nm。

（2）IrDA 的特点和应用

IrDA 的主要优点是适于传输大容量的文件和多媒体数据。

① 红外线不受无线电干扰,且使用起来不受国家无线电管理委员会的限制,无需申请频率的使用权,因而红外通信成本低廉。

② 红外通信结构简单、体积小、功耗低、连接方便、简单易用、能稳定地进行高速数据通信,也就是说,只要红外线通信组件能内置在便携式信息终端,那么不随身携带解调器和综合数字数据网络终端连接器以及连接线缆,就能进行高速数据通信。

③ 能高速运转的红外发射器和接收器成本很低。

④ 红外线对非透明物体的透过性极差,不能透过墙壁,所以红外传输被限制在室内。这种限制使信号易于传播而不被窃听,也能防止在不同房间内工作的通信线路之间相互发生干扰。于是,红外无线局域网将来可以达到很高的聚集能力,而且它们的设计可以简单化,因为在不同房间内的红外信号的传输并不需要协调。此外,红外线发射角度较小,传输上安全性高。

IrDA 的不足在于它是一种视距传输,两个相互通信的设备之间必须对准,因而该技术只能用于两台（非多台）设备之间的连接。IrDA 目前的研究方向是如何解决视距传输问题及提高数据传输率。

IrDA 是一种利用红外线进行点对点通信的技术,目前它的软硬件技术都很成熟,在小型移动设备中获得了广泛的应用。这些设备包括笔记本电脑、掌上电脑、机顶盒、游戏机、移动电话、计算器、数码相机以及打印机之类的计算机外围设备等等。试想一下,如果没有红外通讯,连接这其中的两个设备就必须要有一条特制的连线,如果要使它们能够任意地两两互联传输数据,该需要多少种连线呢？而有了红外口,这些问题就都迎刃而解了。

目前无线电波和微波已被广泛地应用在长距离的无线通讯之中,但由于红外线的波长较短,对障碍物的衍射能力差,所以更适合应用在需要短距离无线通讯的场合,进行点对点的直线数据传输。

3. HomeRF

（1）HomeRF 的基本概念

HomeRF 标准是由 HomeRF 工作组开发的,这个工作组成立于 1998 年,是由 Compaq、

IBM、Hewlett Packard 和其他公司联合创办的。它使用共享无线访问协议并提供一个用于在移动设备之间进行短距离数字话音和数据传输的开放式标准。HomeRF 能够结合家庭中多部电脑、移动电话，及消费电子设备等装置，提供相互通信及互操作的功能，整合成适合家居使用的无线通信环境。

HomeRF 提出了 SWAP(Shared Wireless Access Protocol)的设计理念，DECT 网络采用 TDMA 技术适合语音通信，IEEE 802.11 无线局域网采用 CSMA/CA 介质接入技术适合数据通信，SWAP 结合了两者的优点，适合小网络中的语音和数据传输，传输针对家庭使用者提供内部无线传输功能，并连接外部的公众交换电话网络和互联网络。

（2）SWAP 协议

SWAP 可以同时支持语音业务、流业务和数据业务，并与 PSTN 互通。该标准源于802.11 和欧洲无绳电话标准 DECT。HomeRF 的 SWAP 模型如图 13-7 所示。

HomeRF 工作在 2.4 GHz 的频段上，输出功率100 mW，使用跳频扩频技术(FHSS)，提供 1～2 Mbit/s的数据传输速度，在 50 m 范围内最大可接入 127 个设备，支持语音通信（最多 6 人同时使用，TDMA，32 kbit/s)和数据通信(CSMA/CA)。

4. Bluetooth

（1）Bluetooth 简介

Bluetooth 即蓝牙，是 Ericsson/Nokia 等拥有高市场占有率的移动电话大厂商所发起的无线通信技术规范，目的在于通过整合无线通信界面，设法扩大

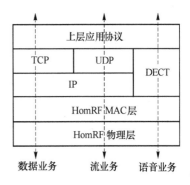

图 13-7　HomeRF 的 SWAP 协议栈

手机的潜在应用层次以提高其附加价值。由于目前全球手机已有上亿的使用量，应用手机进行无线资料传输的市场规模已经不小，故从元件、IC 设计、零组件至资讯产品厂商，纷纷投入蓝牙产品的研究与应用领域。1998 年蓝牙特别兴趣组(SIG，Special Interest Group)成立，更确立了蓝牙产品在 20 世纪末发展的基础；1999 年 12 月，SIG 成员已包含 Intel、Toshiba、IBM、Lucent、TI、3Com、Motorola、Microsoft 等在 PC、通信领域占有一席之地的厂商；由于蓝牙 SIG 成员来自不同的技术背景，未来在产品的功能性、共通性、市场性不会比其他短距离的通信技术（如 IrDA)来得差。

蓝牙的核心概念，原为以移动电话为核心工具，通过使用手机的单一界面来控制广泛使用的资讯、消费性电子产品，包括 PC、Notebook、PDA、MP3、数码相机甚至汽车设备与家电用品。换言之，蓝牙技术持续发展的最终形态是在已有的有线网络基础上，完成网络无线化的建构，最终网络将不再受到地域与线路的限制，而是真正的随身上网与资料互换。但在产品趋势上，却已经超出了以手机为网络核心的发展架构，在各类 PC 周边产品之间以蓝牙技术传输资料的应用正同步在进行着，而非围绕手机架构打转。

（2）Bluetooth 的技术

蓝牙的设备工作在 2.4 GHz 的 ISM(Industrial，Science and Medicine)频段，采用时分双工(TDD，Time Division Duplex)方式，设备间的有效通信距离大约为 30 m。

蓝牙的传输速率为 1 Mbit/s,支持 64 kbit/s 的实时语音传输和各种速率的数据传输,语音和数据可单独或同时传输。当仅传输语音时,蓝牙设备最多可同时支持 3 路全双工的话音通信;当话音和数据同时传输或仅传输数据时,蓝牙支持 433.9 kbit/s 的对称全双工通信,或 723.2 kbit/s(下行)、57.6 kbit/s(上行)的非对称双工通信。另外,蓝牙还采用 CRC(Cyclic Redundancy Check)、FEC(Forward Error Correction)及 ARQ(Automatic Repeat Request) 技术以确保通信时的可靠性。

蓝牙根据需要可以提供点对点和点对多点的无线连接。在任意一个有效通信范围内,所有设备的地位都是平等的。首先提出通信要求的设备称为 Master,被动进行通信的设备称为 Slave。利用 TDMA,一个 Master 最多可同时与 7 个 Slave 进行通信并和多个 Slave(最多可超过 200 个)保持同步但不通信。一个 Master 和一个以上的 Slave 构成的网络称为蓝牙的主从网络。若两个以上的主从网络之间存在着设备间的通信,则构成了蓝牙的分散网络。主从网络和分散网络的示意图参见图 13-8(a)、(b)。基于 TDMA 原理和蓝牙设备的平等性,任一蓝牙设备既可作 Master,又可作 Slave,还可同时既是 Master 又是 Slave。因此,在蓝牙中没有基站的概念。

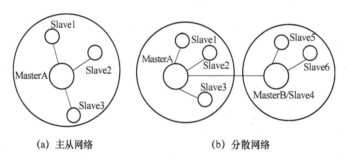

(a) 主从网络　　　　　　　　(b) 分散网络

图 13-8　主从网络和分散网络示意图

蓝牙的基本出发点是可使其设备能够在全球范围内应用于任意的小范围通信。任一蓝牙设备都可根据 IEEE 802 标准得到一个惟一的 48 bit 的 BD_ADDR,它是一个公开的地址,可以透过人工或自动进行查询。在 BD_ADDR 基础上,使用一些性能良好的算法可获得各种保密和安全码,从而保证了设备识别码在全球的惟一性,以及通信过程中的安全性和保密性。

(3) Bluetooth 的应用

蓝牙主要有三个领域的应用,即取代线缆功能、个人随意网络、数据/语音接入。取代线缆功能是要取代所有移动设备现有的连线功能,改用无线电波传输,如语音传输的免提式耳机、数据传输的周边设备、或是指令传输的控制设备等。个人随意网络则是随时随地提供一个立即可用的网络通信传输环境,以分享网络内其他电脑设备上的文档或网络资源。数据/语音接入功能则提供更广泛的网络传输应用,通过使用对外部有线网络和互联网络的接入服务,使用者可以无线方式接入网络上的所有资源,实现无线上网。

蓝牙的应用非常广泛,下面几个例子可供参考:

① 桌上电脑的周边设备传输,例如无线打印机、无线键盘、无线鼠标、无线喇叭等设备;

② 笔记本电脑、个人数字助理、移动电话上的通信录等信息的自动同步更新功能；

③ 笔记本电脑通过移动电话以无线通信方式接收电子邮件；

④ 无线语音传输功能可省略移动电话与头戴式免提耳机之间的连线，方便使用者空出双手工作；

⑤ 数码相机可通过移动电话做实时资料传输。

5. 移动自组织网络

目前，很多研究致力于开发基于自组织的新一代移动通信技术和信息服务。随着移动自组织网络（Ad hoc）技术的出现，这种系统将会成为最热门的话题。实际上，许多基本的技术问题还未解决，真正的商业应用仍有待于进一步的实践。然而，Ad hoc 的应用并不仅限于互联网上的固定计算机。随着存储和计算能力的提高，能量消耗的降低和移动通信的普及，Ad hoc 将广泛应用于无线设备上。

（1）Ad hoc 概述

① Ad hoc 的基本概念

Ad hoc 网络定义为一系列移动节点，其中每一个节点均可以任意移动。每一个节点在逻辑上由一个路由器、若干主机和若干无线收发设备组成。Ad hoc 网络描述了多重概念，包括分布式、移动、无线、多跳网络等，而且该网络的运行完全取决于自身的能力，不依赖于任何已有的网络基础设施。如图 13-9 所示，通过最后一跳与固定基础设施的无线连接，Ad hoc 网络对现有的因特网实现了延伸和扩展。

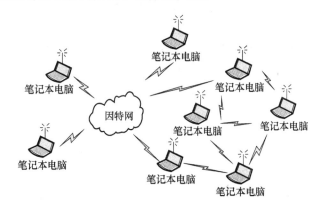

图 13-9　Ad hoc 网络与因特网的连接

Ad hoc 网络实质上是一个不依赖于任何基础设施的移动节点的短时间互联。连接与否取决于节点间的距离和结合的自发性。在这种环境中，由于终端的无线覆盖范围的有限性，两个无法直接进行通信的用户终端可以借助于其他节点进行分组转发。每一个节点都可以说是一个路由器，它们要能完成发现和维持到其他节点路由的功能，典型例子有交互式的讲演、可以共享信息的商业会议、战场上的信息中继，以及紧急通信需要。

② Ad hoc 的网络拓扑结构

Ad hoc 网络可以呈现多种拓扑结构，最简单的就是几个移动设备直接互联的单跳网络结构，见图 13-10。根据移动设备的相似程度，又可以分为同构 Ad hoc 网络和异构 Ad hoc 网络，其中，蓝牙微微网就是一种异构 Ad hoc 网络。

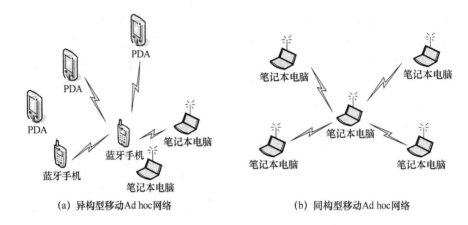

(a) 异构型移动Ad hoc网络　　　　　(b) 同构型移动Ad hoc网络

图 13-10　不同拓扑结构的 Ad hoc 网络

（2）Ad hoc 的特点

由于 Ad hoc 是一种多跳、移动、自组织的网络，因此具有许多不同于传统网络的特征。

① 动态拓扑：即网络中的节点可以任意移动；

② 链路带宽受限，容量变化频繁：由于拓扑动态变化导致每个节点转发的业务量也随时间而变化；

③ 能量受限：由于网络节点的移动特征，大多数节点使用电池，因此系统设计时节能是一个重要指标；

④ 安全受限：移动网络比固定网络（有线或无线）更易受到安全威胁。

如图 13-11 所示为 Ad hoc 网络中路由 A—D 随网络拓扑变化而变化的示意图，其中圆圈为节点 A 的无线信道覆盖范围。当节点 D 移出节点 A 的覆盖范围时，网络拓扑就发生了变化。

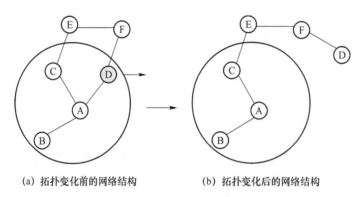

(a) 拓扑变化前的网络结构　　　　　(b) 拓扑变化后的网络结构

图 13-11　节点移动时的网络拓扑结构变化示意图

（3）Ad hoc 的应用

我们所说的 Ad hoc 的应用是由移动和自治设备组成的自组织应用。由于 Ad hoc 网络的特殊性，它的应用领域与普通的通信网络有着显著的区别。它适用于无法或不便预先铺设网络设施的场合、需快速自动组网的场合等。针对 Ad hoc 网络的研究是因为军事应用而发起的,因此军事应用仍是 Ad hoc 网络的主要应用领域。但在民用方面,Ad hoc 网络也有非常广泛的应用前景。以下举几个 Ad hoc 的应用例子。

例1:现有的一个 Ad hoc 交易系统的设想。双方通过 Ad hoc 移动设备进行协商,并完成现实的任务:在邮局买邮票、向图书馆还书、退换商品等。

例2:手表制造商 Swatch 发布了一种置于手表内的名为 synchro. beat 的移动约会设备。这个系统通过手表发出的声音向另一手表传送信息,然后,根据双方各自在 synchro. beat 内的信息,相应的算法可以辨识出你和另一块手表的匹配程度。

例3:传统的跳蚤市场一般只在特定的时间、特定的地点出现。为了淘到适合自己的东西,往往要花费大量的时间和精力,并且,买卖双方的作用是明确划分的。我们所提到的"无处不在"的跳蚤市场在任何时间、任何地点都是可行的。通过移动设备,买家和卖家在一定范围内互相匹配,后者由前者确定。当你行走、驾车或是乘坐飞机时,Ad hoc 设施在周围进行扫描,寻找相匹配的买家和卖家。还有一点需要注意的是任何用户都可以成为买家或卖家。如果检测到使用相同软件的另一个移动设备,网络就会扫描相关条目,找到匹配的一方。一旦相互匹配,网络会提醒用户并请求对等体相互联系,进行实物交易。

从 Ad hoc 技术开始民用以来,已有一些 Ad hoc 产品面世。基于 Ad hoc 技术的移动终端以及网络设备已经成为一些大通信公司研发的重点。Ad hoc 技术本身所具有的"个人通信"的优点使得该项技术在通信领域具有很大的发展空间。随着网络的进一步研发和实施,Ad hoc 网络会逐渐与移动通信网络融合到一起,显示 Ad hoc 技术内在的魅力。

6. 超宽带移动通信(UWB)

(1) UWB 概述

① UWB 的基本概念

UWB 的核心是冲击无线电技术,即用持续时间非常短的脉冲波形来代替传统传输系统的持续波形,从经傅立叶变换之后的特性来看,信号所占的带宽远远大于信息本身的带宽。

UWB 技术是一种与传统技术有很大不同的无线通信技术,当前的无线通信技术所使用的通信载波是连续的电波,形象地说,这种电波就像是一个人拿着水管浇灌草坪时,水管中的水随着人手的上下移动形成的连续的水流波动。几乎所有的无线通信,包括移动电话、无线局域网的通信都是这样的——用某种调制方式将信号加载在连续的电波上。

与此相比,UWB 无线通信技术就像是一个人用旋转的喷洒器来浇灌草坪一样,它可以喷射出更多、更快的短促水流脉冲。UWB 产品在工作时可以发送出大量的非常短、非常快的能量脉冲。这些脉冲都是经过精确计时的,每个只有几个毫微秒长,脉冲本身可以代表数字通信中的"0",也可以代表"1"。

② UWB 的技术要点

UWB 与传统的"窄带"或"宽带"系统相比,技术上有两点主要区别:

· UWB 的带宽远远大于目前各类系统的带宽。

根据最新的美国联邦通讯委员会(FCC)的定义,信号带宽大于 1.5 GHz,或信号带宽与中心频率之比大于 25% 的为超宽带；信号带宽与中心频率之比在 1%～25% 之间的为宽带，小于 1% 的为窄带。

- UWB 技术主要采用无载波传输方式。

传统的"窄带"和"宽带"都是采用无线电频率(RF)载波来传送信号，即将信号的基带频谱搬移到所工作的载波频谱上。而 UWB 则是直接用脉冲对信号进行调制，调制脉冲的形状非常陡峭，其波形所占用的频谱宽度达数吉赫兹。

在时域上，脉冲的持续时间决定了信号在频域内所占用的带宽，脉冲越窄，频谱越宽。正如本书第 11 章所描述，实时传输多媒体信息需要极大的带宽，而无线信道频谱资源有限，因此无线信道上如何提高传输系统的容量是特别突出的问题。根据香农的容量极限公式：

$$C = BW * \log_2(1 + SNR)$$

式中，C：信道容量(bit/s)；BW：信道带宽；SNR：信噪比，$SNR = P/BW * N$；P：所接收的信号功率；N：噪声功率谱密度(W/Hz)。

从公式可以看出，可以通过扩展信号的带宽来增加传输系统的容量，这样就可以在极低的发射功率下传输非常高的数据速率。

UWB 以基带方式传输，通过发送脉冲无线电信号来传送声音和图像数据，每秒可发送多达 10 亿个代表"0"和"1"的脉冲信号。这些脉冲信号的时域极窄(0.1～1.5 ns)，频域极宽(数赫兹到数吉赫兹，可超过 10 GHz)，其中的低频部分可以实现穿墙通信，因此 UWB 信号具有很强的穿透能力。UWB 脉冲信号的发射功率都十分低，仅仅相当于一些背景噪音，不会对其他窄带信号产生任何干扰。由于 UWB 系统发射功率谱密度非常低，因而被截获的概率很小，被检测概率也很低，与窄带系统相比，有较好的电磁兼容和频谱利用率。此外，传统的无线通信在通信时需要连续发出载波(电波)，要消耗不少电能；而 UWB 是发出脉冲电波——直接按照"0"或"1"发送出去。由于只在需要时发送脉冲电波，因而大大减少了耗电量(仅为传统无线技术的 1/100)。

③ UWB 与其他几种 PAN 技术的比较

表 13-2　UWB 与其他几种 PAN 技术的比较

技术指标	IEEE 802.11g	蓝牙	UWB
工作频率	2.4 GHz	2.402～2.48 GHz	3.1～10.6 GHz
传输速率	54 Mbit/s	≤1 Mbit/s	≥480 Mbit/s
通信距离	10～100 m	10 m 左右	≤10 m
发射功率	≥1 W	1～100 mW	<1 mW
价格	高	低	低
应用范围	WLAN	家庭和办公设备短距离互连	近距离多媒体
终端类型	笔记本电脑、PC、掌上电脑、Internet 接入网关	笔记本电脑、无绳电话、手机、小型无线数字设备	无线数字电视、DVD 多媒体设备、高速 Internet 接入网关
主要支持公司	Cisco，Lucent	Nokia，Ericsson，Motorola	TI，Motorola，Intel

UWB 与其他几种 WPAN 技术的比较如表 13-2 所示。从表中可以看到 UWB 技术的优势较为明显,主要的不足是发射功率过小限制了其传输的距离。也就是说,对于 10 m 以内的距离,UWB 可以发挥出高达数百兆比特每秒的传输性能,对于远距离应用 IEEE 802.11b 的性能将强于 UWB。因此 UWB 更多的是应用于 10 m 左右距离的室内。

(2) UWB 的特点

UWB 之所以引起人们的高度重视,是因为它有许多特点。

① 抗干扰性能强

UWB 的抗干扰性表现在两个方面,一方面 UWB 采用跳时扩频信号,系统具有较大的处理增益,在发射时将微弱的无线电脉冲信号分散在宽阔的频带中,输出功率甚至低于普通设备产生的噪声。接收时将信号能量还原出来,在解扩过程中产生扩频增益。因此,与 IEEE 802.11a、IEEE 802.11b 和蓝牙相比,在同等码速条件下,UWB 具有更强的抗干扰性。

另一方面,UWB 通信采用跳时序列,能够抗多径衰落。多径衰落是指反射波和直射波叠加后造成的接收点信号幅度随机变化,而 UWB 系统每次的脉冲发射时间很短,在反射波到达之前,直射波的发射和接收已经完成。因此,UWB 系统特别适合于在高速移动环境下使用。

② 传输速率高

UWB 的数据速率可以达到几十兆比特每秒到几百兆比特每秒,有望高于蓝牙 100 倍,也可以高于 IEEE 802.11a 和 IEEE 802.11b。

③ 带宽极宽

UWB 使用的带宽在 1 GHz 以上,高达几个吉赫兹。超宽带系统容量大,并且可以和目前的窄带通信系统同时工作而互不干扰。这在频率资源日益紧张的今天,开辟了一种新的无线电资源。

④ 消耗电能小

通常情况下,无线通信系统在通信时需要连续发射载波,因此,要损耗一定电能。而 UWB 不使用载波,只是发出瞬间脉冲电波,也就是直接按"0"和"1"发送出去,并且在需要时才发送脉冲电波,所以,消耗电能小。

⑤ 保密性好

UWB 保密性表现在两方面:一方面是采用跳时扩频,接收机只有已知发送端扩频码时才能解出发射数据;另一方面是系统的发射功率谱密度极低,用传统的接收机无法接收。

⑥ 发送功率非常小

UWB 系统发射功率非常小,通信设备可以用小于 1 mW 的发射功率就能实现通信。低发射功率大大延长了系统电源的工作时间。另外,由于发射功率小,所以其电磁波辐射对人体的影响和对其他无线系统的干扰均很小。

当然,UWB 通信也存在不足,主要问题是 UWB 系统占用的带宽很大,可能会干扰现有其他无线通信系统;另外,尽管 UWB 系统发射的平均功率很低,但是由于它的脉冲持续时间很短,它的瞬时功率峰值可能会很大,这甚至会影响到民航等许多系统的正常工作。

(3) UWB 的应用

目前,UWB 的技术主要应用于高速短距离通信、雷达和精确定位等领域。在通信领域,UWB 可以提供高速率的无线通信。在雷达方面,UWB 雷达具有高分辨力(ns 级),当前的隐身技术采用的是隐身涂料和隐身特殊结构,但都只能在一个不大的频带内有效,在超宽频带内,目标就会原形毕露。另外 UWB 信号还具有很强的穿透能力,能穿透树叶、土地、混凝土、水体等介质。在定位方面,UWB 可以提供很高的定位精度,使用极微弱的同步脉冲可以辨别出隐藏的物体或墙体后运动着的物体,定位误差只有一两厘米,也就是说,同一个 UWB 设备可以实现通信、雷达和定位三大功能。

目前,与 UWB 相关联的潜在的应用领域包括:

① 短距离(10 m 以内)高速无线多媒体智能家域网/个域网。在家庭和办公室中,各种计算机、外设和数字多媒体设备根据需要,利用超宽带无线技术,在小范围内动态(即需即用)地组成分布式自组织(Ad hoc)网络,协同工作,相互连接,传送高速多媒体数据,并可通过宽带网关,接入高速互联网或其他宽带网络。这一领域将融合计算机、通信和消费娱乐业,被视为具有超过移动电话的最大市场发展潜力。

② 雷达系统。利用 UWB 技术可以构成穿墙和穿地成像系统,还可以用于汽车的防撞感应器和无人驾驶飞机等方面。

③ 智能交通系统。超宽带系统同时具有无线通信和定位的功能,可方便地应用于智能交通系统中,为车辆防撞、电子牌照、电子驾照、智能收费、车内智能网络、测速、监视、分布式信息站等提供高性能、低成本的解决方案。

④ 精确定位和跟踪系统。利用多个 UWB 节点,通过电波到达时差(TDOA)等技术,可以构成移动节点的精确定位和跟踪系统。

⑤ 无线以太网接口。在短距离条件下,以 UWB 技术构成的以太网接入点的数据速率可达 2.5 Gbit/s。

⑥ 传感器网络和智能环境。这种环境包括生活环境、生产环境、办公环境等,主要用于对各种对象(人和物)进行检测、识别、控制和通信。

使用 UWB 技术的潜在应用很多,但该技术尚未完全成熟,离商用仍有一段距离。

参考文献

[1] 樊昌信,詹道庸,徐炳祥,吴成柯.通信原理.北京:国防工业出版社,1995

[2] 吴德本.现代电信技术概论.北京:中国人民大学出版社,1999

[3] 叶敏.程控数字交换与现代通信网.北京:北京邮电大学出版社,1998

[4] 曹志刚,钱亚生.现代通信原理.北京:清华大学出版社,2001

[5] 桂海源.现代交换原理.北京:人民邮电出版社,2000

[6] 陈锡生,糜正琨.现代电信交换.北京:北京邮电大学出版社,1999

[7] 郑君里,应启珩,杨为理.信号与系统.北京:高等教育出版社,2003

[8] 张贤达.现代信号处理.北京:清华大学出版社,2002

[9] 胡广书.数字信号处理——理论、算法与实现.北京:清华大学出版社,2003

[10] 林建中,王缨,郭世满.数字传输技术基础.北京:北京邮电大学出版社,2003

[11] 孙学康,张金菊.光纤通信技术.北京:北京邮电大学出版社,2001

[12] 吴翼平.现代光纤通信技术.北京:国防工业出版社,2004

[13] 纪越峰.SDH 技术.北京:北京邮电大学出版社,2001

[14] 杨世平,张引发,邓大鹏,何渊.SDH 光同步数字传输设备与工程应用.北京:人民邮电出版社,2001

[15] 赵慧玲,张国宏,胡琳,石友康.ATM、帧中继、IP 技术与应用.北京:电子工业出版社,2000

[16] 邢秦中.ATM 通信网.北京:人民邮电出版社,1998

[17] 倪维桢,高鸿翔.数据通信原理.北京:北京邮电大学出版社,1996

[18] 彭澎.计算机网络基本原理.武汉:华中理工大学出版社,1999

[19] 章钟队.无线局域网.北京:科学出版社,2004

[20] William Stallings.数据与计算机通信(第七版).王海,张娟,蒋慧等译.北京:电子工业出版社,2004

[21] 周武旸,陆晓文,朱近康.无线互联网.北京:人民邮电出版社,2002

[22] 林生.计算机通信与网络教程.北京:清华大学出版社,1999

[23] 桂海源,骆亚国.No.7 信令系统.北京:北京邮电大学出版社,1999

[24] Lillian Goleniewski.电信技术基础.唐宝民,江凌云,王文鼎等译.北京:人民邮电出版社,2003

[25] 王柏.智能网教程.北京:北京邮电大学出版社,2000

[26] Andrew S. Tanenbaum.计算机网络.熊桂喜,王小虎译.北京:清华大学出版社,1998

[27] 纪越峰等.现代通信技术.北京:北京邮电大学出版社,2002

[28] 谢希仁.计算机网络.北京:电子工业出版社,2003

[29] Alberto Leon-Garcia & Indra Widjaja.通信网基本概念与主体结构.乐正友,杨为

理等译.北京:清华大学出版社,2004

[30] 马华东.多媒体技术原理与应用.北京:清华大学出版社,2002

[31] 蔡安妮,孙景鳌.多媒体通信技术基础.北京:电子工业出版社,2000

[32] 陈振国.卫星通信系统与技术.北京:北京邮电大学出版社,2003

[33] 张平,王卫东,陶小峰.WCDMA 移动通信系统.北京:人民邮电出版社,2001

[34] 杨大成.CDMA2000 技术.北京:北京邮电大学出版社,2000

[35] 孙儒石.GSM 数字移动通信工程.北京:人民邮电出版社,2002

[36] 李世鹤.TD-SCDMA 第三代移动通信系统标准.北京:人民邮电出版社,2003

[37] 窦中兆,雷湘.CDMA 无线通信原理.北京:清华大学出版社,2004

[38] 啜钢.CDMA 无线网络规划与优化.北京:机械工业出版社,2004

[39] William Stallings.无线通信与网络.何军译.北京:清华大学出版社,2004

[40] 方旭明,何蓉等.短距离无线与移动通信网络.北京:人民邮电大学出版社,2004

[41] K. R. Rao, Zoran S. Bojkovic, Dragorad A. Milovanovic.多媒体通信系统——技术、标准与网络.冯刚等译.北京:电子工业出版社,2004